面向多能协同的

综合需求响应策略优化及综合价值分析

王俐英　王雨晴　著

中国电力出版社

CHINA ELECTRIC POWER PRESS

内 容 提 要

本书聚焦于面向多能协同的综合需求响应策略优化及其综合价值分析，旨在为新型能源体系的建设提供理论支撑与实践指导。全书共分 5 章，系统阐述了综合需求响应的内涵、潜力测算、激励机制设计、调控策略制定以及综合价值评估。通过构建潜力测算模型、激励策略优化模型、两阶段调控模型和系统动力学评估模型，深入分析了综合需求响应在提升能源系统灵活性、促进可再生能源消纳、降低碳排放等方面的作用机制与价值实现路径。本书研究成果对于推动综合需求响应的实践应用、促进能源领域的可持续发展具有重要意义。

本书可作为能源领域相关专业研究生、科研人员以及能源企业管理者的参考书。

图书在版编目（CIP）数据

面向多能协同的综合需求响应策略优化及综合价值分析 / 王俐英，王雨晴著. -- 北京：中国电力出版社，2025.7. -- ISBN 978-7-5198-9993-6

Ⅰ．TK018

中国国家版本馆 CIP 数据核字第 2025RP0627 号

出版发行：中国电力出版社
地　　址：北京市东城区北京站西街 19 号（邮政编码 100005）
网　　址：http://www.cepp.sgcc.com.cn
责任编辑：石　雪　高　畅（010-63412647）
责任校对：黄　蓓　常燕昆
装帧设计：赵丽媛
责任印制：钱兴根

印　　刷：北京锦鸿盛世印刷科技有限公司
版　　次：2025 年 7 月第一版
印　　次：2025 年 7 月北京第一次印刷
开　　本：710 毫米×1000 毫米　16 开本
印　　张：12.75
字　　数：222 千字
定　　价：75.00 元

前　言

　　2023 年 12 月召开的中央经济工作会议强调"加快规划建设新型能源体系"，这是推动能源电力绿色低碳转型、实现"双碳"目标的重要途径，也是保障国家能源安全的必然选择。建设新型能源体系，要以新型电力系统建设为依托，打造多能协同的综合能源系统，促进系统横向多能互补和纵向"源网荷储"协调，实现系统清洁低碳、安全可控、灵活高效。综合需求响应作为推动综合能源系统多能互补、源荷协调的有效手段，通过合理的激励机制和策略引导用户主动调整用能需求，对于提升系统经济性、灵活性、可靠性和清洁性具有重要意义。

　　然而，综合需求响应在发展过程中仍存在以下几点不足：一是对用户侧需求响应潜力挖掘不足，难以准确掌握需求响应能力，无法充分利用需求侧资源；二是现有用户侧需求响应激励策略粗糙且单一，无法有效激发供需双侧的互动活力；三是现有调控策略无法适应多能协同耦合下的综合能源系统以及结构愈加复杂的综合能源市场。基于此，本书围绕综合需求响应潜力测算挖掘、激励机制设计、调控策略制定以及综合价值分析等方面开展研究。

　　全书共 5 章。第 1 章主要阐述了多能协同的内涵与特征，研究其基础物理架构与典型设备模型，分析了多能协同下需求响应未来发展趋势，明确了综合需求响应的内涵与总体架构，分析了国内外有关综合能源示范项目中的综合需求响应实施情况，总结相关经验。第 2 章剖析了可调节负荷的综合需求响应特性，提出了综合需求响应潜力测算模型。第 3 章设计了综合需求响应激励机制，提出了综合需求响应激励策略博弈优化模型。第 4 章分析了供需双侧耦合特性，考虑日前、日内不同时间尺度下源侧可再生能源出力预测和需求侧多能负荷预测精度差异，以及用户综合需求响应行为方式的不同，提出了日前阶段基于信息间隙决策理论和日内阶段基于多场景技术的综合需求响应调控策略模型。第 5 章分析了多主体参与视角下综合需求响应价值产生机理，通过系统动力学模型分析了包含经济、安全和环保等综合价值的产生路径。对上述内容的深入研究，为充分挖掘综合需求响应潜力，合理设计综合需求响应激励机制，有效制定综合需求响应调控策略，准确评估综合需求响应效益价值提供了理论支撑，有助于推动多能协同下综合需求响应的实践应用。

本书部分研究工作得到了北京市自然科学基金（9254039）、河北省自然科学基金（G2022502004）和河北社会科学发展研究课题青年课题（202403049）等项目资助，在此一并致谢。

尽管我们在研究过程中尽力确保内容的准确性和完整性，但由于时间和能力有限，书中难免存在不足之处。我们真诚地希望读者能够提出宝贵的意见和建议，以便我们在今后的研究中不断完善和改进。

作者

2025 年 4 月

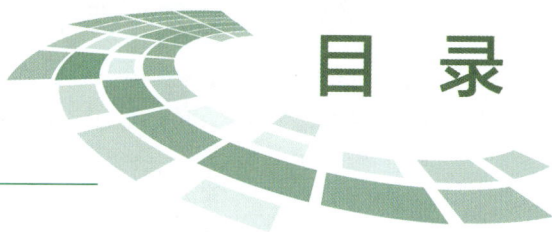

目 录

概　　述

本章首先分析电力需求响应内涵与定义，总结国内电力需求响应相关政策与成效。其次，研究多能协同的基本内涵与物理架构，明确多能协同架构下不同形式能源的耦合互补特性，进而分析多能协同下传统电力需求响应的发展趋势。再次，结合传统需求响应的概念以及国内外关于综合需求响应的研究，探究综合需求响应的内涵与定义，基于多能协同架构提出包含物理层、信息层、业务层及相关支撑技术的综合需求响应总体架构，并分析综合需求响应的应用场景。最后，调研国内外有关综合需求响应应用的综合能源示范项目，为后续综合需求响应的研究提供经验借鉴。

1.1　电力需求响应发展现状

1.1.1　电力需求响应内涵与定义

需求响应（Demand Response，DR）的概念是美国在进行了电力市场化改革后，针对电力需求响应如何在竞争市场中充分发挥作用以维护系统可靠性和提高系统运行效率而提出的。从广义上来讲，需求响应是指电力市场中的用户针对市场价格信号或激励机制（措施）作出响应，并改变常规电力消费模式的市场参与行为。从不同的角度来看，需求响应可以有不同的定义，如从资源的角度看，需求响应可以作为一种资源，是指减少的高峰负荷或装机容量；从能力的角度看，需求响应能够提高电网运行可靠性，增强电网应急能力；从行为的角度看，需求响应是指用户参与负荷管理，调整用电方式。

概括来说，需求响应作为一种从需求侧着力的经济运行调节手段，通过动态分时价格信号和可中断负荷补偿等激励措施，引导需求侧用户自主调整用能行为，提高能源精细化和智能化管理水平，在特定时段减少或增加用能，从而实现削峰填谷、促进能源供需平衡、助力新能源消纳、保障能源电力系统的安全稳定运行和绿色低碳发展。由于需求响应具有良好的经济性和灵活性，因此，在各国的电力系统调节过程中被广泛实施。目前，我国初步形成了由政府主导、电网企业支持参与、负荷集成商规模化、系统性整合电力用户资源以及电力用户广泛主动参与的需求响应工作体系。

1.1.2 电力需求响应政策

在政策法规方面，2015 年 11 月，《国家发展改革委 国家能源局关于印发电力体制改革配套文件的通知》（发改经体〔2015〕2752 号）发布电力体制改革配套文件《关于有序放开发用电计划的实施意见》，首次提出逐步形成占最大用电负荷 3%左右的需求侧机动调峰能力。2022 年 1 月，《国家发展改革委、国家能源局关于印发〈"十四五"现代能源体系规划〉的通知》（发改能源〔2022〕210 号）提出，力争到 2025 年，电力需求侧响应能力达到最大负荷的 3%～5%，其中华东、华中、南方等地区达到最大负荷的 5%左右。2023 年 5 月 19 日，国家发展改革委向社会公布了新修订的《电力需求侧管理办法（征求意见稿）》和《电力负荷管理办法（征求意见稿）》，要求在用电环节实施需求响应、节约用电、电能替代、绿色用电、智能用电、有序用电，推动电力系统安全降碳、提效降耗，并提出到 2025 年，电力需求侧响应能力达到最大负荷的 3%～5%。《国家发展改革委办公厅 国家能源局综合司关于进一步加快电力现货市场建设工作的通知》（发改办体改〔2023〕813 号）提出，通过市场化方式形成分时价格信号，推动储能、虚拟电厂、负荷聚合商等新型主体在削峰填谷、优化电能质量等方面发挥积极作用。2024 年 7 月，国家发展改革委、国家能源局联合国家数据局印发了《加快构建新型电力系统行动方案（2024—2027 年）》（发改能源〔2024〕1128 号），提出依托新型电力负荷管理系统，建立需求侧灵活调节资源库，优化调度运行机制，完善市场和价格机制，充分激发需求侧响应活力，实现典型地区需求侧响应能力达到最大用电负荷的 5%或以上，着力推动具备条件的典型地区需求侧响应能力达到最大用电负荷的 10%左右。

1.2 多能协同基本内涵与物理架构

1.2.1 多能协同基本内涵

多能协同是指依赖能源系统中先进的物理信息技术和创新管理模式，整合系统内源侧天然气、电能、热能等多种能源资源，实现多异质能源子系统之间的协调规划、优化运行、协同管理、交互响应和互补互济，在满足用户多元化用能需求的同时，提升能源利用效率、促进能源可持续发展。其基本内涵可以概括为"多能互补"和"协调优化"，也就是纵向实现"源网荷储"协调，横向实现冷热电气多能互补。

"多能互补"突出强调各类能源之间的平等性和"可替代性/互补性"，一方面是指面向终端用户不同用能需求的电力、供热和天然气供应系统等多种能源子系统之间的互补协调，即冷—热互补、电—热互补、电—气互补、电—冷互补、热—冷互补等多种能源之间的互补协调，也是本书主要研究的问题；另一方面是指面向综合能源基地的风电、太阳能、水能、煤炭、天然气等资源之间的协调，即风—光互补、水—光（风）、抽蓄—光（风）等。在多能源协同的能源系统中，各能源系统之间互联互通，每一种能源都能找到自己合适的定位，在信息信号的指挥下实现物理能源的合理调配，最大化发挥作用。

"协调优化"是指实现多种能源子系统在能源生产、能源传输、能源转化、综合利用等环节的相互协调，以实现满足多元需求、提高用能效率、降低能量损耗、减少污染排放等目的。具有多能源协同特点的能源系统，例如，综合能源系统和微网等均包含了能源生产、传输、转化、存储、消费等从能源开发到利用的所有环节，也是其"一体化特性"的体现。然而，虽然多能协同的能源系统内各环节分开，且存在许多终端能源自平衡单元，但要保证系统高效则必须保障系统链"分而不散"，需要确保多能源协同系统各环节的协调性，这种协调性更多体现在物理能源的转化和利用，以及能源信息的互动和响应方面。

1.2.2　多能协同物理架构与设备模型

1.2.2.1　多能协同物理架构

多能协同物理架构主要是指所有能源子系统在能源生产、传输、转化、存储和消费过程中所涉及的物理设备和网络架构，是能够保证能源正常生产、传输、交易和消费的基础架构。当前，国内外已有研究中提出的能源互联网、能量枢纽、泛能网等均是多能协同的物理表现形态，在系统的基本物理架构和设备层面，各类形态的系统基本一致，包括电、热、冷、气的产能、传输和用能设备及耦合设备。

3

能量枢纽是能源系统中源、网、荷之间的接口平台，包含对各种形式能源的相互转化、分配和储存，从而实现能源资源的优化配置，为多能源之间的协同运行提供技术支撑。以能量枢纽为基础架构，研究多种能源的输入与输出之间的关系，其具体物理架构如图 1-1 所示。在能量枢纽基本框架下，大量能源相互转化的设备使得不同种类的能源在能源供给、传输和需求环节的耦合性越来越强。

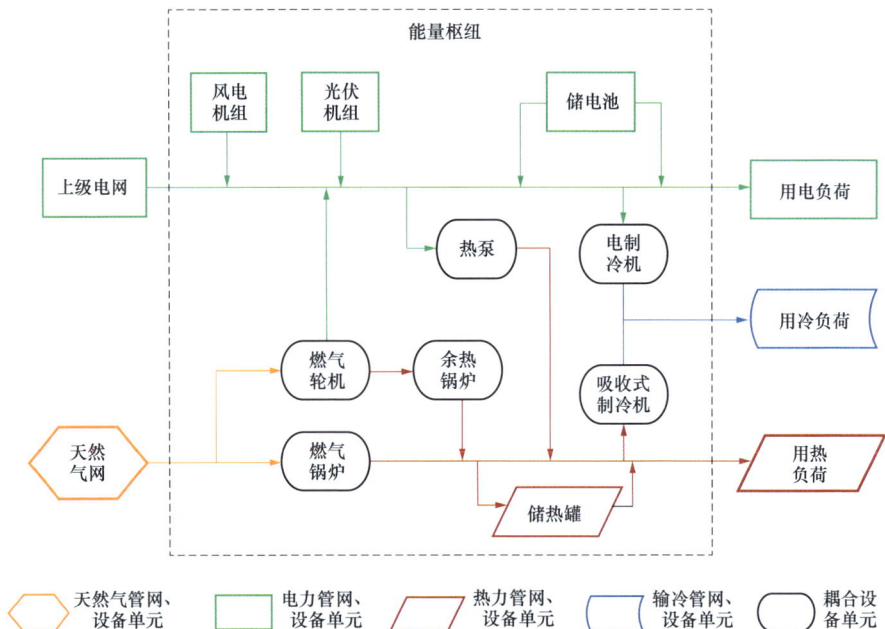

图 1-1   多能协同能量枢纽基本物理架构

1.2.2.2   典型设备模型

从图 1-1 可以看出，能量枢纽中的设备可分为三类：能量生产设备、能量转换设备和能量存储设备。

1. 能量生产设备

能量生产设备主要包括分布式风力发电机组、分布式光伏发电机组、燃气轮机、余热锅炉、燃气锅炉等设备或机组。

（1）分布式风电机组。分布式风电机组是将风能转化为电能的基本设备。然而，风速的不确定性导致风电机组出力存在间歇性和不确定性。因此，分布式风电机组输出功率的计算公式如下。

$$Q_t^w = \begin{cases} 0 & v_t < v_{ci} \ or \ v_t > v_{co} \\ P_w^r \dfrac{v_t - v_{ci}}{v_r - v_{ci}} & v_{ci} \leqslant v_t < v_{co} \\ P_w^r & v_r \leqslant v_t < v_{co} \end{cases} \tag{1-1}$$

式中：Q_t^w 为分布式风机在 t 时刻的出力；v_t 为 t 时刻的风速；v_{ci}、v_{co}、v_r 分别为风机切入、切出速度和额定速度；P_w^r 为风机额定输出功率。

（2）分布式光伏发电机组。光伏是将太阳能转化为电能的另一种基本的可再生资源。由于太阳辐射具有不确定性，分布式光伏发电机组的输出功率具有很强的随机性。因此，分布式光伏发电机组输出功率的计算公式如下。

$$Q_t^s = P_s^r \frac{G_t}{G_r}[1 + \tau(T_t - T_r)] \tag{1-2}$$

式中：Q_t^s 为 t 时刻的光伏输出功率；P_s^r 为光伏额定输出功率；G_r、T_r 分别为额定光照辐射度和额定温度；G_t、T_t 分别为 t 时刻的实际光照辐射度和实际温度；τ 为温度功率系数，通常取 $0.0047℃^{-1}$。

（3）燃气轮机。燃气轮机是能量枢纽最常用的发电机组之一，是通过输入天然气输出电功率的一种典型的气转电设备，具体模型如式（1-3）所示。

$$Q_{e,t}^{gt} = \eta_e^{gt} Q_t^{gt} \phi_g \tag{1-3}$$

式中：$Q_{e,t}^{gt}$ 为 t 时刻燃气轮机输出的电功率；ϕ_g 为天然气热值；η_e^{gt} 为燃气轮机输出电功率效率；Q_t^{gt} 为燃气轮机输入的天然气功率。

（4）余热锅炉。余热锅炉是一种通过回收利用燃气轮机的剩余废热输出热功率的设备，与燃气轮机组成热电联产设备。具体模型如式（1-4）所示。

$$Q_{h,t}^{whb} = \eta_h^{whb}(1 - \eta_e^{gt})Q_t^{gt}\phi_g \tag{1-4}$$

式中：$Q_{h,t}^{whb}$ 为 t 时刻余热锅炉输出的热功率；η_h^{whb} 为余热锅炉的热效率。

（5）燃气锅炉。燃气锅炉是一种常用的热源设备，是通过输入天然气输出热功率的一种典型的气转热设备，具体模型如式（1-5）所示。

$$Q_{h,t}^{gb} = \eta_h^{gb} Q_t^{gb} \phi_g \tag{1-5}$$

式中：$Q_{h,t}^{gb}$ 为 t 时刻燃气锅炉输出的热功率；η_h^{gb} 为燃气锅炉输出热功率的效率；Q_t^{gb} 为 t 时刻燃气锅炉输入的天然气功率。

2. 能量转换设备

能量转换设备主要包括热泵、电制冷机和吸收式制冷机，该类设备用于不同能量形式之间的转化，如电转热、电转冷、热转冷等，仅涉及转换效率。

（1）热泵。热泵是一种典型的电转热设备，具体模型如式（1-6）所示。

$$Q_{h,t}^{hp} = Q_{e,t}^{hp} \eta_h^{hp} \qquad (1-6)$$

式中：$Q_{h,t}^{hp}$ 为 t 时刻热泵输出的热功率；$Q_{e,t}^{hp}$ 为 t 时刻热泵消耗的电功率；η_h^{hp} 为热泵的电转热效率。

（2）电制冷机。电制冷机是一种典型的电转冷设备，具体模型如式（1-7）所示。

$$Q_{c,t}^{ef} = Q_{e,t}^{ef} \eta_c^{ef} \qquad (1-7)$$

式中：$Q_{c,t}^{ef}$ 为 t 时刻电制冷机输出的冷功率；$Q_{e,t}^{ef}$ 为 t 时刻电制冷机输入的电功率；η_c^{ef} 为电制冷机的电转冷效率。

（3）吸收式制冷机。吸收式制冷机为典型的热转冷设备，具体模型如式（1-8）所示。

$$Q_{c,t}^{ac} = Q_{h,t}^{ac} \eta_c^{ac} \qquad (1-8)$$

式中：$Q_{c,t}^{ac}$ 为 t 时刻吸收式制冷机输出的冷功率；$Q_{h,t}^{ac}$ 为 t 时刻吸收式制冷机输入的热功率；η_c^{ac} 为热转冷效率。

3．能量存储设备

能量存储设备是能量枢纽中的关键设备之一，包括电储能设备和热储能设备，具体模型分别如式（1-9）和式（1-10）所示。

$$SOC_{t+1}^{ees} = (1-\varepsilon_{ees})SOC_t^{ees} + \left(\frac{Q_{ch,t}^{ees} \eta_{ch}^{ees}}{E_{ees}} - \frac{Q_{dis,t}^{ees}}{E_{ees}\eta_{dis}^{ees}} \right)\Delta t \qquad (1-9)$$

$$E_{t+1}^{tes} = (1-\varepsilon_{tes})E_t^{tes} + \left(Q_{ch,t}^{tes} \eta_{ch}^{tes} - \frac{Q_{dis,t}^{tes}}{\eta_{dis}^{tes}} \right)\Delta t \qquad (1-10)$$

式中：SOC_{t+1}^{ees}、SOC_t^{ees} 分别为 $t+1$ 和 t 时刻电储能设备的荷电状态；E_{t+1}^{tes}、E_t^{tes} 分别为 $t+1$ 和 t 时刻热储能设备的储热容量；ε_{ees}、ε_{tes} 分别为电储能和热储能设备的自损率；$Q_{ch,t}^{ees}$、$Q_{dis,t}^{ees}$ 分别为 t 时刻电储能设备的充电和放电功率；$Q_{ch,t}^{tes}$、$Q_{dis,t}^{tes}$ 分别为 t 时刻热储能设备的储热和放热功率；η_{ch}^{ees}、η_{dis}^{ees} 分别为电储能设备的充电和放电效率；η_{ch}^{tes}、η_{dis}^{tes} 分别为热储能设备的储热和放热功率；E_{ees} 为电储能设备的额定容量；Δt 为调度时长。

1.3　多能协同下的需求响应发展趋势

美国在完成电力市场化改革后，提出了需求侧管理的概念，旨在有效利用需求侧资源来提高电力系统可靠性和运行效率，包括能效管理、有序用电和需求响应等多种模式。传统需求侧管理是指为提高电力资源利用效率，改进用电方式，实现科学用电、节约用电和有序用电所开展的相关活动。其主要措施包括：实施高效设备改造或推广节能建筑，以减少总能源使用并提升能效；通过调整用电行为来进行负荷整形，实现移峰填谷。需求响应是属于电力需求侧管理的一种模式，主要是指电力公司或者系统运营商通过技术、经济、行政和法律等相关手段和措施，激励终端用户根据价格信号和其他激励措施响应系统调度，调整用电行为，从而实现电力资源优化配置和电力系统安全可靠经济运行的主动协作行为。与有序用电等传统需求侧管理手段不同的是，需求响应是市场驱动的，更加强调电力用户直接根据市场情况（价格信号）主动做出调整负荷需求的行为。在新型能源体系建设背景下，需求响应的实施更加关注需求侧资源的响应速度以及需求侧资源在改善电网动态过程中的作用。

结合上述分析可知，需求响应的本质是刺激需求侧资源与能量系统发生交互的关键措施，现阶段主要以用户侧可调节用电负荷与电力系统的交互为主。具体来说，当电力供需不平衡导致系统稳定运行受到威胁时或存在大量可再生能源需要消纳时，需求响应项目可以通过引导用户的用电行为有效地协助维持电力系统稳定或消纳更多的可再生能源。然而，仅对电力系统实施需求响应可能会造成用户舒适性和响应效果难以协调的问题，既会导致多数用户参与响应的积极性不高，也不能充分利用需求侧资源。因此，随着智能电网逐渐向能源互联网发展以及单一的能源系统向具有多能协同特性的综合能源系统发展，电力需求响应也开始向综合化、智能化和市场化的方向发展。

1.3.1　综合化

能源电力系统的横向多能互补和纵向"源网荷储"协调发展，为电力需求侧管理向综合需求侧管理转变提供了条件。电力需求侧管理的综合化发展旨在改善能源供给失衡、提升用户用能经济性、促进可再生能源消纳并参与系统灵活性调节。基于多种能源系统在产能特性、供求特性以及用能特性等的差异性，利用冷、热、电、气等多能流时空上的耦合机制，通过激励的方式刺激或诱导综合能源用户改变某一种或多种能源的需求，从而影响另一种能源的供求关系，实现多能互补，达到削峰填谷、缓解用能紧张等目的。从用户的角度看，需求响应的综合化使得非弹性能源负荷也可以在用电高峰时段采取其他形式的能源替代电能，导致原先的能源消耗变化与仅参与电力需求响应相比减少，从而保证了其用能舒适性。

1.3.2 智能化

"云大物移智链"等现代化信息技术在能源电力系统的应用，给能源电力的生产、供应和消费模式带来了改变。电力系统内广泛布置的感知装置与边缘控制装置将实现电力系统的状态全面感知与智能化运行。在此趋势下，电力需求侧管理逐步向实时化、智能化、自动化方向演进，通过智能设备、智能采集、智能分析和智能操控，自动完成响应计划制订、用能优化策略生成，实现节约用电、环保用电、绿色用电、智能用电以及有序用电。

1.3.3 市场化

现阶段，我国电力需求侧资源参与响应的方式主要以约定时间、约定容量的邀约型削峰填谷响应为主，其激励机制存在峰谷价差小、峰谷时段划分不合理、补贴方式单一等问题，对用户参与需求侧响应的积极性的调动以及用户优化用电方式的引导作用欠佳。随着电力市场建设的推进，未来的发展方向是将需求侧资源纳入辅助服务市场和现货市场，使得需求侧资源成为与供给侧资源对等的灵活性资源参与电力市场竞争，更加凸显需求侧资源的价值。

1.4 综合需求响应定义与架构设计

1.4.1 综合需求响应内涵与定义

在电力需求响应的综合化、智能化和市场化发展趋势以及多能源协同互补融合的背景下，综合需求响应应运而生，被认为是传统电力需求响应在综合能源网络中的衍生和扩展。虽然综合需求响应的概念在 2015 年才第一次正式在文献中明确，但实际上国内外对综合需求响应及相关方向的研究早于其概念的提出。2005 年，瑞士苏黎世联邦理工学院在"未来能源网络愿景"项目研究中提出了由电、热、冷、天然气等多种相互耦合的供能网络组成的未来能源网络与可容纳多种形式能源输入输出的能量枢纽。该时段的研究比较注重对终端用户家庭用能负荷的详细建模，缺乏对综合能源网络及相应网络约束的研究。随着将多种能源负荷与上级网络耦合的能量枢纽研究的兴起和深入，学者们认识到，相较于终端用户，综合负荷聚合商或综合能源服务商等主体凭借其自身拥有的能量转换设备和存储设备的优势，能够更有效地参与综合需求响应，能流种类也从单一的电能流拓展至冷、热、电、气等多种能流。

可以说，综合能源网络系统下多种能源间相互耦合与转换的特点，为需求侧提供了在各种能流之间切换用能方式的能力，同时也为综合需求响应研究提供了理论背景。综合能源系统中配置了多种能源耦合设备，负荷能以相互转换、替代和互补等多种形式参与响应。同时，用户具有电、热、冷等多种用能形式，其中电能拥有市场商品属性，热/冷负荷具有供热/冷系统惯性和温度变化时滞性，使得负荷能够以转移和削减等方式参与响应。

综合国外学者对综合需求响应做出的研究探索以及传统电力需求响应的内涵，本书认为综合需求响应是依托于综合能源系统的能量枢纽设备和多能源智能管理系统，充分利用通信技术、分布式储能、能源耦合转换等技术，通过电力市场、热力市场、天然气市场、碳交易市场等多个市场的价格信号，引导用户改变综合用能行为的机制和手段。综合需求响应是能源系统中实现用户深度参与系统调控，传递能源市场价格信号，参与能源市场的重要切入点，与多能源互联网络和多能源市场具有强伴生关系。综合需求响应为在综合能源网络中实现供需双方的双向互动，并促使能源消费者向产消者转变，提供了一个重要的途径。

表 1-1 从响应对象、主体、目标等多个方面对比了多能协同下综合需求响应与传统电力需求响应的异同点。

表 1-1　　多能协同下综合需求响应与传统电力需求响应的异同点

比较内容	传统电力需求响应	多功能协同下综合需求响应
响应内容	以电为主	冷、热、电
响应主体	政府、电网、用户	政府、电网、用户、 燃气公司、综合能源服务商等
互动对象	储能设备（电）用电设备	能源生产设备、储能设备、 （冷、热、电）供能设备
响应目标	电力优化配置（削峰填谷、 电网安全稳定）	能源优化配置（消纳 可再生能源、用能最优）
约束条件	电网潮流约束、用户响应约束	能源生产约束、能源转化 约束、用户响应约束
响应方式	数量调节与时间调节	数量调节、时间调节、载体转换、 分层协调为主
响应策略	集中控制与分层分布相协调	分层协调为主
衍生效益	灵活电力市场	灵活化能源市场

根据表 1-1 可知，在综合能源体系下，综合需求响应极大地增加了需求响应的互动内容，提升了需求响应能力和效益。其中，"数量调节"方式是指

改变需求侧终端负荷大小；"时间调节"是指改变需求侧终端负荷的用能时间；"载体转换"是指通过能量枢纽设备实现不同能源载体间的替代供应过程，比如终端的热负荷可以由余热锅炉、燃气锅炉或热泵等设备得到满足。

1.4.2 综合需求响应总体架构

综合需求响应总体架构由业务层、信息层、物理层以及关键技术支撑四个部分构成如图 1-2 所示。

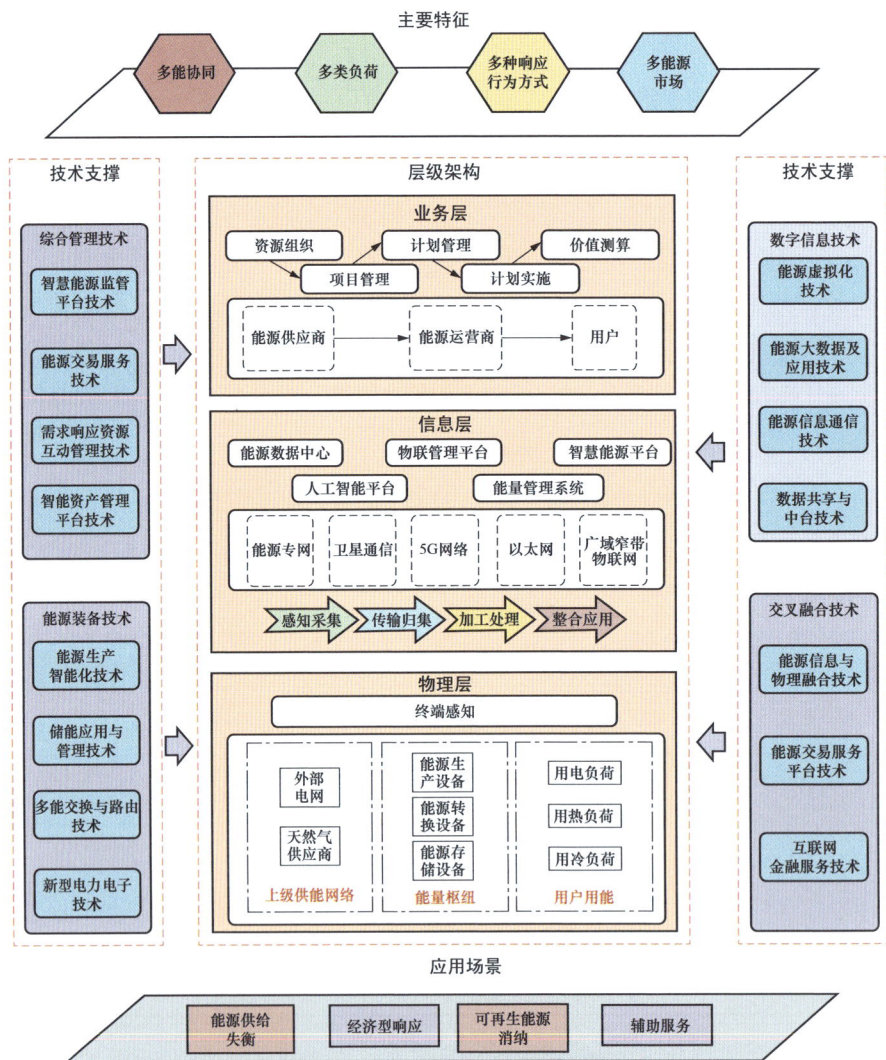

图 1-2 综合需求响应总体架构图

1.4.2.1　物理层

综合需求响应物理层由运行控制系统和终端感知系统两部分构成，如图1-3所示。其中，运行控制系统由上级能源供给网络、供需双侧能量枢纽以及用户能源需求构成；终端感知系统主要实现对园区能量枢纽、用户用能及外界市场价格等基础数据的监测、采集与感知，随后将数据传导至信息层，从而支撑供需双侧的协调互动，实现综合需求响应。

从运行控制方面来看，本书所研究综合需求响应策略注重能源供给和需求两个过程，因此，可以将能量枢纽分为供给侧能量枢纽和需求侧能量枢纽。在能源供给侧，综合能源服务商作为综合需求响应的实施主体，从电力和天然气等上级能源交易市场购买多种能源并整合自身的分布式风电、光伏等资源，通过变压器、燃气轮机组和燃气锅炉等设备，将上述资源交换或转化为用户能够利用的能量形式传输给用户，以满足用户多元负荷需求。在能源需求侧，利用电热泵、中央空调、吸收式制冷机和换热器等用能耦合设备，采取合理、有利的用能方式，消耗能源供给侧输送的电能和热能，并满足用户的电、热、冷等需求。从终端感知方面来看，综合能源服务商通过能量管理系统一方面获取内部各机组的出力计划，另一方面可以实现与用户侧可调负荷的互动，给用户传达电、热等能源的需求响应目标及相应的能源价格和激励补贴价格，激励用户参与综合需求响应，保障能源供需平衡。参与综合需求响应的综合能源用户一般以具备能量管理系统且自身用能需求多元化、负荷量较大的工业用户为主，通过优化能源使用结构来改变自身用能需求，在不影响其用能满意度的前提下参与综合需求响应。

1.4.2.2　信息层

综合需求响应信息层位于物理层和业务层之间，实施综合需求响应的主体综合能源服务商通过信息层采集用户用能信息、能源市场价格信息等对综合需求响应的业务进行统筹规划。信息层主要包括信息数据的感知采集、传输归集、加工处理和整合应用等四个环节的新型信息基础设施，如图1-4所示。

（1）感知采集。感知采集环节主要负责对来自智能楼宇、智能家居及智能企业等系统的数据进行传感测量、采集与接入。采集设备种类繁多，包括能源计量和测量设备、开关量控制终端等，以实现对各种能源消耗和生产的有效监控和管理。

（2）传输归集。传输归集环节作为用户、能源供应商和独立能源服务提供商（综合能源服务商）之间沟通的桥梁，利用能源专网、无线通信网络、

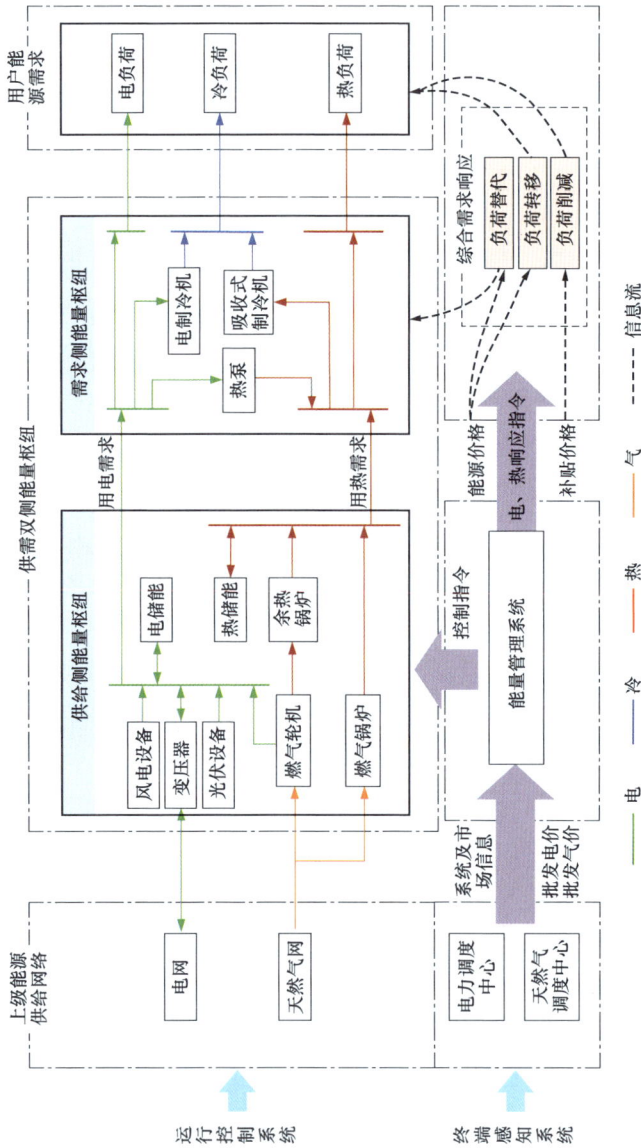

图 1-3 综合需求响应物理层架构图

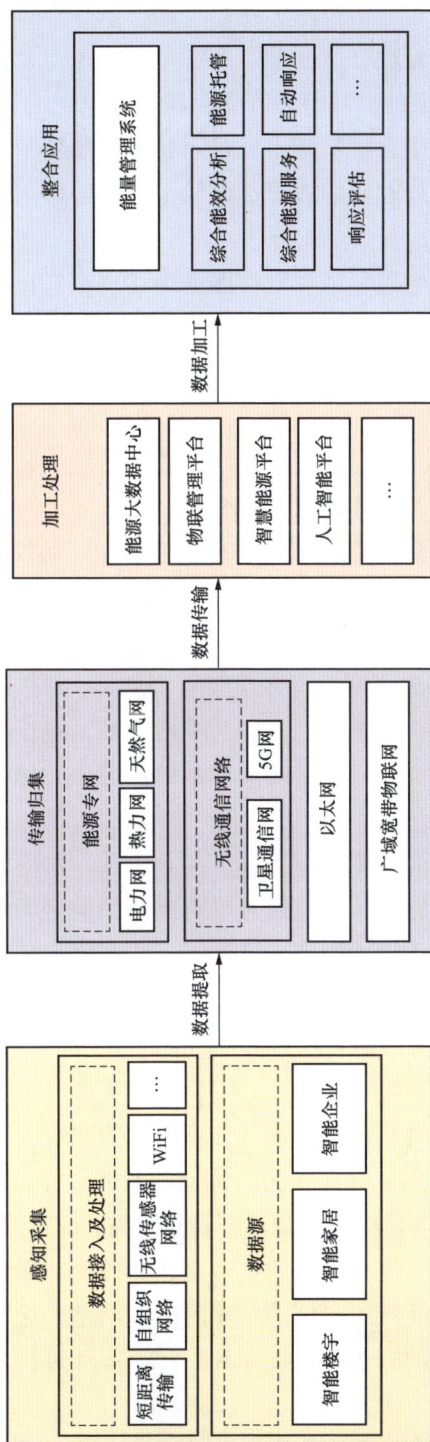

图 1-4　综合需求响应物理层架构图

以太网和广域宽带物联网等通信技术和网络设施，确保数据的高效、安全和可靠传输，为后续的加工处理打下基础。

（3）加工处理。在加工处理环节，依靠能源大数据中心、物联管理平台、智慧能源平台、人工智能平台等基础设施，对传输归集环节所收集的海量数据进行深入加工和分析。处理后的数据被传输至能量管理系统，为数据的进一步整合应用提供支持。

（4）整合应用。整合应用环节以软件服务为实现形式，通过能量管理系统向综合需求响应能源用户提供多种综合需求响应服务，如综合能效分析、能源托管、综合能源服务、自动响应以及响应效果评估等。

1.4.2.3 业务层

综合需求响应业务层主要包括资源组织、项目管理、计划管理、计划实施、价值测算等五个环节，具体如图 1-5 所示。

（1）资源组织包括用户信息注册、响应资源登记、协议签订、系统接口调试等步骤，通过向用户宣传综合需求响应的内涵和意义，引导用户主动参与综合需求响应。用户信息注册需搜集用户档案信息、所在供能区域信息、智能电能表（关口表）/负荷管理系统终端序号信息等。对于综合需求响应资源分类，一方面要考虑综合需求响应资源的响应参数，包括需求响应提前通知时间、响应速度、响应持续时间、响应容量等；另一方面需考虑不同需求响应资源所在区域。

（2）项目管理包括响应资源分类、参与用户确认、响应资源入库、项目设计、项目审核、项目发布等步骤，通过综合需求响应潜力测算确定综合需求响应用户资源库。综合需求响应项目设计可分为激励型项目和价格型项目两类。其中，价格型项目可分为基于实时电价、尖峰电价和分时电价的需求响应；激励型项目根据提前通知时间、响应持续时间、最大响应次数等不同，补贴标准不同。

（3）计划管理主要是挑选适应需求具体项目的需求响应资源，包括能源耦合转换与负荷削减/消纳等，并向相关主体通知具体事件。一是多能源协同系统运营商通过电转热、电转冷等能源耦合转换设备，进行能源的统筹协调，从而达到平衡能源的供给与需求的目的；二是在通过内部耦合转换无法达到平衡能源供需的情况下，通过用户侧的负荷削减或消纳，选取适合的需求响应资源。之后，将制定好的需求事件通知到用户，并计算相关参数，确定最终的需求响应计划。

（4）计划实施包括下发计划执行通知、用户系统/设备调控、用户功率数

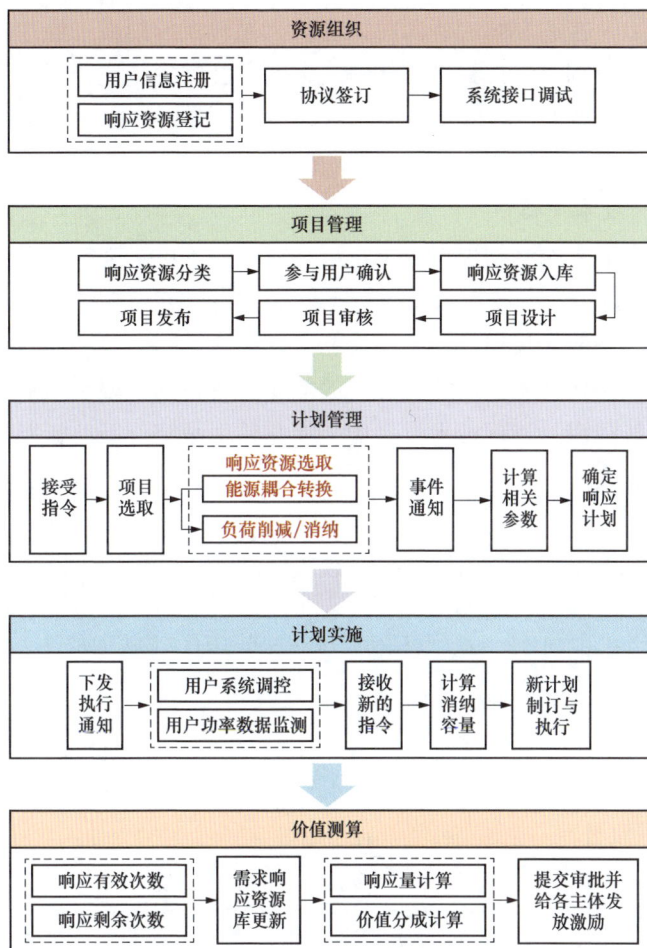

图 1-5　综合需求响应业务层架构图

据监测、接收新的削减/消纳指令、计算实际削峰消纳容量、新计划制订、新计划执行等步骤，通过综合需求响应调控策略，确定供需双侧的能源传输计划。

（5）价值测算包括用户单次响应有效性判定、用户响应有效次数统计、削减负荷剩余次数计算、响应资源库更新、基线计算、节约/消纳电量计算、补贴/价值分成计算、提交审批、发放等步骤，通过测算综合需求响应产生的综合价值对各参与主体进行价值的分享。

总体来看，综合需求响应与电力需求响应的业务流程和内容大体相同，但在计划管理和计划实施环节，与电力需求响应的业务流程存在一些差别。在计划管理环节，综合需求响应计划管理需考虑综合能源服务商能源设备的耦合转换能力，在选取响应资源时，应以"先转换后削减"的基本原则确定综合需求响应计划。在计划实施环节，依据综合需求响应计划，优先进行能源的耦合转换，当内部耦合转换无法达到平衡能源供需时，再将削减/消纳的需求响应指令发送给用户，执行削峰/填谷需求响应。

1.4.2.4 技术支撑

针对综合需求响应物理层、信息层和业务层等层级架构，初步提出了能源装备技术、数字信息技术、综合管理技术与交叉融合技术等四类关键技术，支撑综合需求响应的实现。

（1）能源装备技术。对应物理层的能源装备技术主要包括能源生产智能化技术、储能应用与管理技术、多能交换与路由技术，以及新型电力电子技术等，具体见表 1-2。

表 1-2   能 源 装 备 技 术

技术分类	主 要 内 容
能源生产智能化技术	可再生能源、化石能源智能化生产，以及多能源智能协同生产技术；智能用能终端、智能监测与调控等能源智能消费技术；综合能源和智能建筑集成技术
储能应用与管理技术	多能协同下的支持即插即用、灵活交易的分布式储能设备；支撑等多种能源形态灵活转化、高效存储、智能协同的核心装备；支撑储能设备模块化设计、标准化接入、梯次化利用与网络化管理的关键技术
多能交换与路由技术	灵活高效、标准化的多能协同网络拓扑结构；能源路由器、能源交换机、能量网卡等关键设备；适用于多能协同综合能源网络的新型电力电子器件、超导材料等基础技术；多能协同耦合的综合能源运行及控制可靠性技术
新型电力电子技术	主要包括宽禁带半导体器件技术、多电平拓扑与模块化技术、高频软开关技术、智能驱动与数字控制技术、系统集成与封装技术、新型能源变换架构等

（2）数字信息技术。对应信息层的数字信息技术主要包括能源虚拟化技术、能源大数据及应用技术、能源信息通道技术，以及数据共享与中台技术等，具体见表 1-3。

表 1-3   数 字 信 息 技 术

技术分类	主 要 内 容
能源虚拟化技术	虚拟电厂、分布式能源预测技术；综合能源系统综合优化控制及复杂系统分布式优化技术；参与综合能源系统的能量市场、辅助服务市场、碳交易市场等支撑技术

技术分类	主 要 内 容
能源大数据及应用技术	大数据集成技术； 多源数据集成融合与价值挖掘关键技术； 数据聚类分析技术、人工智能分析技术和云平台计算技术等
能源信息通道技术	面向多能协同的新型海量信息采集技术体系架构与高效传输处理核心技术； 支撑大规模分布式电源和负荷计量、监测等功能的各类新型传感器件； 能源互联网海量信息技术处理与融合技术； 能源互联网信息安全技术
数据共享与中台技术	分布式爬虫、智能采集调度、数据采集代理等多种数据的捕捉与汇集技术； 智能化标签技术； 数据可视化技术、数据共享技术、数据价值外化技术

（3）综合管理技术。对应业务层的综合管理技术主要包括智慧能源监管平台技术、能源交易服务技术、需求响应资源互动管理技术、智能资产管理平台技术等，具体见表1-4。

表1-4　　　　　　　　综 合 管 理 技 术

技术分类	主 要 内 容
智慧能源监管平台技术	智慧能源精准管理技术； 现代能源监管技术； 参与综合能源系统的能量市场、辅助服务市场、碳交易市场等支撑技术
能源交易服务技术	基于区块链的交易结算机制、信用管理、智能合约设计、供需平衡等方面的关键技术； 基于区块链的智能合约和共识机制； 基于区块链的能源电力行业存证和溯源技术； 基于区块链的网络安全防护技术
需求响应资源互动管理技术	基于智能用能的需求侧响应互动技术； 基于用户行为心理学等交叉学科手段进行需求响应建模技术； 需求响应资源辨识与量化、需求响应计量、需求响应参与辅助服务结算等关键技术； 需求响应参与系统调峰、调频等辅助服务市场支撑技术
智能资产管理平台技术	基于资产全生命周期的智能化状态评估及预警技术； 以可靠性和风险评估为中心的资产状态检修技术； 支撑交易成本效益智能分析、无人化高效运维的智能机器人技术

（4）交叉融合技术。交叉融合技术主要包括能源信息与物理融合技术、能源交易服务平台技术和互联网金融服务技术等，具体见表1-5。

表 1-5 　　　　　　　　　　　　交 叉 融 合 技 术

技术分类	主 要 内 容
能源信息与物理融合技术	信息—能量耦合的统一建模与安全分析技术； 系统结构优化、多元信息物理能源系统的网络协同控制等融合技术； 开放的信息物理能源融合技术接口标准
能源交易服务平台技术	推动能源结构生态化、产能用能一体化、资源配置高效化的技术体系； 基于身份识别的自动交易和实时结算技术体系； 基于能源互联网的金融服务技术； 能源自由交易情景下能源系统安全保障技术
互联网金融服务技术	智能投顾技术； 基于增量超限学习机的金融服务产品推荐系统； 互联网金融平台技术

1.5　综合需求响应可行商业模式分析

1.5.1　综合需求响应典型应用场景分析

1.5.1.1　能源供给失衡

随着社会经济的发展及全球气候变暖，社会用能需求不断增长，全社会能源供需形势趋紧。综合需求响应对于能源供给侧资源具有替代和补充作用，可视为一种优质的灵活性资源，是保障能源供需平衡的重要手段。

在能源供给失衡场景下，综合需求响应面向园区综合能源系统，基于天然气、电力、热力等多种能源的市场价格或激励信息，引导用户主动改变能源消费行为，优化用能方式，在某段时间转移、削减用能负荷。通过能源耦合设备转化用能种类，实现区域能源系统供需优化平衡，从而保障能源系统安全稳定运行，减少安全隐患。对于能源用户而言，综合能源响应通过保障能源供需平衡，降低了能源系统停电、停热、停气等的概率，使生产经营活动得以有序进行。

1.5.1.2　经济性响应

综合需求响应可以提升用户用能经济性，例如价格型综合需求响应通过多能源市场价格信息，引导用户优化用能方式，从而帮助用户减少用能成本，提升用能经济性，激励型综合需求响应通过提供补贴激励，吸引用户调整用能方式，为用户带来一定的经济收益。

在用户经济性响应场景下，综合需求响应面向园区综合能源系统，利用电、热、气、冷等多种能源的价格信号或激励信号，引导用户增加或减少对不同能源种类的需求，以降低用户的用能成本或增加激励补贴收益。对于用户而言，综合需求响应充分利用了不同能源之间的耦合性，降低了用户对单一能源种类的依赖性，丰富了用户的响应方式，使得用户不仅可以通过削减或转移用能负荷的方式参与需求响应，还可以通过"多能互补"的方式进行响应。与传统需求响应相比，综合需求响应对于用户生产经营和用能舒适度的影响较小，可以提高用户整体用能效率，降低用户用能成本，为用户带来一定的经济收益，有利于提高用户参与需求响应的积极性。对于社会而言，综合需求响应可以延缓新增能源设备的投资，节约大量资产和资源。

1.5.1.3　可再生能源消纳

随着可再生能源发电比例的不断提高以及分布式电源的不断增多，分布式可再生能源发电的随机性、波动性特征会对配电网运行控制产生一定的冲击，电源的不确定性增加，传统的调节电力供应满足电力需求的方式已经无法适应高比例可再生能源接入的需求。利用综合需求响应的灵活调节特点可以促进可再生能源消纳，并有效提高系统对分布式电源的接纳能力。

在促进可再生能源消纳场景下，综合需求响应面向园区综合能源系统，通过引导用户侧负荷跟随风电、光伏发电的出力调整，有效减少电网弃风弃光现象，为可再生能源提供实时消纳空间。当分布式电源出力充足时，可以通过聚合用户侧的电转气、电转热、电转冷、电动汽车等可调节资源，基于价格信号或激励信号，引导用户快速地增加用电负荷，主动适应分布式电源的出力变化，从而减轻分布式电源对系统造成的冲击，促进分布式电源消纳，减少弃风弃光现象。用户侧综合需求响应速度与分布式电源发电功率变化之间的匹配性越高，系统的可再生能源消纳空间越多，节能减排效益越明显。

1.5.1.4　辅助服务

随着现代技术经济的发展，电网负荷峰谷差逐渐增大，同时可再生能源发电应用日益广泛，在电网中渗透率提高，使得电网的调峰压力越来越重。综合需求响应作为电力系统调度运行的重要灵活性资源，可以为系统提供辅助服务，减轻电网的调峰压力，并在负荷高峰期缓解电网阻塞。

辅助服场景下，综合需求响应面向园区综合能源系统，利用用户侧资源的响应速度快、响应成本低等特点，通过削峰填谷的方式，实现负荷的削减平移，为系统提供辅助服务。与其他可调度资源相比，综合需求响应资源的成本相对较低，且更容易克服通信和控制延时的问题。在保证通信基础的情况下，无论是针对调度系统的指令还是价格信号，大部分需求侧资源的响应速度都比发电机组更快。因此，需求侧海量小型负荷可以通过综合能源服务商或者负荷聚合商等主体进行聚合以实施综合需求响应,参与系统辅助服务,从而有效降低系统运行成本,保障系统的安全稳定运行。

1.5.2 综合需求响应可行商业模式设计

1.5.2.1 商业模式一:综合能源公司直接招募用户参与综合需求响应项目

电力公司/独立系统运营商直接向用户支付费用,同时电力公司可以激励技术创新,但成本通常由用户负担。

该商业模式的优点在于电力公司直接招募用户参与需求响应项目,没有负荷集成商等中间商与用户分享需求响应收益,用户可获得更多的需求响应收入。但同时该模式也对参与需求响应项目的用户提出了更高的要求,由于没有能源服务商为用户提供需求响应项目的帮助与指导,用户需拥有专业的需求响应知识,可以准确判断自身需求响应潜力和市场价格波动,自己决策参与需求响应。此外,技术创新成本通常由用户承担,也为用户带来了资金压力,削弱了用户参与需求响应的积极性。因此,该商业模式适用于招募大型工商业用户参与需求响应项目,对于中小型负荷用户吸引力较小。

1.5.2.2 商业模式二:负荷集成商作为用户与电力公司的中间商参与需求响应项目

负荷集成商与用户签订合约并进行业务结算,而电力公司则与负荷集成商签订合约并进行业务结算。这也是多数需求响应项目采取的商业模式。

负荷集成商作为其他电力系统参与者和需求响应资源之间的中介,不仅要整合需求响应资源并提供市场人口,而且还要和其他电力系统参与者交易或参加组织市场,收集需求并响应市场。负荷集成商的运营机制如图 1-6 所示。

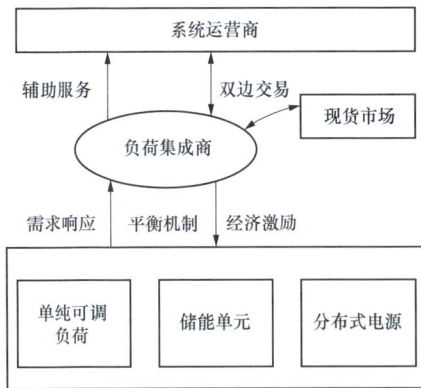

图 1-6 负荷集成商的运营机制流程图

1.5.2.3 商业模式三:"交钥匙"模式

能源管理企业向用电企业提供全系列的需求响应项目服务,包括硬件安装、客服中心支持、项目管理、IT 系统集成、测量与检测、市场推广(参与者招募)。电力企业仍然拥有相关设备的所有权,合同期一般为 3～5 年。

这种运行模式包括提供集软件、硬件和服务于一体的解决方案，能源管理企业以安装的家庭数计费，且每个家庭的收费可以不等，每招募一个家庭，能源管理公司收取其一年的服务费。

"交钥匙"商业模式的优点在于合同关系简单，用户只需与能源管理企业签订一个合同，即可享受专业的一体化的需求响应解决方案，获得需求响应收益。其缺点在于，用户对于需求侧管理了解较少，无法准确判断自身需求响应潜力及市场价格波动，如果没有严格的市场监管机制，"交钥匙"模式的需求响应项目质量难以保证。

1.5.2.4　商业模式四：VPC 模式

能源管理公司与电力企业签订长期、固定费用的电量需求响应合同，整个系统由能源管理公司进行管理，并负责维护相关设备。合同期一般为 5～10 年，能源管理公司可以基于提供的电量获取服务费。

该商业模式的具体内容：首先，每年按照每千瓦进行支付，合同与电力购买合同类似，电力企业每年支付每千瓦一定的费用；其次，民用与能源管理公司构建响应的网络，能源管理公司拥有层设备的所有权；最后，对于工商业企业，与公开市场非常相似，基本不需要提前投资。

该商业模式的优点在于能源管理公司所承担的风险较小，服务费用基于提供的电量收取，用户每年的电量是一定的，因此能源管理公司需求响应业务收入是固定的，无论需求响应项目实施效果如何，能源管理公司的收入都不会受到影响。

1.5.2.5　商业模式五：BYOT 模式

BYOT 是一种激励用户更换智能需求响应设备的新兴商业运作模式，该模式不仅克服了旧式需求响应设备仅能单向通信的弊端，而且能够节约设备的安装及维护成本，提高用户侧需求响应项目的参与度和满意度。

BYOT 模式的需求响应主要是由居民用户、电力公司、设备供应商和负荷削减服务商共同实施，用户可自行从供应商处购买自己喜欢的需求响应设备并获得电力公司给予的购买补贴，同时供应商每售出一台需求响应设备也会获得电力公司给予的激励补贴。在用户参与需求响应项目的过程中，只要其与某负荷削减服务商网络平台有兼容性，就可以通过该负荷削减服务商报名参与需求响应项目并获得电力公司给予的激励。对于负荷削减服务商来说，每月会获得电力公司提供的补贴，以补偿其对门户网站的维护。

BYOT 需求响应项目中无需重新安装设备，只要符合负荷削减服务商注册网站的接入要求，即使是过去购买的智能温控器也可提供无歧视的接入服务。其成本仅包括持续支付给负荷削减服务商的网站维护费用和持续提供给用户的响应事件的奖励，节省了招募用户的时间成本及安装、维护设备的费用。且在 BYOT 模式下，用户可以选择最适合他们的硬件设备来参与需求响应项目，这将给用户带来更好的体验效果。

但是，该商业模式还存在一定的不足。目前，提供 BYOT 服务的负荷削减服务商公司较少，缺乏有效的市场广泛度支持。此外，对于电力公司来说，由于越来越多的供应商带着多种不同的智能温控器参与该项目，其项目的管理难度越来越大。例如：Austin Energy 电力公司的 BYOT 需求响应项目事先并没有做营销策划，但仍有 3000 多名用户由于早期已安装不同厂家的智能温控器设备而很快报名参加。智能温控器的种类越多，管理就越困难，因此 BYOT 需求响应项目可能会增加 Austin Energy 电力公司的管理负担。

1.6   国内外综合需求响应工程项目分析

在实际应用层面，目前国内外综合能源示范项目充分展现了综合需求响应的有效性，主要措施包括通过高度自动化的能源管理系统，挖掘需求侧电和热负荷的灵活性，利用热电联产设备、热泵以及燃气锅炉等设备的耦合能力或者配置储能装置等方式来增强整个能源系统的灵活性。具体项目与综合需求响应方式见表 1-6。

表 1-6   国内外典型综合需求响应项目

国家	项目名称	能源种类	应用范围	综合需求响应行为方式
美国	斯坦福大学的能源系统创新项目	气/电/热/冷	200 栋校园建筑	联合优化校园内冷水机组和燃气发电机，通过回收余热和储能应对高负荷，实现能源的综合化
英国	曼彻斯特示范工程	气/电/热	17 栋建筑	联合优化热电联产设备、光伏和热锅炉，并根据价格或激励信号削减电、热负荷
德国	库克斯港 eTelligence 项目	气/电/热/冷	区域级	基于互联的区域性能源市场，实现电转热和电转冷等能源之间的转换协同
日本	东京燃气熊谷分社热融通网络	电/热/冷	燃气熊谷分社和相邻的宾馆	根据负荷需求，由热电联产等设备实现电、冷、热之间的相互转换

国家	项目名称	能源种类	应用范围	综合需求响应行为方式
中国	上海临港"新能源+微电网"综合智慧能源示范项目	电/热	区域性	通过"太阳能+空气源热泵"实现电—热协同
	杭州大城北综合能源试点示范	气/电/热	区域性	通过电—热—气的协同规划和相关设备的配置,实现用户侧的电—热—气多能互补,达到余热利用的目的
	苏州同里综合能源服务中心	气/电/热/冷/水	区域性	为用户提供水、电、气、热、冷等多种能源的互动式服务

1.6.1 国外示范项目

1.6.1.1 美国斯坦福大学的能源系统创新项目

美国斯坦福大学的能源系统创新项目在 2009—2011 年由美国斯坦福大学独立开发,代表了美国斯坦福大学能源供应从 100%以化石燃料为基础的热电联产厂向电网供电和更高效的电热回收系统的转变。2022 年并网的 88MW 太阳能发电站使得斯坦福大学 100%可再生电力目标得以实现。该项目涵盖了能源生产、储存、转换和使用的技术创新,以及智能系统和数据分析的应用等多个方面。首先,该项目致力于开发可再生能源技术,如太阳能、风能和水能等,以减少对化石燃料的依赖,减少碳排放,并提高能源利用效率。其次,通过研究和开发高效、可靠的能量储存技术以及能源转换技术,帮助解决可再生能源的间歇性和不稳定性问题,提高能源利用效率,保障能源系统的灵活性和稳定性。最后,通过应用人工智能、大数据分析等技术,该项目可以实现对能源系统的实时监测、优化调度和预测分析,使得能源需求和供给达到动态平衡。

在综合需求响应方面,该项目通过整合太阳能、风能、水能等多种可再生能源资源,以及煤炭、天然气等传统能源资源,构建了多元化的能源供应体系,满足不同地区和不同时段的用能需求。同时,其研究和开发的新型能源生产、储存、转换和使用技术,以及基于人工智能、大数据分析等技术开发的智能能源系统,对能源的供需情况进行实时的监测和分析,使得用户能够进行动态响应。

1.6.1.2 英国曼彻斯特示范工程

在曼彻斯特,大部分能源仍采用传统的化石燃料,可再生能源仅占 3%,电网损失的能量为 5%~10%。曼彻斯特每年在能源上的消耗均超过 2 亿英镑，尤其是在电力消耗和家庭取暖方面。因此，为了解决能源问题，曼彻斯特大学做了综合能源系统规划和运行方法的研究，特别是在综合需求响应方面，集成用户监控终端，开发了综合能源电/热/气/水系统与用户交互平台，并在曼彻斯特得到成功应用。曼彻斯特综合需求响应策略图如图 1-7 所示。

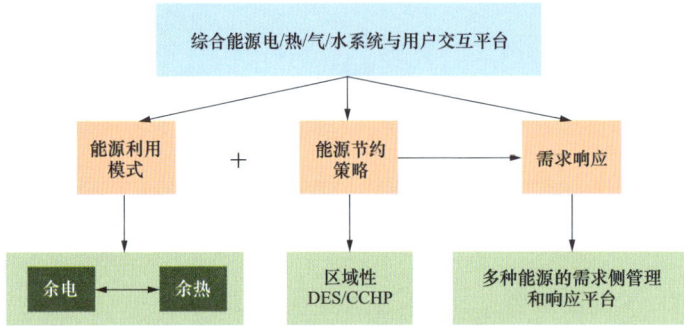

图 1-7　曼彻斯特综合需求响应策略图

曼彻斯特示范工程利用多种能源的需求侧管理和响应平台，运用用户信息采集、用户数据分析、能源负荷控制、能源转换（例如余热和余电的转换利用）、区域性分布式冷热电联供等技术实现了能源的高效阶梯利用和能源之间的综合协调，从而达到了保障能源供需平衡的效果。

1.6.1.3　德国库克斯港 eTelligence 项目

库克斯港位于德国西北沿海易北河口南岸，具有丰富的风力资源，因此 eTelligence 项目基于风电等可再生能源和冷热电联产方式，建立了一个基于互联网的区域性能源市场，为区域内所有的能源生产商、分销商、消费者、服务供应商提供基于互联网的交易平台。在该平台下，区域内所有的能源生产者、能源经销者、能源消费者和能源服务提供者都通过互联网进行交流和交易，也可以查询各种供能设施的实时输出情况和用能设施的实时能耗情况，在供需情况双向透明的基础上，实现能源交易和能源服务。例如，当风力发电出现剩余时，交易平台会提示区域内的某家冷库或者某家酒店的游泳池，可利用剩余的风电制热或者制冷，从而实现电转冷和电转热形式的综合需求响应。

1.6.1.4　日本东京燃气熊谷分社热融通网络

东京燃气熊谷分社（建于 1984 年，建筑面积 1400m²）和相邻的宾馆（建于 1986 年，建筑面积为 8940m²）于 2009 年进行了协同节能改造，在热融通系统和热电联产机组的负荷供应交互方面获得了新进展，实现了电、热、冷多能源之间的相互转化。

　　根据办公建筑用能特点，燃气公司大楼春秋两季用热需求较少，其他季节的非工作时间和双休日用热需求也较少，会产生多余热量；而相邻宾馆则具有全年较稳定的热需求。通过在两栋大楼之间安装热融通管道，可将熊谷分社太阳能集热器产生的余热融通至邻近宾馆；若太阳能集热器产生的热量不够，可由热电联产机组回收的余热供应。通过燃气公司大楼、相邻宾馆之间的需求响应，利用热融通系统和热电联产机组，不仅实现了热能的最大限度利用，避免了损失，而且达到了减少温室气体排放的目的。据估计，通过上述改造，两栋建筑可实现年减排二氧化碳 11t。

　　东京燃气熊谷分社能源系统综合需求响应策略如图 1-8 所示。

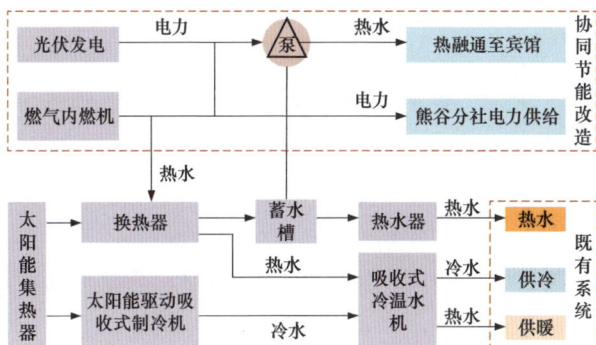

图 1-8　东京燃气熊谷分社能源系统综合需求响应策略图

1.6.2　国内示范项目

1.6.2.1　上海临港"新能源+微电网"综合智慧能源示范项目

　　上海临港"新能源+微电网"综合智慧能源示范项目位于上海电力大学临港新校区，项目主要由"风光储一体化智慧综合能源""太阳能+空气源热泵的智能热网"以及"智慧能源管控系统"三部分组成，通过三组系统协调不同节能系统之间的配合，放大总体的节能效果。项目实现了源（多种新能源）、网（冷热电气网）、荷（负荷需求侧响应）、储（多种储能形式）的协调优化运行。

　　该项目的风光储一体化智能微电网系统由光伏发电系统、风力发电系统及储能系统组成，将智能变压器等智能变配电设备与需求侧管理和电能质量控制技术相结合，为用户提供综合能源管理及智慧办公互动服务，实现用能信息自动采集、系统故障迅速响应等目的。同时，智慧能源管控系统实现了

"源网储荷"的协同优化，用于监测风电、光伏、储能及空气源热泵辅助太阳能热水系统的运行情况，便于业主和服务方对用户的用能状态和节能效率进行实时监控与管理，通过高效的信息集成和数据共享优化用户的用能行为，协调用户的用电和用热构成，达到综合能源的优化效果。

1.6.2.2 杭州大城北综合能源试点示范

杭州以大运河国家文化公园（杭州）项目为依托，打造了以华电半山电厂余热为热源的大城北区域余热利用试点示范项目。华电半山电厂是国内首座总装机容量达 2415MW 的清洁能源燃气电厂，在额定发电工况下，其最大供汽能力可达 1030t/h，兼顾高效发电与工业供热需求。经初步测算，如果充分利用华电半山电厂运行产生的锅炉烟气余热、汽轮机乏汽余热、循环冷却水余热等余热资源，经济供热半径可达 20km 以上，可满足周边约 3000 万 m² 建筑的能源需求，可基本覆盖大城北核心区，并辐射周边区域。因此，通过电—热—气的协同规划，能够为用户提供智慧综合能源服务，实现用户需求与供给侧的智能联动，极大缓解电网运行压力，提升用户体验，同时实现节能减碳。

1.6.2.3 苏州同里综合能源服务中心

同里综合能源服务中心由微网路由器中心站、交直流配电房、光热发电楼、绿色充换电站建筑工程，以及区域内道路、景观、管网、围墙等基础设施组成。通过微网路由器集成了包括屋顶光伏、电子公路、风机、光伏电站、储能、新能源充电桩等在内的分布式能源形式，实现了风、光、热、电等能源的互联互补。其综合能源服务平台是一个具有数据采集、存储、服务功能的软件系统，能根据统计数据分析用户用能习惯和多能协同互补，决策能源配置方案，为用户提供水、电、气、热、冷等能源的互动式服务，满足用户的多元化用能需求。

1.6.3 经验总结

1.6.3.1 技术创新

一方面，综合需求响应项目能够快速发展的重要原因是能源利用模式、电网友好型设备、能量管理系统平台等需求响应关键支撑技术的发展。因此，后续应加大对研发关键技术的投资，鼓励研究开发综合需求响应的新技术、新工艺、新产品，促使相关机构在使能技术、智能用电设备和能量管理系统平台等方面作出创新，并积极推进相关技术试点项目的开展，继而在全社会推广其中成熟和先进的技术。

另一方面，综合能源相关项目和综合需求响应项目均与可再生能源发电技术、能源转换技术和能源存储技术等的发展相关。首先，在综合能源项目中，通过高效集成太阳能、风能等可再生能源，可以显著提高能源供应的绿色化水平，基于智能调度系统和综合需求响应优化绿色能源的利用，能够进一步保证能源供应的稳定性和经济性；其次，热电联产、热泵等能源转换技术的发展是提高能效和促进能源多样化利用的关键，能够有效地将可再生能源转换为电力或热能，满足用户不同的能源需求，进而提高能源利用率；最后，电化学储能（如锂离子电池）、压缩空气储能、氢储能等能源存储技术的发展对于平衡供需、提高系统稳定性和增加可再生能源的渗透率至关重要。加大对创新能源存储技术的投资，能够解决可再生能源发电的间歇性问题，从而提高能源系统的灵活性和响应能力，为综合需求响应的发展提供技术支撑。

1.6.3.2　市场机制

电、热、气等多种能源市场的发展促进了多种能源的互联互通和协调互补，意味着不同类型的能源可以更加高效和协调地被使用和管理，为需求侧资源提供了直接参与市场的机会。需求侧资源，如工业、商业和居民用户的可调节负荷，可以根据市场信号和价格变化，灵活调整自己的能源消费模式，包括通过削减、转移、转换用能负荷或提供辅助服务等方式参与到能源市场中，获取经济收益。这种机制激励了用户采取技术创新、节能改造和调整用能行为等方式，积极地参与综合需求响应项目，不仅有助于缓解能源系统的供需平衡压力，进一步促进能源市场的健康发展，用户自身也能够获得相应的经济奖励。

1.6.3.3　经济效益

现阶段，与国外相比，我国在综合需求响应领域的实践相对较少，实施的综合需求响应项目较少且形式单一，在挖掘综合需求响应资源潜力、构建应用场景以及实现其潜在效益方面还存在较大的提升空间。

首先，我国在综合需求响应资源的开发与利用上尚未充分发挥其潜力。在国外，综合需求响应作为电力系统和能源市场的重要组成部分，已被广泛应用于调节电网负荷、优化能源结构和提高能效。通过加强对综合需求响应项目的研究与实践，一方面可以更有效地利用分布式能源、可再生能源以及需求侧管理技术，促进能源的高效使用和电力系统的灵活性；另一方面，可以在用户侧安装能源耦合设备，充分挖掘用户侧的响应能力，使用户能够通过多种响应行为方式参与综合需求响应项目。

其次，我国综合需求响应的应用场景相对有限，主要集中在一些基础的需求响应措施上，如简单的负荷转移或削峰填谷。而国外在这方面的应用更为广泛，涵盖了工业、商业及居民等多个领域，形式多样，如实时价格响应、事件响应计划以及综合能源管理等。扩大和深化综合需求响应的应用场景，探索更多创新模式，对于提升综合需求响应的效益和推动能源转型具有重要意义。

最后，由于实施的综合需求响应项目较少且形式单一，目前我国从综合需求响应项目中获得的效益还十分有限。这包括经济效益、环境效益以及社会效益等方面。在国外，综合需求响应不仅帮助参与者节省了能源成本，还通过降低对传统能源的依赖，减少了温室气体排放，提高了电网的稳定性和可靠性。因此，加强综合需求响应项目的实施和多样化，不仅可以带来更大的经济收益，还可以促进环境保护和社会可持续发展。

综上所述，尽管我国在综合需求响应领域的技术创新、市场机制建设和经济效益开发方面还不够成熟，但通过发展综合能源技术、开发需求侧管理平台、加强对资源潜力的挖掘、建立合理的市场及激励机制、丰富应用场景，并增加政策支持与完善激励措施，可以有效促进综合需求响应项目的发展。这些措施将大幅提升综合需求响应项目带来的综合效益，为我国的能源转型和能源电力系统优化升级提供有力支撑。

基于用能特性分析的综合
需求响应潜力挖掘与测算研究

在深入剖析多能协同下综合需求响应内涵与总体架构的基础上，本章基于综合需求响应行为方式进行建模研究，聚焦于电、热、冷等多种用能负荷的可调节潜力探索。通过对多能负荷进行建模，明确其削减和转移特性，利用 K-Medoids 算法聚类数据，结合离散小波变换分析不同时段负荷削减可行性，构建理论可削减潜力测算模型。同时，提出负荷特征指标体系，运用熵权法-TOPSIS 法评估潜力因子，确定用户用能模式并修正理论结果，获取实际负荷可削减潜力。最后，通过对六家典型高耗能用户电负荷及典型工业园区热、冷负荷削减潜力的算例分析，验证了所提模型与方法的有效性，为后续综合需求响应激励和调控策略研究奠定数据基础，提供关键数据边界。

2.1　多能负荷建模

根据前述综合需求响应的基本概念、内涵和用户响应行为方式建模研究，将能够参与综合需求响应的负荷侧资源分为可削减负荷、可转移负荷、可转换负荷等三种类型，分别对应负荷削减、负荷转移和负荷转换三种响应行为方式。其中，用户负荷转换的响应行为方式主要依托需求侧的能量枢纽设备来实现。因此，本节将根据电、热、冷负荷各自的可调节特性，主要针对包含负荷削减和负荷转移两种响应形式的多能负荷进行建模。

2.1.1　电负荷模型

考虑用户侧的用电灵活性，可将电负荷分为固定电负荷和可调节电负荷两部分。其中，可调节电负荷又分为可转移负荷和可削减负荷。电负荷特性模型如式（2-1）所示：

$$L_t^e = L_t^{e,f} + L_t^{e,sl} - L_t^{e,il} \tag{2-1}$$

式中：L_t^e 为用户在 t 时刻的电负荷需求；$L_t^{e,f}$ 为用户在 t 时刻的固定电负荷；$L_t^{e,sl}$ 为用户在 t 时刻的可转移电负荷；$L_t^{e,il}$ 为用户在 t 时刻的可削减电负荷。

2.1.1.1 可转移负荷

可转移负荷对生产过程的连续性要求较低，对价格变化敏感，在负荷高峰期通过暂时改变用户用能习惯，达到减少或推移用能时段负荷的目的。可转移量主要受价格变化和用户对价格变化的敏感程度（也就是价格弹性）的影响。

该类负荷主要出现在工业用户以及居民用户中，其特点为用能时间较为灵活。一般可以通过调整工业生产流程或者居民洗衣机和电热水器等设备的用电时段来实现负荷的转移,使用户参与响应前后的电负荷总需求保持不变。具体表达式如式（2-2）所示：

$$\begin{cases} L_{t,\min}^{e,sl} \leq L_t^{e,sl} \leq L_{t,\max}^{e,sl} \\ \sum_{t=1}^{T} L_t^{e,sl} = 0 \end{cases} \quad (2\text{-}2)$$

式中：$L_{t,\min}^{e,sl}$ 和 $L_{t,\max}^{e,sl}$ 分别表示用户在 t 时刻的最小可转移电负荷和最大可转移电负荷。当 $L_t^{e,sl}$ 为正值时表示用户增加了该时刻的用电负荷，为负值时表示用户减少了该时刻的用电负荷。

2.1.1.2 可削减负荷

可削减负荷是用户根据自身用能需求和外部激励等因素,在不影响正常生产或者生活、工作的前提下,通过中断某些生产设备或者用能设备,对部分负荷功率进行一定程度的削减，缓解供电压力。具体表达式如式（2-3）所示：

$$0 \leq L_t^{e,il} \leq L_{t,\max}^{e,il} \quad (2\text{-}3)$$

式中：$L_{t,\max}^{e,il}$ 为用户在 t 时刻的最大可削减电负荷。

2.1.2 热负荷模型

通常，系统热负荷包含工业生产热负荷与居民采暖热负荷，其中工业生产热负荷由企业制订的生产计划确定，为不具弹性的刚性负荷，因此，本书主要考虑居民采暖热负荷的响应情况。热负荷的响应潜力主要来自于两个方面：一是热用户对供热舒适度的感知具有一定的模糊性，即室内温度在一定范围内的改变不会影响用户的舒适体验；二是热力系统具有热惯性，主要体现为源、网、荷三个方面，即电热锅炉的供热惯性、热网的传输惯性以及建筑物的热惯性。

预测热指标（Predicted Mean Vote，PMV）常被用于描述用户对室内温度变化的舒适体验，是评估室内热环境舒适度的通用指标。该指标在综合考虑了主观和客观因素之后，反映了相同环境温度下绝大多数人的热感觉。PMV指标以 7 级标尺对应人体的 7 种热感觉，具体见表 2-1。根据 ISO 7730 标准，PMV 指标在±0.5 内波动时，用户不会感觉到温度变化的明显差异，《采暖通风与空气调节设计规范》（GB 50019—2003）中规定 PMV 应处于−1～1。

表 2-1 不同 PMV 指标下的人体感受

PMV	−3	−2	−1	0	+1	+2	+3
状态	冷	凉	微凉	适中	微暖	暖	热

为了量化用户的热舒适性，可建立 PMV 计算公式，如式（2-4）所示：

$$\lambda_{PMV} = 2.43 - \frac{3.76(T^s - T_t^{in})}{F(I_f + 0.1)} \tag{2-4}$$

式中：F 为人体能量代谢率，一般取 80W/m^2；I_f 为服装耐热阻，一般取 0.261m^2·℃/W；T^s 为人体皮肤处于舒适状态下的平均温度，可近似取 33.5℃；T_t^{in} 为 t 时段室内温度。可以看出，除 T_t^{in} 外，其他参数均为给定值。

由于用户在白天活动频繁，热感知能力相对夜间更为灵敏，对舒适度的要求相对较高，而夜间对舒适度的要求可适当放宽，故本书对 PMV 值进行分时限定，设置全天 24 小时调度周期内的 PMV 限值如式（2-5）所示。

$$\begin{cases} |\lambda_{PMV}| \leqslant 1, \ t \in [1:00 - 7:00] \cup [18:00 - 24:00] \\ |\lambda_{PMV}| \leqslant 0.5, \ t \in [8:00 - 17:00] \end{cases} \tag{2-5}$$

另外，与电力即发即用、实时平衡特性不同，受传热介质的比热容和质量影响，受热介质的温度变化在时间上总是滞后于传热介质的温度变化，从热源到用户温度变化的时滞通常为几十分钟到几个小时。考虑室温动态变化的过程，以室内温度为状态量，将受热介质——建筑物热需求视为热负荷，建立热需求与温度的暂态热平衡方程，如式（2-6）和式（2-7）所示：

$$\frac{dT_t^{in}}{dt} = \frac{L_t^h - (T_t^{in} - T_t^{out}) \cdot K \cdot F}{c_{air} \cdot \rho_{air} \cdot V} \tag{2-6}$$

$$T_{min}^{in} \leqslant T_t^{in} \leqslant T_{max}^{in} \tag{2-7}$$

式中：L_t^h 为 t 时段热负荷总需求；T_t^{out} 为 t 时段室外温度；K、F 和 V 分别为建筑物传热系数、表面积和体积；c_{air} 和 ρ_{air} 分别为室内空气比热容和密度；T_{min}^{in} 和 T_{max}^{in} 分别为人体舒适度可以接受的最低室温和最高室温。

综上，在不考虑人的主观意愿影响因素的条件下，热负荷与电负荷类似具有一定的可转移和可削减的调节特性，具体响应模型表达式如式（2-8）所示：

$$\begin{cases} L_t^h = L_t^{h,f} + L_t^{h,sl} - L_t^{h,il} \\ L_{t,\min}^{h,sl} \leqslant L_t^{h,sl} \leqslant L_{t,\max}^{h,sl} \\ \sum_{t=1}^{T} L_t^{h,sl} = 0 \\ 0 \leqslant L_t^{h,il} \leqslant L_{t,\max}^{h,il} \end{cases} \qquad （2-8）$$

式中：$L_t^{h,f}$、$L_t^{h,sl}$ 和 $L_t^{h,il}$ 分别为 t 时段固定热负荷、可转移热负荷和可削减热负荷；$L_{t,\min}^{h,sl}$、$L_{t,\max}^{h,sl}$ 分别为 t 时段最小和最大可转移热负荷；$L_{t,\max}^{h,il}$ 为 t 时段最大可削减热负荷。

2.1.3　冷负荷模型

与热负荷特性相似，用户对冷环境的舒适度感知同样具有模糊性，冷负荷需求与室内温度满足一阶常微分方程，具体表达式如式（2-9）所示：

$$\frac{\mathrm{d}\varGamma_t^{in}}{\mathrm{d}t} = \frac{\varGamma_t^{out} - \varGamma_t^{in} - \cdot G \cdot L_t^c}{U \cdot G} \qquad （2-9）$$

式中：L_t^c 为 t 时段的冷负荷；$\varGamma_t^{in}$、$\varGamma_t^{out}$ 分别为 t 时段室内、室外温度；G 和 U 分别为环境等效热容、等效热阻。

参考电负荷和热负荷，冷负荷同样具有转移和削减特性，冷负荷特性模型可描述如式（2-10）所示：

$$\begin{cases} L_t^c = L_t^{c,f} + L_t^{c,sl} - L_t^{c,il} \\ L_{t,\min}^{c,sl} \leqslant L_t^{c,sl} \leqslant L_{t,\max}^{c,sl} \\ \sum_{t=1}^{T} L_t^{c,sl} = 0 \\ 0 \leqslant L_t^{c,il} \leqslant L_{t,\max}^{c,il} \end{cases} \qquad （2-10）$$

式中：$L_t^{c,f}$、$L_t^{c,sl}$ 和 $L_t^{c,il}$ 分别为 t 时段固定冷负荷、可转移冷负荷和可削减冷负荷；$L_{t,\min}^{c,sl}$、$L_{t,\max}^{c,sl}$ 分别为 t 时段最小和最大可转移冷负荷；$L_{t,\max}^{c,il}$ 为 t 时段最大可削减冷负荷。

2.2　考虑用能特性的综合需求响应潜力测算模型

2.2.1　模型总体框架分析

本书所研究的电负荷具有可削减和可转移潜力，负荷的转移主要通过分时电价的形式去实现，热负荷和冷负荷的需求响应以负荷削减形式为主。同时，冷、热电负荷之间的转换主要通过供需双侧的能量枢纽设备来实现，其转换潜力主要依据各类能源价格的不同，基于全局优化的角度统筹考虑，且能源之间的转换对用户的影响非常小，几乎可以忽略不计，只有负荷的削减对用户的影响较大。因此，本书所研究的综合需求响应潜力主要指的是电热冷负荷的可削减潜力，主要结合负荷数据特性挖掘理论和用能模式识别两种方法来分析用户的用能特性，最终获得实际可削减的负荷潜力，形成负荷可调节资源库。具体综合需求响应潜力分析模型框架如图 2-1 所示。

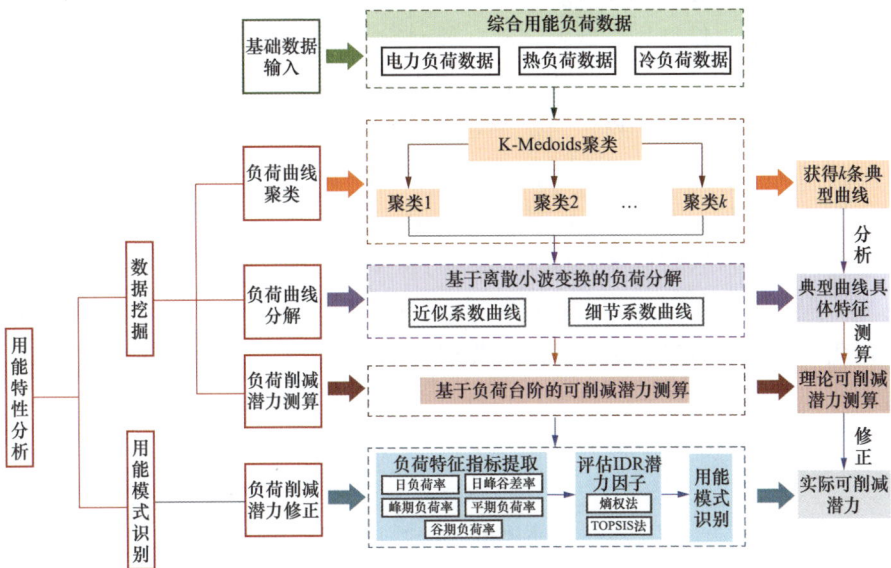

图 2-1　综合需求响应潜力分析模型框架图

由图 2-1 可以看出，本章所构建的基于用能特性分析的综合需求响应潜力分析模型框架包括负荷曲线聚类、负荷曲线分解、负荷削减潜力测算、负荷削减潜力修正等四个步骤。其中，前三步主要是基于数据挖掘理论得到理论上的负荷削减潜力，最后一步则基于用能模式识别结果对上述负荷削减理论潜力测算结果进行修正。最终，从数据挖掘和用能模式识别两个方面得到基于用能特性分析的实际可削减负荷潜力。具体来说，首先，在负荷曲线聚类这一环节中，基于 K-Medoids 算法，将所获得的基础电、热、冷负荷数据分为 k 个典型的类簇，得到 k 条典型负荷曲线。其次，基于离散小波变换函数，将 k 个类簇逐一进行分解，分析每一个类簇的负荷削减可行性，并总结每一类簇负荷曲线的具体特征。再次，基于负荷台阶，测算每一个类簇的理论可削减潜力以及用户平均电、热、冷负荷的理论可削减潜力。最后，针对每一个类簇，提取日负荷率、日峰谷差率、峰期负荷率等方面的负荷特征指标值，通过熵权法确定各类指标的权重，并基于 TOPSIS 法评估各类簇的综合需求响应潜力因子。这一过程能够识别出用能模式，并针对第三步得到的理论上的可削减潜力进行修正，进而得到用户实际平均可削减潜力。

2.2.2 综合需求响应潜力测算模型

2.2.2.1 基于 K-Medoids 法的负荷聚类

聚类算法是采用相似度度量指标将数据集划分为多个类或簇，使同一簇内数据对象的相似性尽可能大，不同簇间数据对象差异性尽可能大。对负荷曲线进行聚类就是通过比较曲线之间的相似性，将相似度高的负荷曲线聚在一起形成一个簇，这个思想与基于划分的聚类思想的内涵基本吻合。

K-Means 聚类方法是在迭代过程中采用簇中对象的均值作为聚类中心，要求明确定义簇中对象的平均值。它采用对象间的阿基米德距离、曼哈顿距离等作为衡量对象相似度的标准。然而，由于该方法对噪声点和异常点敏感，易陷入局部最优，因此对于非凸面形状的簇和大小差别很大的簇，该方法的应用效果欠佳。K-Medoids 是基于 K-Means 聚类算法而发展出的一种方法，旨在专门处理离散混合型数据。它将全部待聚类对象划分至 k 个簇，将每个簇中与其他样本最为相似的实际样本作为聚类中心，并通过迭代得到收敛的分类和聚类中心。该方法不是使用簇内对象的平均值作为参照点，不易受极端数据的影响，从而克服了 K-Means 聚类方法的上述缺陷。

因此，本书选择 K-Medoids 聚类方法对用能负荷曲线进行聚类，其基本思路如下：首先为每个簇随意选择一个代表样本，剩余的非代表样本根据其与代表样本的距离分配给距该样本最近的一个簇；然后反复进行各组距离的比较，并用非代表样本来替代代表样本，以改进聚类结果的质量。假设待聚类的数据样本集合为 $X = \{X_i = (x_{i1}, x_{i2}, \cdots, x_{in}), i = 1, 2, \cdots, m\}$，第 i 个样本的第 j 个特征值（或变量值）为 x_{ij}，具体聚类步骤如下所示：

（1）确定各类簇的初始聚类中心。将聚类的数据样本集合初步划分为 k 个不同的类簇，将 k 个类簇设置为初始聚类中心，表示为 $(Y_1, Y_2, \cdots, Y_k)$，且 $k < m$，并设置最大迭代次数。

（2）基于距离度量，分配样本对象到最近的聚类中心。由于用能负荷数据属于高维数据，多采用欧氏距离作为 K-Medoids 聚类算法的相似性度量指标，从而可以体现负荷大小变化对聚类结果的影响。对于计算样本集中 X_i 和

X_j 两个数据样本之间的加权欧氏距离，可用 d_{ij} 来表示，具体计算公式如式（2-11）所示：

$$d_{ij} = \left\| w(\boldsymbol{X}_i - \boldsymbol{X}_j) \right\|^2 = \sqrt{\sum_{k=1} w(x_{ik} - x_{jk})^2} \qquad (2\text{-}11)$$

式中：w 为加权因子，其取值主要依据各分量在聚类中的贡献差异而确定。

（3）度量聚类中心点的质量。用平方误差准则函数来度量每个聚类中心点 Y_r 的质量，平方误差 SSE 越小，表示数据越接近簇中心点，聚类效果也就越好，具体计算公式如式（2-12）所示：

$$\text{SSE} = \sum_{r=1}^{k} \sum_{X \in Y_r} \left\| X - Y_r \right\|^2 \qquad (2\text{-}12)$$

（4）更新聚类中心。对于每个簇，遍历簇中的每个点，尝试将每个数据点作为新的聚类中心，计算此时的平方误差 SSE。在反复替换聚类中心的过程中，绝对误差值总和不断减小，直到新旧聚类中心点的误差平方和之差达到一定的阈值或者不再改变，则输出簇的集合，得到了最佳的聚类效果。

K-Medoids 算法基本流程见表 2-2。

表 2-2　　　　　　　　　　　**K-Medoids 算法基本流程**

输入	簇的数目 k，包含 n 个对象的样本集
输出	k 个类簇
算法流程	1）选择初始 k 个类簇 $(Y_1, Y_2, \cdots, Y_k)$，设置初始的 Medoids
	2）根据式（2-11）测算其余样本数据的欧氏距离，划分到与其最为相似代表对象所在的类簇中
	3）根据式（2-12）测算平方误差 SSE，度量 Medoids 的质量
	4）任意选取非样本集的对象，根据式（2-11）和式（2-12）计算欧氏距离和 SSE 值大小之后代替初始的 Medoids
	5）重复流程 2）～流程 4）的过程，直到迭代更新后的数据代表对象不再发生改变或达到初始设置的迭代次数
	6）结束聚类过程，产出最终确定的 k 个类簇

2.2.2.2　基于离散小波变换的负荷分解

负荷分解可以揭示负荷变化的多尺度特征，包括日负荷波动、季节性变化和长期趋势等，可以检测到那些可能指示需求响应潜力的异常负荷变化，从而帮助优化需求响应措施的时序和规模。小波变换（Wavelet Transformation，WT）是一种多分辨分析方法，能够有效地进行信号处理，在利用它做信号处理时，既能看到信号的概貌，也能关注到信号的细节，即能够从原始信号中提取出其近似系数和细节系数，借此可以更加全面地观察和分析原始信号。小波变换又分为连续和离散小波变换，由于本书所研究的负荷数据是小时级的，因此采用离散小波变换（Discrete Wavelet Transformation，DWT）将时域中的负荷曲线分解为频域中的多个不同分量，其中低频近似分量反映负荷的整体变化趋势，高频细节分量表征负荷的局部波动特征。其原理如图 2-2 所示，表达式如式（2-13）所示：

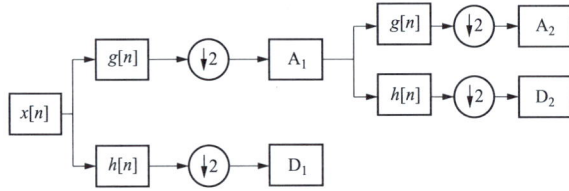

图 2-2　DWT 原理图

$$\begin{cases} A_{r+1} = h[n]A_r \\ D_{r+1} = g[n]D_r \end{cases} \tag{2-13}$$

式中：A_r、D_r 分别为 $x[n]$ 分解后得到的第 r 层低频、高频分量，其中 $r \in [0, R-1]$，R 为分解的总层数；$h[n]$ 和 $g[n]$ 分别为分解过程的高通滤波器和低通滤波器，滤波器的系数由母小波决定。

相应地，通过逆变换可以实现对原始负荷序列的重构表，具体如式（2-14）所示：

$$x[n] = \sum_{r=1}^{R} D_r + A_R \tag{2-14}$$

由图 2-2 可知，利用离散小波变换对原始信号的低频部分进行多次分解即可实现信号的无重叠全频分解，同时经多次分解后信号的频率范围会大幅度缩小。通过这种分解方法所得到的低频信号和高频信号可以分别有效地展现出原始信号在某一频带上的基本信息和细节信息，分别称为近似系数（Approximate Signal，A）和细节系数（Detail Signal，D）。正是由于这一点以及多次分解可以使原始信号频率范围缩小，采用离散小波变换方法可以有效解决高维数据降维问题。图中，$x[n]$ 为待分解的原始离散信号，向下的箭头表示降采样滤波器，取值为 2。具体分解步骤如下：

首先，对数据进行归一化。为了避免负荷大小对后续的形态聚类结果造成影响，首先需要对其进行归一化处理，对于某一天给定长度为 N 的负荷序列 $Q = \{Q_1, Q_2, \cdots, Q_N\}$，其归一化处理方式如式（2-15）所示：

$$x[n] = \frac{Q_n}{\max\{Q\}} \qquad n = 1, 2, \cdots, N \qquad (2\text{-}15)$$

其次，选择母小波与分解层级。考虑到需要分析更平滑、连续变化、具有时间序列特性的负荷曲线，采用 3～5 层 Daubechies 小波函数的效果最好。同时，结合以往实验数据，本书最终选取 4 阶小波变换（Daubechies 4，Db4）进行 3 层小波分解重构。Db4 能够在保持良好时间—频率局部化的同时，有效地分析信号，在时间和频率域都有良好的局部化性质。

最后，进行离散小波变换。经过离散小波变换，可以将负荷曲线逐级分解为低频（近似系数）和高频（细节系数）分量，具体如式（2-16）所示：

$$\begin{cases} A_n^r = \sum_n x[n]\phi_{k,n} \\ D_n^r = \sum_n x[n]\varphi_{k,n} \end{cases} \qquad (2\text{-}16)$$

式中：$\phi_{k,n}$ 为尺度函数，通常为延展和移动的母小波函数，本书选取 Db4 作为母小波；$\varphi_{k,n}$ 为小波函数，通过对母小波进行伸缩和平移操作实现。

基于 DWT 的负荷曲线分解情况如图 2-3 所示。

图 2-3 展示了对一个园区用户的 24h 用电负荷曲线进行 DWT 处理后的结果，包含了原始负荷曲线以及三个不同层级的近似分量 A 和细节分量 D，图中的负荷值为经过归一化处理后的标幺值。其中，第一个原始负荷曲线图代表了实际观测到的负荷量随时间的变化，可以看出该园区用电负荷主要集中在 7:00～20:00。图 2-3（b）为经过分解后的近似部分，代表了原始负荷曲线的平滑或低频趋势，负荷数据的总体趋势和缓慢变化的部分，过滤掉了短期波动，因而其大体变化趋势与原始负荷曲线的变化趋势相似。图 2-3（c）～（e）表示不同层级的高频成分，反映了原始负荷曲线中的快速变化。具体来说，D3 曲线图表示经过三次分解后的高频部分，反映了相对中等尺度的变化或季节性波动，也就是说上午 10:00 之后负荷有个小高峰，之后开始下降；D2 曲线图表示经过两次分解后的高频部分，反映了比 D3 更细微的变化，显示从凌晨 03:00 开始负荷有明显的变化，白天的负荷变化较小；D1 曲线图表示经过一次分解后的最高频部分，捕捉了最短期的波动，与原始负荷曲线的变动相似，在 5:00、8:00 和 12:00 处负荷有明显的波动。

2.2.2.3 基于负荷台阶的综合需求响应潜力测算

负荷台阶是指曲线中较为平稳的部分对应各生产流程中的稳定负荷，通常呈现为台阶状。本书所研究的冷、热、电负荷的综合需求响应潜力以削减型的负荷为主，因此，响应开始前的负荷与所有骤降形成的负荷台阶的差值就可以看作是用户在生产过程中产生的负荷削减量。某电石行业用户的可削减负荷与负荷台阶示意图如图 2-4 所示。

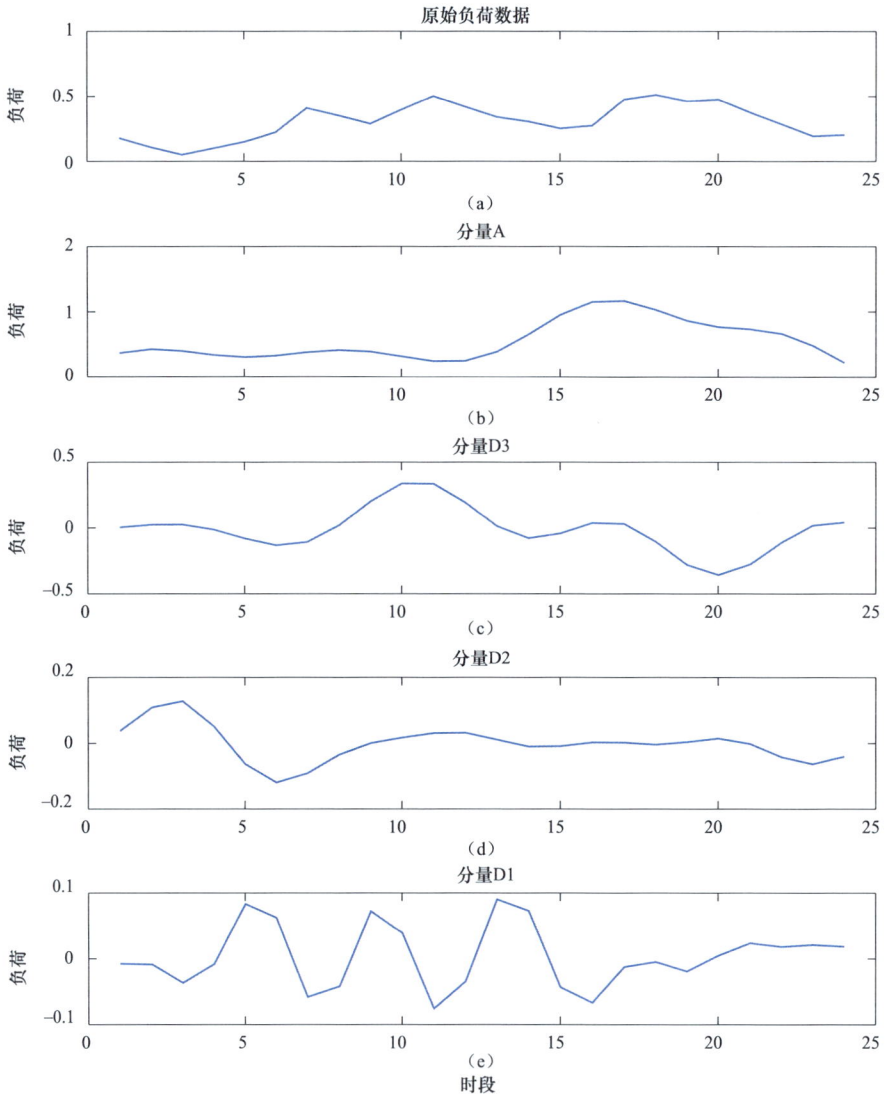

图 2-3　基于 DWT 的负荷曲线分解情况

图 2-4 中，Q_p 为开始响应时的负荷，一般取该用户的最高负荷。S_1、S_2 和 S_3 分别为小于最高负荷的第一个、第二个和第三个负荷台阶，Q_{1,S_min}、Q_{2,S_min} 和 Q_{3,S_min} 分别为第一个、第二个和第三个负荷台阶的最小负荷，$Q_p - Q_{1,S\_min}$、$Q_p - Q_{2,S\_min}$ 和 $Q_p - Q_{3,S\_min}$ 分别为最高负荷与第一个、第二个和

第三个负荷台阶的最小负荷之差。因此，本书假设该用户第 k 个类簇（聚类中心）理论上可以削减的负荷量 Q_R^k 为最高负荷与负荷台阶的最小负荷之差的最大值，具体测算方法如式（2-17）所示：

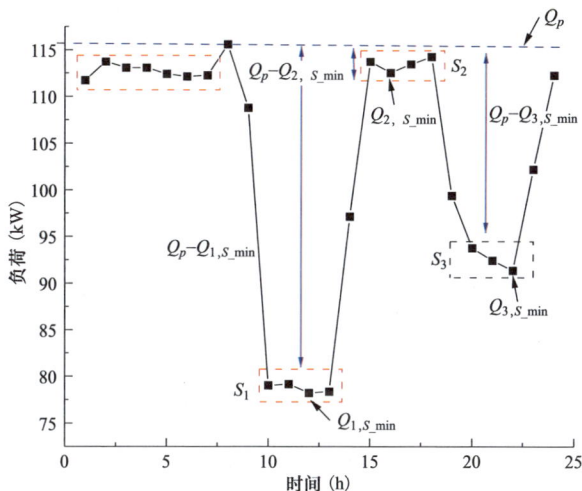

图 2-4　可削减负荷与负荷台阶示意图

$$Q_R^k = \max(Q_p - Q_{1,S\_\min}, Q_p - Q_{2,S\_\min}, Q_p - Q_{3,S\_\min}) \qquad （2-17）$$

2.2.2.4　基于用能模式识别的综合需求响应潜力修正

在上述综合需求响应理论可削减潜力测算的基础上，本书提出了基于用能特性分析的综合需求响应实际潜力测算方法，对理论上的可削减潜力进行了修正。首先，提出常用的负荷特性表征指标来分析用户的用能特性与规律性；其次，通过熵权法与 TOPSIS 法来评估综合需求响应潜力因子，基于潜力因子得分评估用户的用能模式，包括迎峰型、高负荷率型、避峰型几个类型；最后，基于负荷台阶确定用户理论上可以削减的负荷量，通过需求响应潜力因子对其进行修正，得到实际综合需求响应潜力，形成最终的负荷可调资源库，为后续激励策略和调控策略的制定提供数据边界。

2.2.2.4.1　负荷特征指标体系构建

常用的负荷特征指标包括日负荷率、日峰谷差率、峰期负荷率、平期负荷率、谷期负荷率等，其物理意义解释见表 2-3。

2.2.2.4.2　评估综合需求响应潜力因子

经上述分析，得到了不同聚类曲线的负荷特征指标值，通过熵权法与理想解排序法（Technique for Order Preference by Similarity to Ideal Solution，

表 2-3   负荷特征指标解释

时段	指标	定义	物理意义
全天	日负荷率（r_p）	$r_p = \dfrac{p_{\text{ave}}}{p_{\max}}$	日内平均负荷与最大负荷的比率，用于反映用户用电负荷的变化情况
	日峰谷差率（r_d）	$r_d = \dfrac{p_{\max} - p_{\min}}{p_{\max}}$	峰谷差与最高负荷的比值，用以体现电网的调峰水平
峰期	峰期负荷率（r_{peak}）	$r_{\text{peak}} = \dfrac{p_{\text{peak}}^{\text{ave}}}{p_{\max}}$	峰期负荷平均值与最高负荷之间的比值，用以体现峰期负荷的变化情况
谷期	谷期负荷率（r_{valley}）	$r_{\text{valley}} = \dfrac{p_{\text{valley}}^{\text{ave}}}{p_{\max}}$	谷期负荷平均值与最高负荷之间的比值，用以体现谷期负荷的变化情况
平期	平期负荷率（r_{flat}）	$r_{\text{flat}} = \dfrac{p_{\text{flat}}^{\text{ave}}}{p_{\max}}$	平期负荷平均值与最高负荷之间的比值，用以体现平期负荷的变化情况

注　p 代表负荷，下标/上标所标注的 ave、max、min 分别代表均值、最大值和最小值，peak、valley、flat 分别代表峰期、谷期和平期。

TOPSIS 法）相结合来评估综合需求响应潜力因子，从而为用户用能模式的确定提供基础。其中，熵权法通过量化各指标的信息熵来客观地分配权重，确保评价过程的客观性和科学性；TOPSIS 法能够基于各指标权重，有效地评估每个用户用能模式相对于理想解和负理想解的相对接近度，从而使评估结果能够真实反映用户用能模式的优劣。

（1）熵权法。熵权法是一种客观赋权方法，其核心思想基于信息熵的概念，旨在通过量化各指标数据的分散程度或无序性来确定指标的权重，从而确保评价或决策过程的客观性和科学性。熵权法利用信息熵描述系统的无序程度，其值越大，表明系统的无序度越高，信息的不确定性越大。熵值反映指标无序性，并根据熵值大小赋予指标不同权重，从而得出较为客观的指标权重。根据熵的定义，第 j 项指标的熵值计算公式如式（2-18）～式（2-20）所示：

$$E_j = -\frac{1}{\ln m} \sum_{i=1}^{m} Q_{ij} \ln Q_{ij} \tag{2-18}$$

式中：i 为评价对象的个数；j 为评价指标的个数。

$$Q_{ij} = \frac{1 + x_{ij}}{\sum_{i=1}^{m} (1 + x_{ij})} \tag{2-19}$$

从而，第 j 项指标的熵权 w_j 为

$$w_j = \frac{1-Q_j}{\displaystyle\sum_{j=1}^{m}(1-Q_j)} \qquad (2\text{-}20)$$

（2）TOPSIS 法。TOPSIS 法是一种通过与理想解的逼近程度进行排序的多属性综合评价方法，适用于具有多个决策指标或评价标准的复杂决策问题。该方法的核心思想在于，通过构建一个理想的最优解（正负理想解）和一个最劣解（负负理想解），并分析各决策对象与这两个理想解之间的距离，进而评估各决策对象的相对优劣程度。其基本步骤见表 2-4。

表 2-4 TOPSIS 法基本步骤

输入	原始数据矩阵 Y：$Y=(x_{ij})_{n\times m}$
输出	综合需求响应潜力因子 α 和用能模式识别结果
算法流程	1）初始矩阵无量纲化处理：得到规范化矩阵 X。 2）指标赋权：通过熵权法指标赋权。 3）构造加权规范化矩阵：由各项指标的组合权重 w_j 构成权重向量 $W=\{w_1,w_2,\cdots,w_m\}^{\mathrm{T}}$，与规范化矩阵相乘，构造得到加权规范矩阵 $R=X\times W$。 4）确定正负理想解：正理想对象 R^+ 由加权规范矩阵 R 中每列元素最大值构成，负理想对象 R^- 由加权规范矩阵 R 中每列元素最小值构成。 5）计算距离尺度：计算每个待评价对象到 i 正理想解和负理想解的距离，距离尺度可以通过 n 维欧几里得距离来计算，到正理想解的距离为 $D_i^+=\sqrt{\displaystyle\sum_{j=1}^{m}(Z_j^+-z_{ij})^2}$，到负理想解的距离为 $D_i^-=\sqrt{\displaystyle\sum_{j=1}^{m}(Z_j^--z_{ij})^2}$。 6）计算相对贴近度：各评价对象与正理想解和负理想解的相对贴近度 $E_i=\dfrac{D_i^-}{D_i^++D_i^-}$。 7）根据贴近度 E_i 的大小进行排序：按 E_i 值从小到大的顺序对各评价对象进行排列，排序结果贴近度 E_i 值越大，该对象综合需求响应潜力因子 α 越高

2.2.2.4.3 综合需求响应实际平均可削减潜力测算

在考虑到前文评估得到的响应潜力因子 α 之后，可以估算第 k 个聚类中心的实际可削减的负荷量 $Q_R^{k'}$，具体测算方法如式（2-21）所示：

$$Q_R^{k'}=\alpha Q_R^{k} \qquad (2\text{-}21)$$

基于上述单个类簇的负荷削减量，考虑用户可能产生的所有负荷类型，测算用户平均可削减负荷量 $\overline{Q}_R$，具体测算方法如式（2-22）所示：

$$\overline{Q}_R=\sum_k \lambda_k Q_R^{k'} \qquad (2\text{-}22)$$

式中：λ_k 为聚类后第 k 类簇中包含的曲线数量占曲线总数量的比重。

2.2.3 模型求解流程

本章通过基于 K-Medoids 法的负荷聚类、基于 DWT 的负荷分解、基于负荷台阶的负荷削减潜力测算、基于用能模式识别的负荷削减潜力修正等四个步骤测算了用户电负荷、热负荷和冷负荷的实际平均可削减潜力，并通过 Matlab 软件进行求解。其中，前三个步骤是基于负荷数据挖掘理论进行测算得到的结果，尚未考虑用户的负荷特性所导致的用能模式差异，得到的结果是理论上可以实现的最大负荷削减潜力。而最后一个步骤建立了负荷特征指标体系，通过熵权法确定各类指标的权重，并基于 TOPSIS 法评估综合需求响应潜力因子，进而识别了用户的用能模式，并对上述理论可削减潜力进行修正，得到更加准确的实际平均可削减潜力。

综上所述，结合负荷数据挖掘理论和用能模式评估，能够更准确地分析用户的用能特性，得到更加准确的潜力测算结果，从而为制定针对性的需求响应策略提供更可靠的依据。值得注意的是，基于负荷台阶的负荷削减潜力测算和基于用能模式识别的负荷削减潜力修正这两个步骤均属于潜力测算环节。具体求解流程如图 2-5 所示。

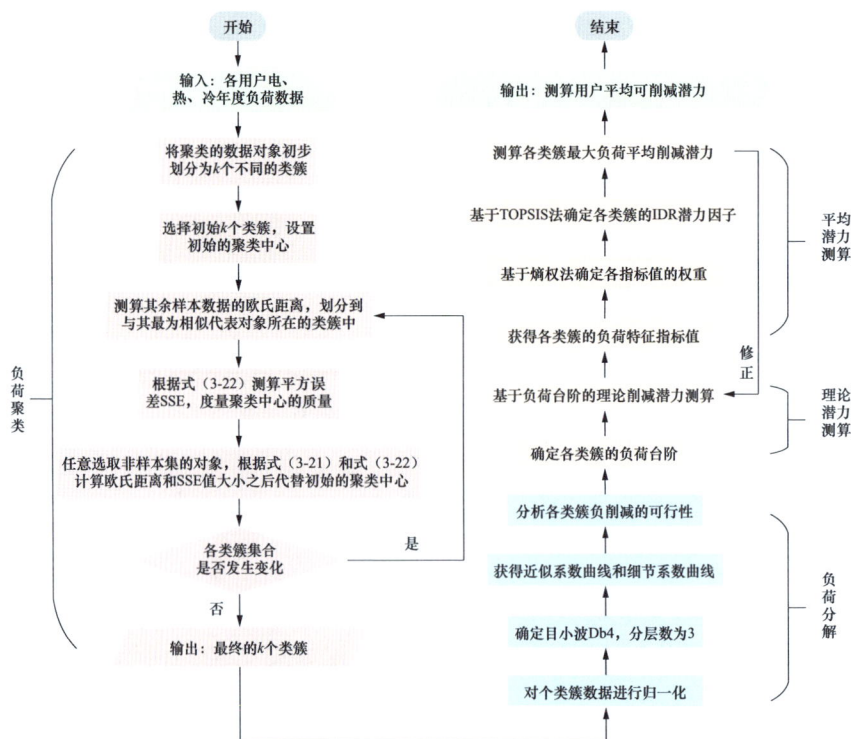

图 2-5　求解流程图

2.3　综合需求响应潜力测算案例

2.3.1　案例基础参数

本章选取华北某地区高耗能用户的用能负荷数据进行综合需求响应潜力分析。其中，电力需求响应潜力的分析分别选取电石、碳素和铁合金行业的各 2 个典型企业，共 6 家企业，其年度负荷曲线如图 2-6～图 2-8 所示。这6 家高耗能企业的共同特点是负荷无明显季节性、季度性变化，负荷波动较为规律，生产环节具有连续性。由于数据的可获得性问题，针对热负荷和冷负荷的响应潜力，主要选取了一个工业园区的数据进行分析，其年度负荷曲线如图 2-9 所示。用户用能模式识别参考依据见表 2-5。

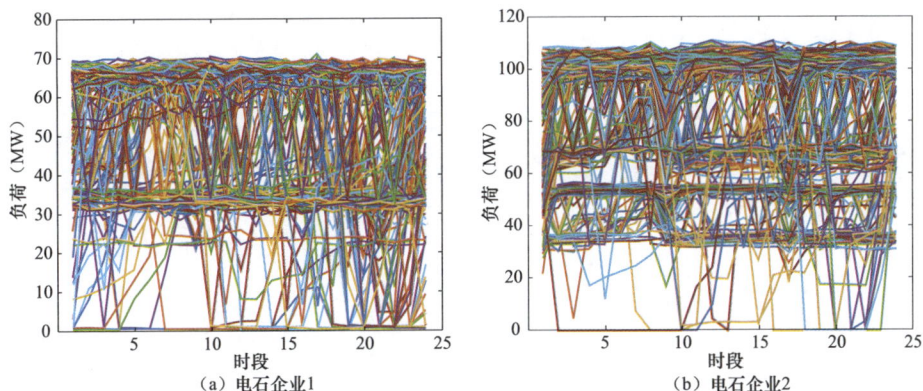

（a）电石企业1　　　　　　　　　　　（b）电石企业2

图 2-6　典型电石企业的用电负荷数据

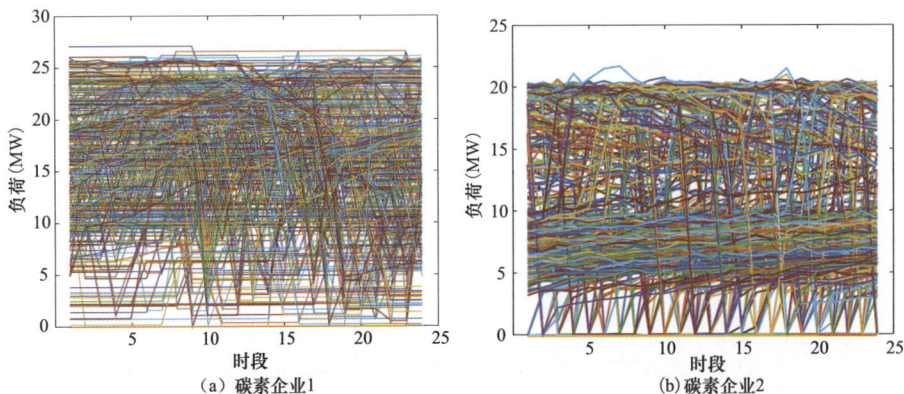

（a）碳素企业1　　　　　　　　　　　（b）碳素企业2

图 2-7　典型碳素企业的用电负荷数据

43

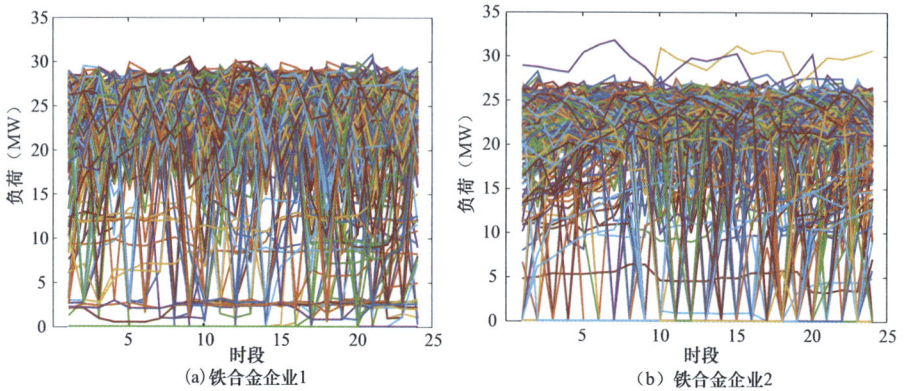

图 2-8 典型铁合金企业的用电负荷数据

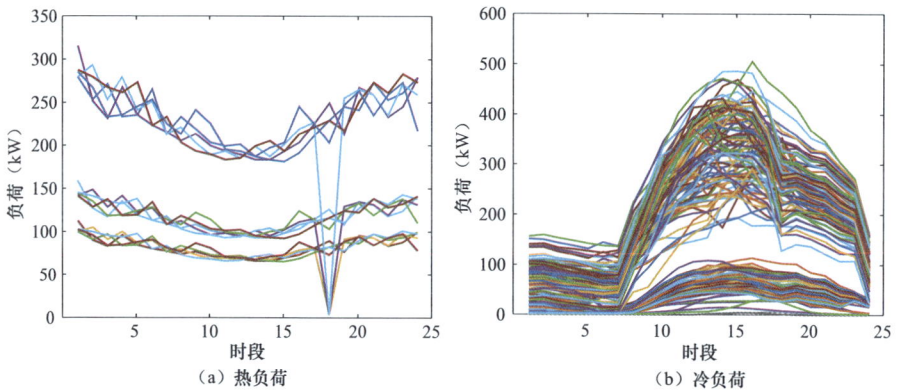

图 2-9 典型工业园区的用热负荷和用冷负荷数据

表 2-5   用 能 模 式 分 类 依 据

用能模式分类	含 义
迎峰型	峰谷差率指标值越大，说明该企业属于迎峰型用户，具有较大的可调节潜力
高负荷率型	日负荷率越高，说明该企业属于高负荷率型用户，其可调节潜力居中
避峰型	负荷率低且峰谷差率也低的时候，说明该企业可调节潜力最低

2.3.2 潜力测算结果

2.3.2.1 负荷聚类结果

基于 K-Medoids 法，对上述典型企业的负荷数据进行聚类，得到了若干个聚类中心，结果如图 2-10～图 2-17 所示，为便于分析，将负荷用标幺值表示。

图 2-10 和图 2-11 分别为典型电石企业 1 和电石企业 2 的用电负荷数据聚类结果，得到了 4 类典型曲线，也就是 4 个簇，可以看出电石企业整体年度负荷较为稳定，无明显季节性、季度性变化。图 2-10 中，簇 1 和簇 2 的形状比较相似，负荷无明显波动，负荷率较高，而簇 3 和簇 4 的形状是相反的，产生这种形状的原因是该企业通过电弧炉设备的启动或停止调整了生产计划。图 2-11 中，簇 1、簇 2、簇 3 的形状较为相似，虽然簇 1 和簇 3 的负荷率波动较簇 2 高，但仍处于 15% 的波动范围之内，簇 2 和簇 3 的负荷比簇 1 要高，簇 3 表示该企业只开启一半电石炉设备的状态，簇 4 的负荷曲线形状与图 2-10 中簇 4 的形状相似，表示从开始一半电石炉到开始全部电石炉的过程。结合电石生产环节的调研和上述负荷曲线的聚类结果可知，电石生产环节中的负荷较为稳定，其通过电弧炉进行熔炼的环节是整个生产过程中最为关键的环节，不宜中断，而在原料准备、冷却和包装等环节允许短暂的负荷中断。结合两个企业的

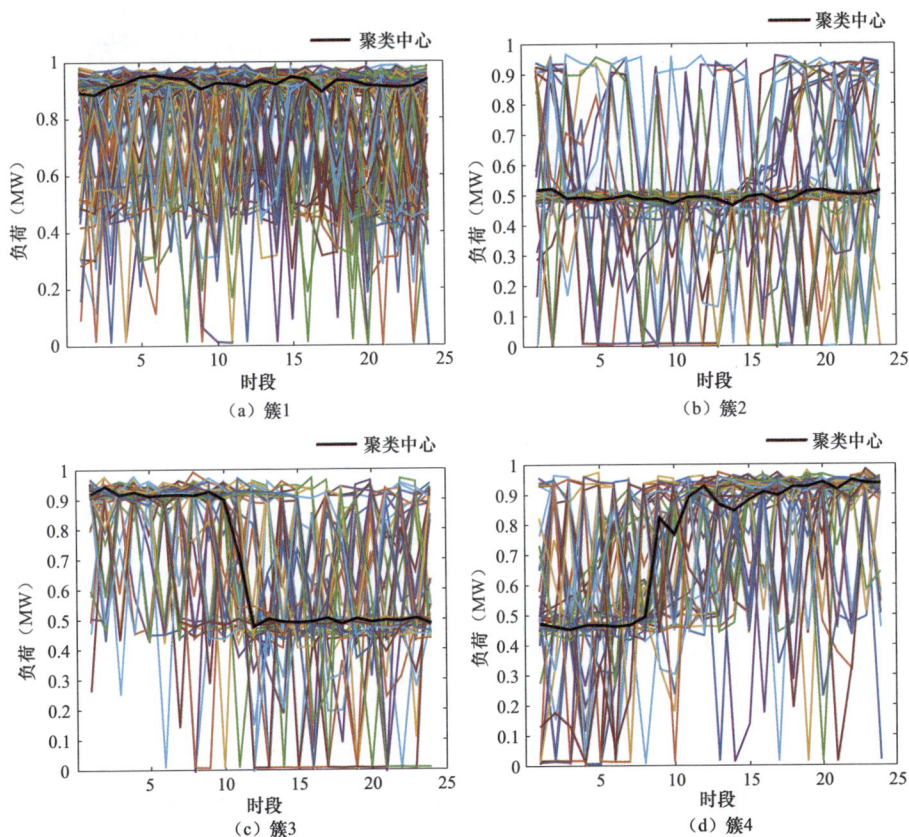

（a）簇1　（b）簇2　（c）簇3　（d）簇4

图 2-10　典型电石企业 1 的用电负荷数据聚类结果

簇 3 和簇 4 曲线可知，在必要的时候可以通过减少电弧炉设备的开启参与电网的需求响应计划。

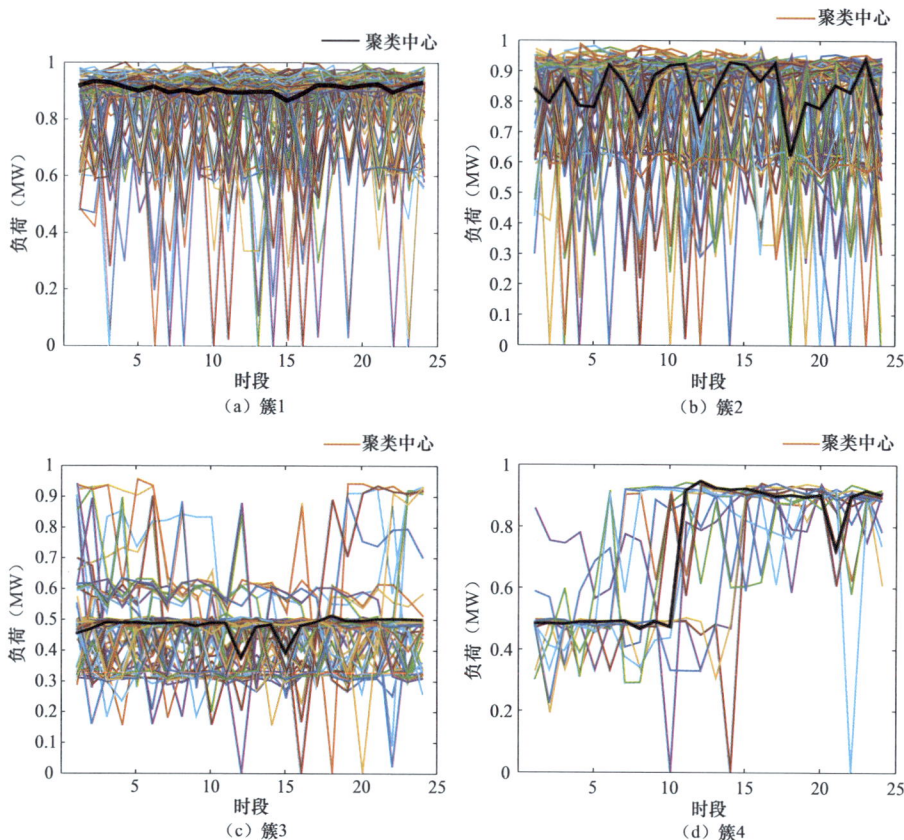

图 2-11 典型电石企业 2 的用电负荷数据聚类结果

图 2-12 和图 2-13 分别为典型碳素企业 1 和碳素企业 2 的用电负荷数据聚类结果，同样得到了 4 类典型曲线。从图 2-12 中可以看出，碳素企业 1 的负荷曲线整体为锯齿形，主要原因是碳素生产中的某些工序是周期性的，例如电炉在熔炼过程中会有周期性的开关操作，从而导致负荷曲线出现周期性的峰值和谷值。但簇 1 的负荷曲线形状与簇 2、簇 3、簇 4 明显不同，在 6:00～13:00 存在着一段负荷平稳的时段，其他时段的负荷曲线仍为锯齿形状，其原因在于生产线上某些设备可能在运行一段时间后需要暂停进行冷却或其他处理之后再重新启动。从图 2-13 中可以看出，碳素企业 2 的负荷曲线整体为锯齿形，但簇 1 和簇 2 的负荷变化频率较簇 3 和簇 4 少，说明在生产过程中有较长时间的高耗能阶段，例如周期性加热的炉子或周期性操作的机械装置。

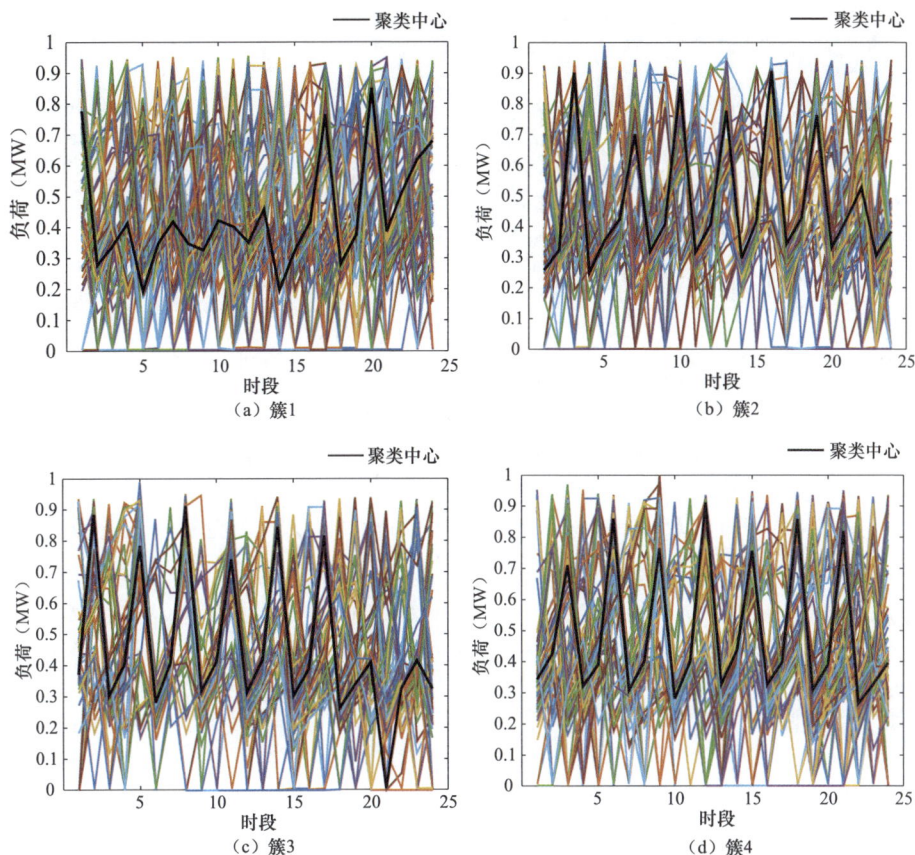

（a）簇1　　　　　　　　　　　　　（b）簇2

（c）簇3　　　　　　　　　　　　　（d）簇4

图 2-12　典型碳素企业 1 的用电负荷数据聚类结果

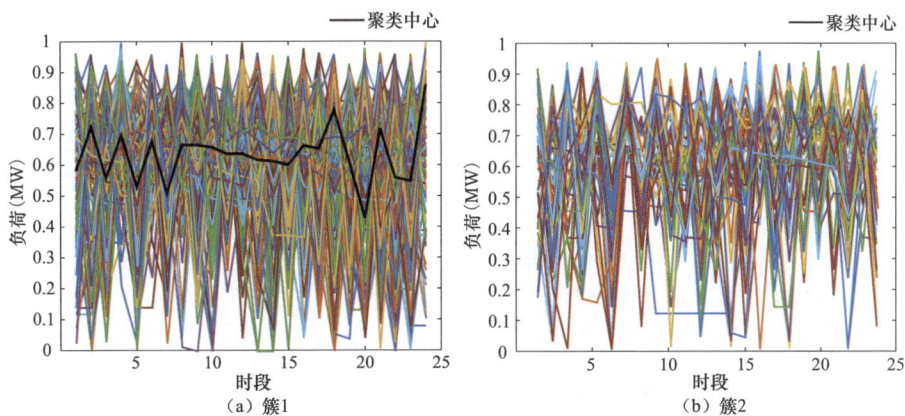

（a）簇1　　　　　　　　　　　　　（b）簇2

图 2-13　典型碳素企业 2 的用电负荷数据聚类结果（一）

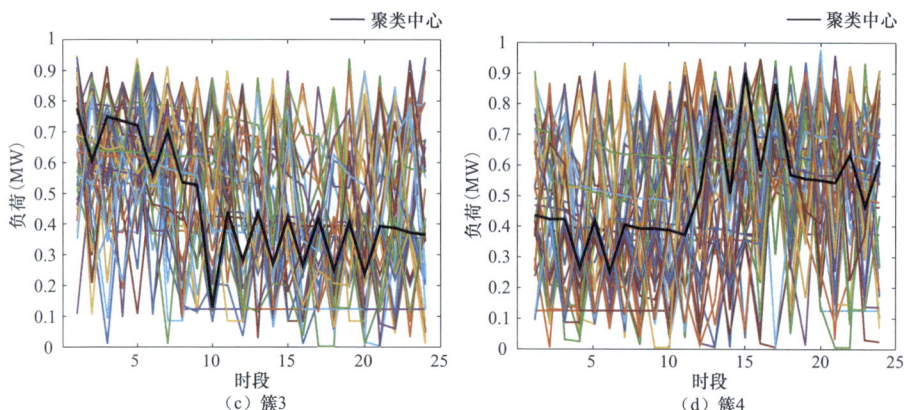

图 2-13　典型碳素企业 2 的用电负荷数据聚类结果（二）

图 2-14 和图 2-15 分别为典型铁合金企业 1 和铁合金企业 2 的电负荷聚类结果，同样得到了 4 类典型曲线。从图 2-14 中可以看出，铁合金企业 1 的负荷曲线形状与碳素企业的类似，仍呈现锯齿形状，主要原因在于冶炼、熔化、精炼等高耗能过程中的电炉等设备可能会进行周期性的开关以控制温度，从而导致电负荷出现规律的上升和下降。同时，炉子的停机或物料的更换以及生产班次的更换等操作也会导致负荷曲线出现周期性变化。从图 2-15 中可以看出，簇 1、簇 2、簇 3 的负荷曲线形状与企业 1 的相似，而在簇 4 出现了 10:00～11:00 负荷为 0 的情况，主要原因是通过直接启停电弧炉的方式削减了电负荷需求，但直接启停对电弧炉来说有较高的启停成本，同时启停时间有限制，可能影响到设备的安全。

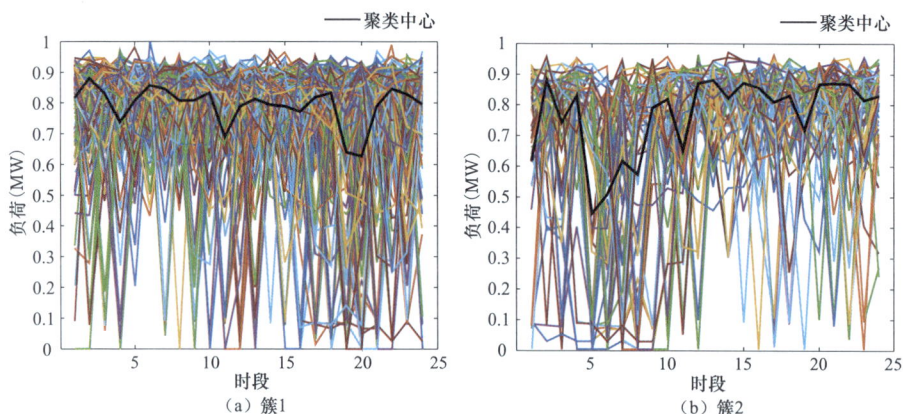

图 2-14　典型铁合金企业 1 的用电负荷数据聚类结果（一）

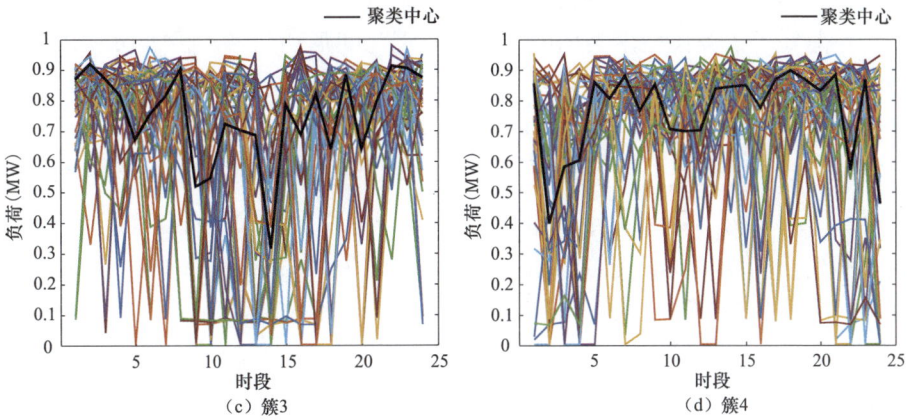

图 2-14　典型铁合金企业 1 的用电负荷数据聚类结果（二）

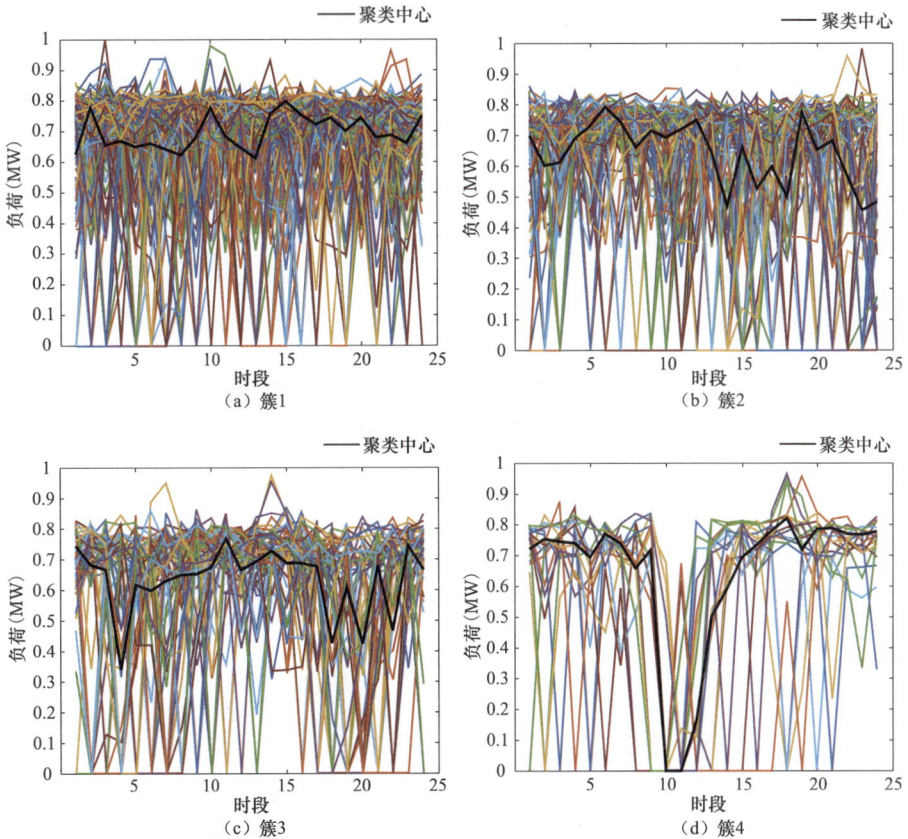

图 2-15　典型铁合金企业 2 的用电负荷数据聚类结果

图 2-16 和图 2-17 分别为典型工业园区年度热负荷和冷负荷曲线聚类结果，各得到了 3 类典型聚类曲线，形状分别为凹形和凸形。图 2-16 中的 3 类聚类曲线分别表示了夏季、冬季和春秋季的典型的热负荷曲线，其特点在于夏季用热较少、冬季用热较多、春秋季的用热量则处于中间水平，且白天的负荷水平较凌晨和晚上低。图 2-17 中的 3 类聚类曲线分别表示了冬季、夏季和春秋季的用冷曲线，可以看出冬季冷负荷较低，个别月份的负荷基本为 0，而春秋季和夏季的冷负荷呈先增加后减少的趋势，在凌晨和傍晚的用冷量较低，白天的用冷量较高，主要与该园区的生产负荷特性和生活用冷特性相关。

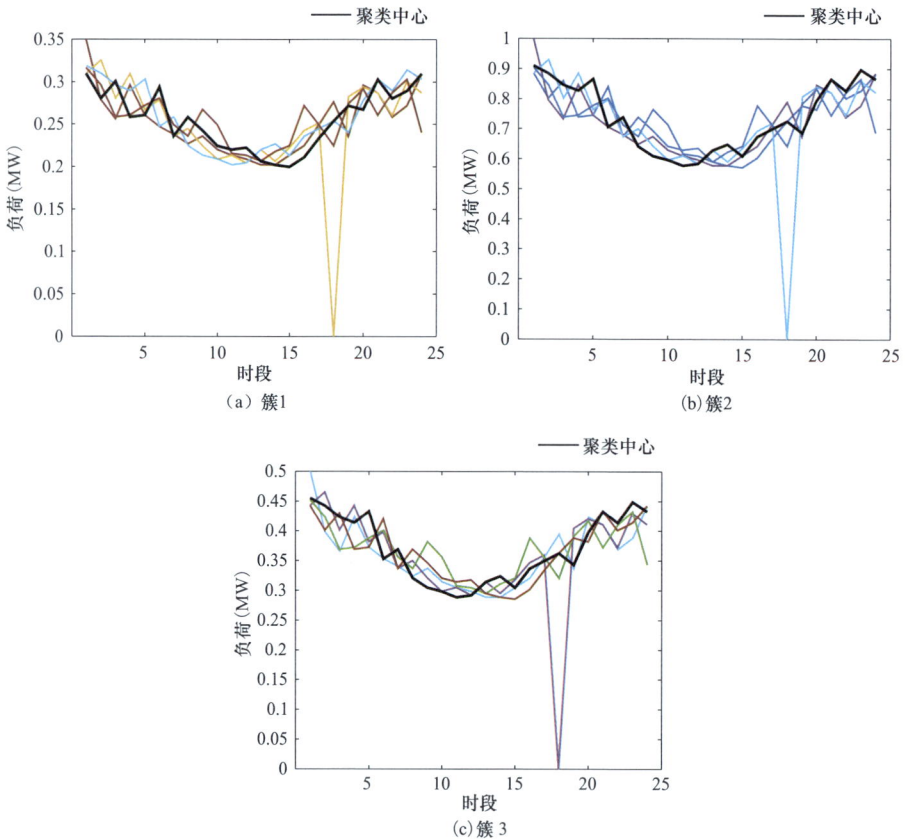

（a）簇1

（b）簇2

（c）簇3

图 2-16　典型工业园区热负荷数据聚类结果

2.3.2.2　负荷分解结果

本书针对负荷聚类曲线，将每一个聚类中心分解为 4 个分量，包括 1 个近似分量 A 和 3 个细节分量 D，具体结果如图 2-18～图 2-23 所示。

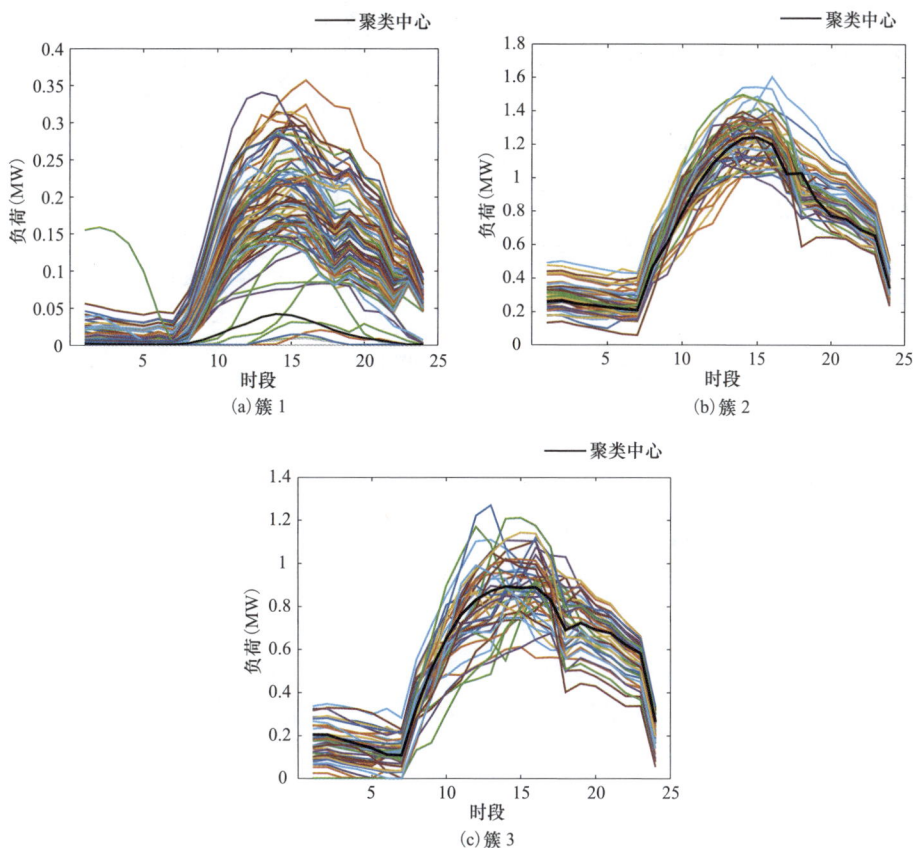

（a）簇 1

（b）簇 2

（c）簇 3

图 2-17　典型工业园区冷负荷数据聚类结果

　　图 2-18 所示为电石企业 1 的 4 个聚类中心的负荷分解结果。从图中可以看出，4 类分解曲线的近似系数曲线与 4 个聚类中心的形状相似，保留了曲线的基本形状，而细节系数曲线 D1、D2 和 D3 分别展示了聚类中心曲线在不同时间尺度上的负荷变化情况。从簇 1 和簇 2 的近似系数曲线可以看出，这两类负荷曲线的变化较小、负荷较为稳定，全天都有很高的负荷需求，无典型的日夜差别。而簇 3 和簇 4 的近似系数曲线表示了负荷从高直接降低和从低直接升高之后趋于稳定的过程，主要受电石炉启停数量的影响，不易受到时间、气候、季节等因素的影响。从细节系数曲线 D1 可以看出，电石企业 1 的 4 类聚类中心曲线在高频小时间尺度上的负荷曲线变化是由于非生产环节用电造成的波动。相比于 D1，细节系数曲线 D2 和 D3 具有更大的时间尺度，可以描述更为具体的用电行为。可以看出，簇 1、簇 2、簇 3 的波峰出现在上午，且持续的时间较长，推断其可能开始了电石炉的冶炼过程，而这

个过程不宜中断，因此用电负荷较为平稳。簇 4 的波峰出现在下午时段且持续的时间较长，可以推断该用户一开始只启动了一半数量的电石炉设备，而在一天的后半段时间内开启了全部的电石炉设备来完成生产工作。

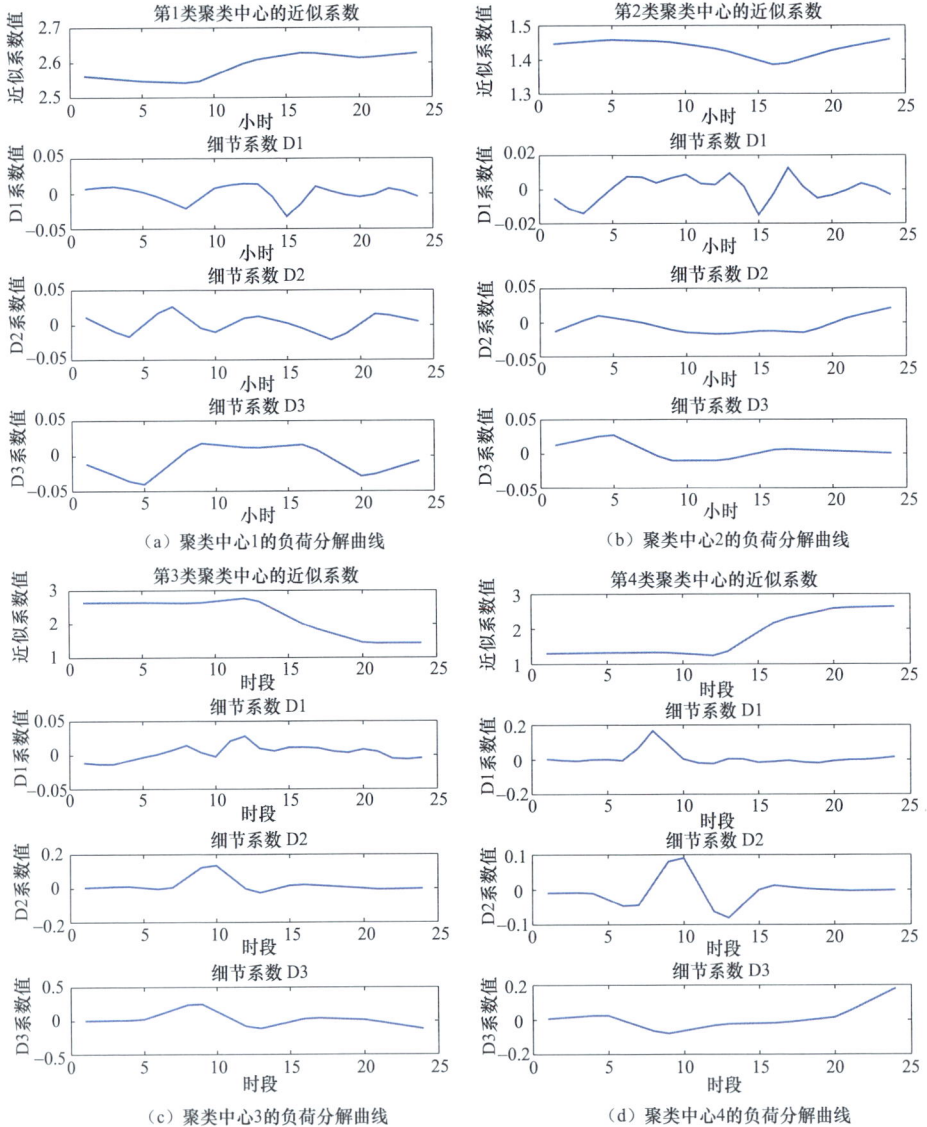

（a）聚类中心1的负荷分解曲线　　（b）聚类中心2的负荷分解曲线

（c）聚类中心3的负荷分解曲线　　（d）聚类中心4的负荷分解曲线

图 2-18　电石企业 1 聚类中心的负荷分解结果

图 2-19 所示为电石企业 2 的 4 个聚类中心的负荷分解结果。从簇 1、簇 2 和簇 3 的近似系数曲线可以看出，这 3 类负荷曲线的变化较小、负荷较为稳定，但可以看到 15:00 左右负荷曲线会有一个微小的变化，推断可能是

在调整生产过程，因此认为这段时间有一定的需求响应潜力。而簇 4 的近似曲线表示了负荷从低直接升高的过程，即从开一半的电石炉到开所有的电石炉的过程，也可以推断该企业电石炉至少要开启 12h 左右。从细节系数曲线 D1 可以看出，与电石企业 1 相似，电石企业 2 的 4 个聚类中心曲线在高频小时间尺度上的负荷曲线变化也是由于非生产环节用电造成的波动。从细节系数曲线 D2 和 D3 以看出，簇 1、簇 2 和簇 3 的波峰出现在 10:00 和 17:00 左右，持续 1h 左右，推断其可能是由于非生产环节用电造成的短暂负荷增长，而其他时段均较为平稳。簇 4 的波峰出现在 10:00 所有电石炉均开启之后，12:00 左右的负荷最高，平稳一段时间后负荷先减少后增加。

图 2-20 所示为碳素企业 1 的 4 个聚类中心的负荷分解结果。从近似系数曲线可以看出，虽然 4 个簇的负荷形状均为锯齿形状，负荷波动较大，但簇 1 的峰谷差较簇 2、簇 3 和簇 4 的峰谷差小，簇 2、簇 3、簇 4 的生产过程相较于簇 1 更加连续且紧密，因此可调整的负荷量较少。从簇 1 的细节系数曲线 D1、D2 和 D3 可以看出，该类曲线在 17:00 和 20:00 有两个小高峰，也就是说在傍晚时分生产的较多，而在白天时段安排的生产任务较少。从簇 2、簇 3 和簇 4 的细节系数曲线 D1、D2 和 D3 可以看出，在不同时间尺度上共约有 7 个负荷小高峰，3h 为一个生产周期。从簇 1 的负荷曲线形状可以看出，白天的整体负荷偏低，从 15:00 之后开始了周期性的生产活动。簇 2 和簇 4 的负荷曲线形状比较相似，区别在于前者的周期性负荷小高峰出现的时间晚于后

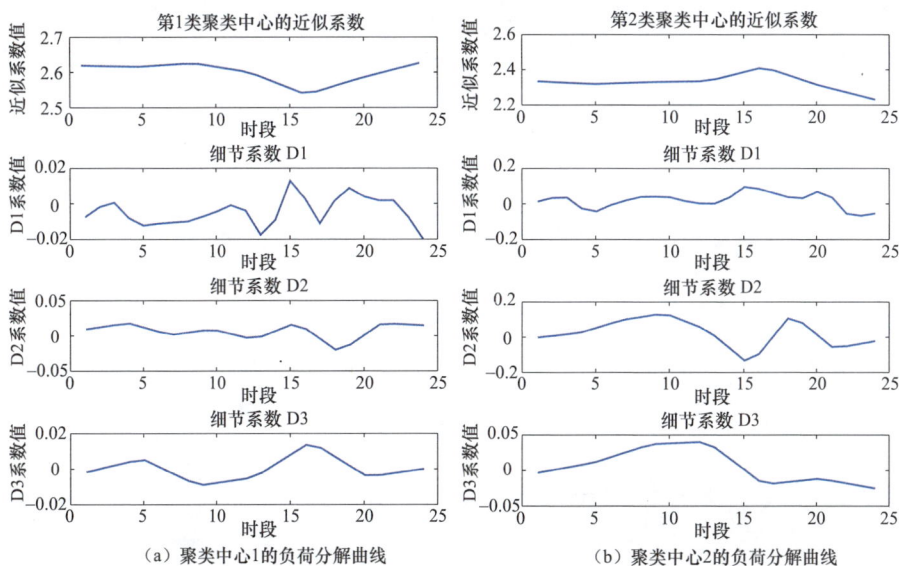

（a）聚类中心1的负荷分解曲线　　　　　（b）聚类中心2的负荷分解曲线

图 2-19　电石企业 2 聚类中心的负荷分解结果（一）

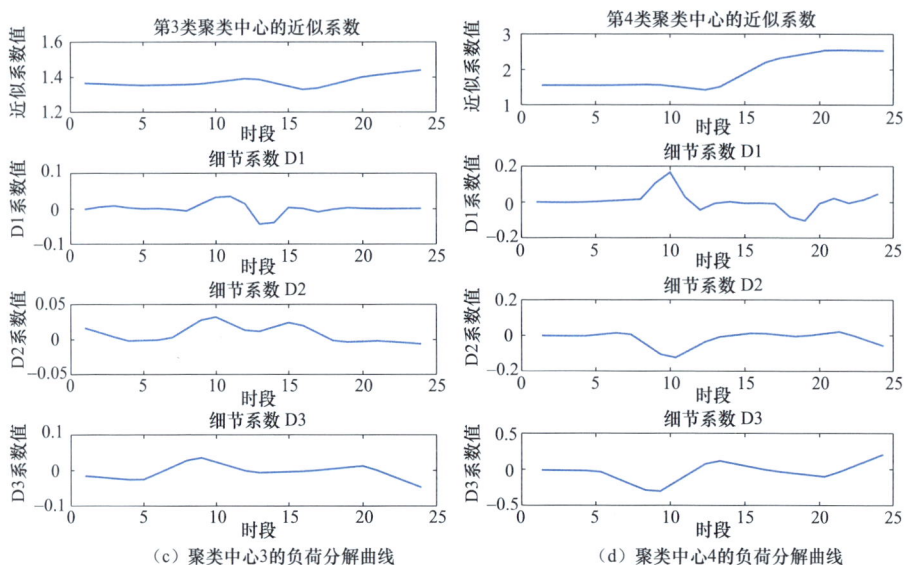

（c）聚类中心3的负荷分解曲线　　　（d）聚类中心4的负荷分解曲线

图 2-19　电石企业 2 聚类中心的负荷分解结果（二）

者 1h，其原因可能是生产计划和时间安排不同。而簇 3 的第一个负荷高峰出现的时间又早于簇 2 和簇 4 1h，且一共出现了 6 个周期性负荷小高峰，在 21:00 左右停止了生产活动 1h 左右，之后又重新开始了新一轮的生产计划，结合该地区的有序用电和能耗双控计划可知，该时段可能通过停止生产来参与需求响应。

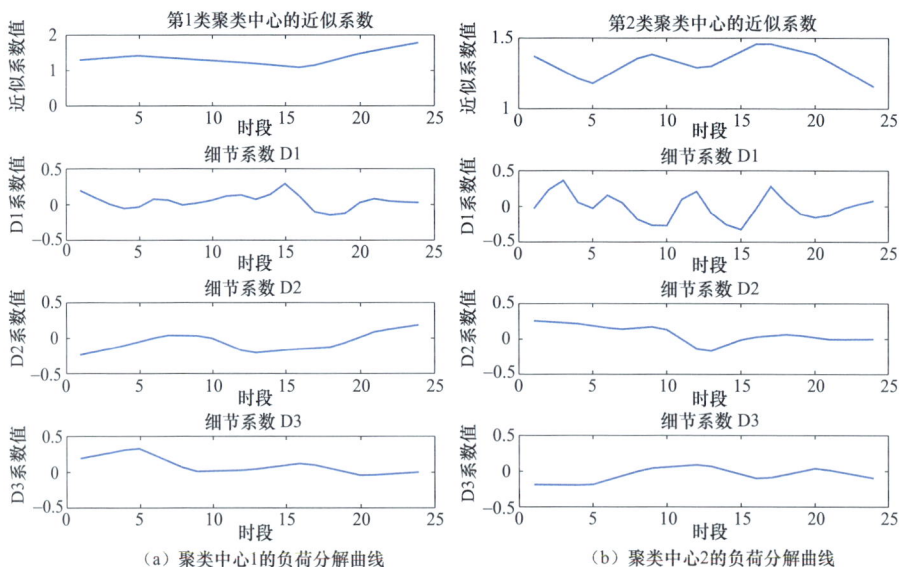

（a）聚类中心1的负荷分解曲线　　　（b）聚类中心2的负荷分解曲线

图 2-20　碳素企业 1 聚类中心的负荷分解结果（一）

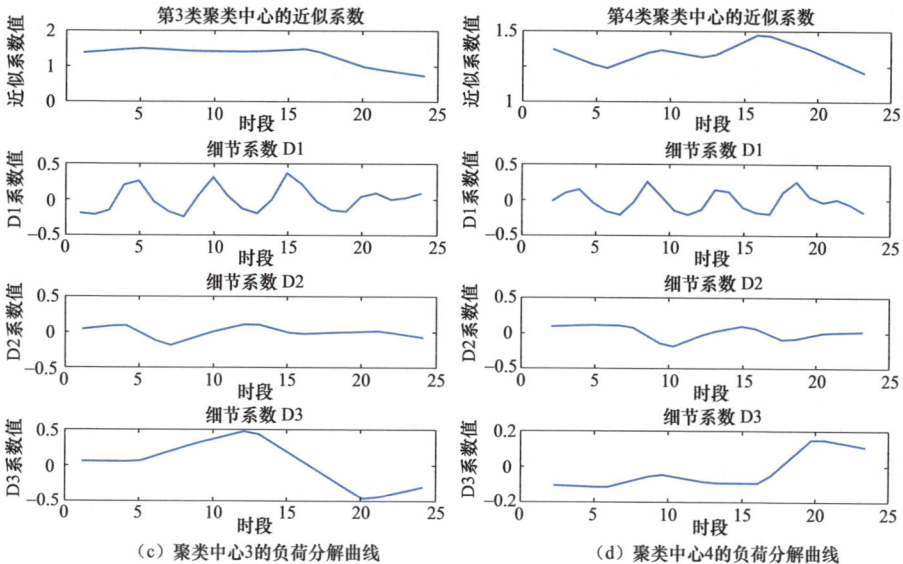

（c）聚类中心3的负荷分解曲线　　　　（d）聚类中心4的负荷分解曲线

图 2-20　碳素企业 1 聚类中心的负荷分解结果（二）

图 2-21 所示为碳素企业 2 的 4 个聚类中心的负荷分解结果。从近似系数曲线可以看出，簇 1 和簇 2 的负荷波动性较小，且整体负荷处于一直上升的状态，而簇 3 的整体负荷处于减少的状态，簇 4 的负荷水平是从低到高的状态，与本书第 3.5.2.1 节的负荷聚类中心的大致形状保持一致。从簇 1 的细节系数曲线 D1、D2 和 D3 可以看出，该类曲线在 0:00～7:00 保持了与碳素企业 1 一样的锯齿形状，从 8:00 开始负荷一直平稳且缓慢降低，直到 18:00 左右出现了新的小高峰，而 20:00 左右负荷达到了最低水平之后又开始增加，由此可以推断该类曲线出现的原因为企业将生产计划安排在了夜间，白天的生产计划是较为平稳的原料准备、包装等其他工序。从簇 2 的细节系数曲线 D2 和 D3 可以看出，10:00～15:00 的长时间尺度上的负荷曲线波动较大，可以推断，负荷波动出现的原因是主要生产设备的启停，在 10:00 之前启动的设备较多、19:00 之后启动的设备较少，而短时间尺度 D1 曲线在 10:00～15:00 波动的原因可能是其他非主要生产计划的调整。从簇 3 的短时间尺度 D1 曲线可以看出，由于非生产性负荷变动带来的负荷曲线波动较小；从较长时间尺度 D2 曲线可以看出，在 10:00 左右减少了用电量，原因是为下一个周期的生产计划做准备，之后又迅速恢复了与碳素企业 1 相似的 3h 的周期性生产活动；从更长时间尺度上的 D3 曲线可以看出，9:00 之前的负荷虽然比之后的负荷水平高，但可能不涉及主要生产设备的开启，而 9:00 之后才开始了

正常的生产流程，直到 21:00 之后才结束了周期性的生产过程。从簇 4 的细节系数曲线 D1、D2 和 D3 可以看出，该类曲线出现的原因在于其生产过程集中在了 7:00 之前、13:00～18:00 以及 20:00 之后，且下午的生产负荷与凌晨和夜晚的负荷相比较高，而非生产过程集中在 8:00～10:00，因此可以认为该时段具有需求响应潜力。

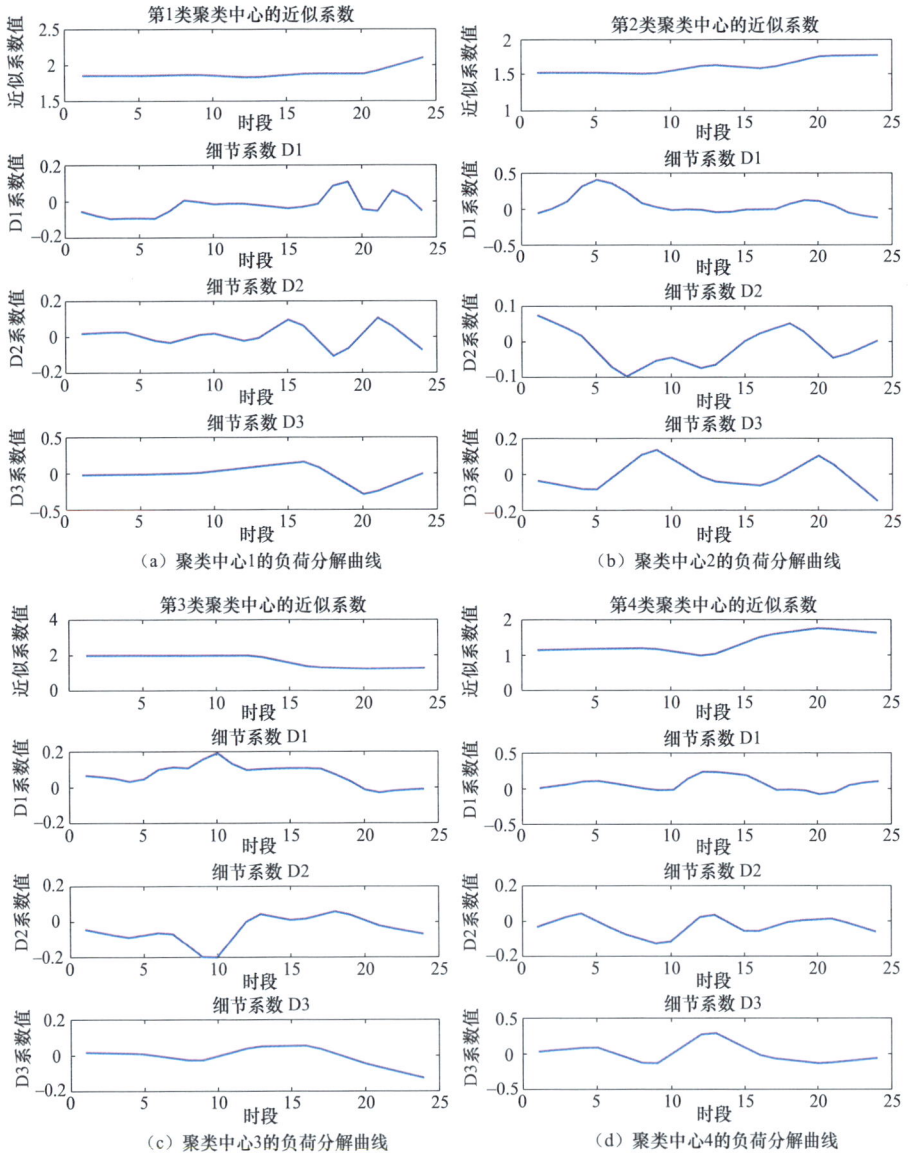

（a）聚类中心1的负荷分解曲线　　　　（b）聚类中心2的负荷分解曲线

（c）聚类中心3的负荷分解曲线　　　　（d）聚类中心4的负荷分解曲线

图 2-21　碳素企业 2 聚类中心的负荷分解结果

图 2-22 所示为铁合金企业 1 的 4 个聚类中心的负荷分解结果。从近似系数曲线可以看出，虽然 4 类曲线均有锯齿形状，但与碳素企业相比，负荷波动不大，且较为平稳，其用电波动性主要与冶炼阶段具有较强的相关性。具体来说，簇 1 的近似系数曲线表示其负荷水平在 15:00～20:00 显著降低，之后开始增长，20:00 是负荷最低点；簇 2 的近似系数曲线表示其负荷水平在凌晨和上午时段均有小波动，从下午到次日凌晨的负荷水平稳定在较高的水平；簇 3 的近似系数曲线表示在 16:00 左右该企业调整了一次生产计划，从减少生产到增加生产；簇 4 的近似系数曲线表示该企业的生产活动主要集中在 10:00～20:00，且该时段的负荷水平较为稳定，而凌晨 5:00 之前的负荷水平比 20:00 之后的负荷水平低。从细节系数曲线 D1 可以看出，与簇 3 和簇 4 相比，簇 1 和簇 2 两类负荷曲线在短时间尺度上由于非生产负荷产生的波动较大。从表示更长时间尺度负荷变动的细节系数曲线 D2 和 D3 可以看出，簇 1 的负荷曲线在 19:00～20:00 有近 2h 的负荷低谷，而 5:00 和 10:00 左右的负荷低谷仅维持了 1h，是严格的倒 V 形状，其他时段的负荷较为平稳，整体来看，一天具有 3 个由生产活动带来的周期性负荷变动；簇 2 的负荷低谷时段出现在 5:00～10:00，0:00～5:00 以及 10:00 之后的负荷较为平稳，可以推断这段时间内该企业是具有正常的生产计划的，而能够进行需求响应的时段主要在 5:00～10:00；簇 3 的负荷低谷时段主要出现在 9:00～14:00，可以推断

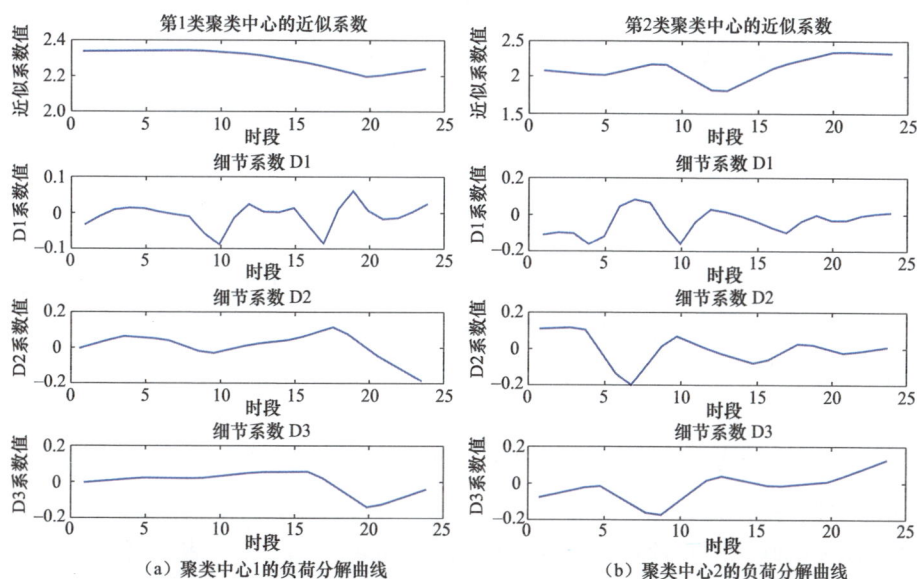

（a）聚类中心 1 的负荷分解曲线　　　　（b）聚类中心 2 的负荷分解曲线

图 2-22　铁合金企业 1 聚类中心的负荷分解结果（一）

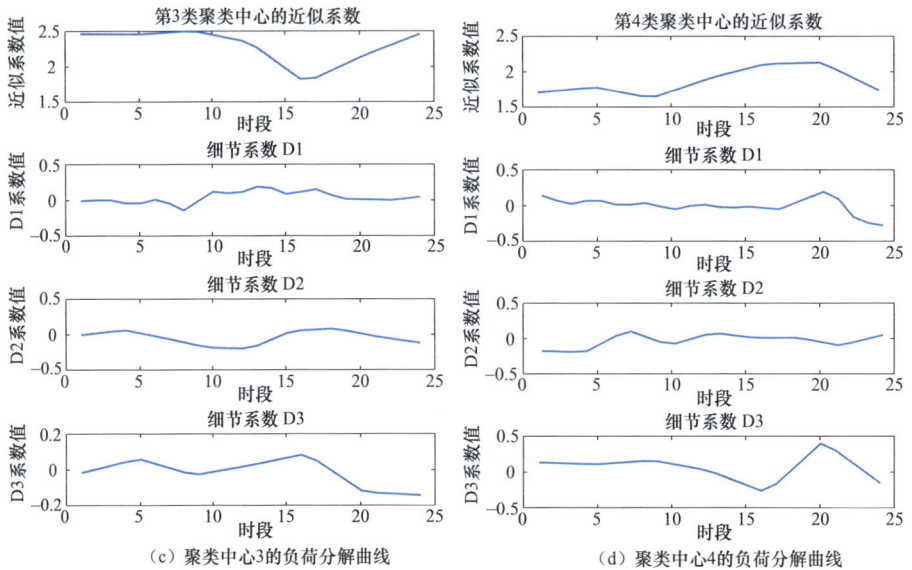

（c）聚类中心3的负荷分解曲线　　　　（d）聚类中心4的负荷分解曲线

图 2-22　铁合金企业 1 聚类中心的负荷分解结果（二）

该时段的负荷具有可调节潜力，而 20:00 之后的负荷水平相较于凌晨时段较低，且相对来说是不可中断的生产性负荷，因此其调节潜力较低；簇 4 的 D2 曲线可以看出，在凌晨 2:00 左右出现的 3h 低谷时段可能是由于在电弧炉设备还未开启之前的准备生产活动中产生的负荷，之后 16:00 左右出现一个负荷低谷，20:00 左右出现波峰，可以推断与电弧炉的镗孔和熔炼等阶段的生产活动相关，因此难以调节其负荷量。

图 2-23 所示为铁合金企业 2 的 4 个聚类中心的负荷分解结果。从近似系数曲线可以看出，铁合金企业 2 的整体负荷曲线形状与铁合金企业 1 的相似，一整天的负荷具有明显的波动，但簇 1 和簇 2 的峰谷差较簇 3 和簇 4 的峰谷差小，簇 3 具有明显的负荷低谷和高峰，簇 4 具有明显的低谷，其他时段的负荷较为平稳。从簇 1 的细节系数曲线 D1、D2 和 D3 可以看出，从 12:00 可以将其生产可以分为上半段和下半段，随着熔炼环节的进行，电弧炉所消耗的负荷越来越稳定，因此，可以通过调整生产的时段去参与需求响应，将镗孔和熔炼等可以调节的生产环节安排在需要响应的时间段。从簇 2 的细节系数曲线 D1、D2 和 D3 可以看出，低谷时间段为 13:00～18:00 以及 20:00 之后，其余时段的负荷较为稳定，可以推断该时段以不可中断的生产性负荷为主。类似的，从簇 3 的细节系数曲线 D1、D2 和 D3 可以看出，其不可调节的生产性负荷主要集中在 5:00～16:00，其余时段具有明显的负荷波动，以

可以调节的生产性负荷和非生产性负荷为主。从簇 4 的细节系数曲线 D1 可以看出，其由于非生产过程带来的短期负荷变动较小，结合 D2 和 D3 可知其负荷变动主要来自 10:00～11:00 电弧炉设备的启停操作，其余时段的负荷较为平稳。

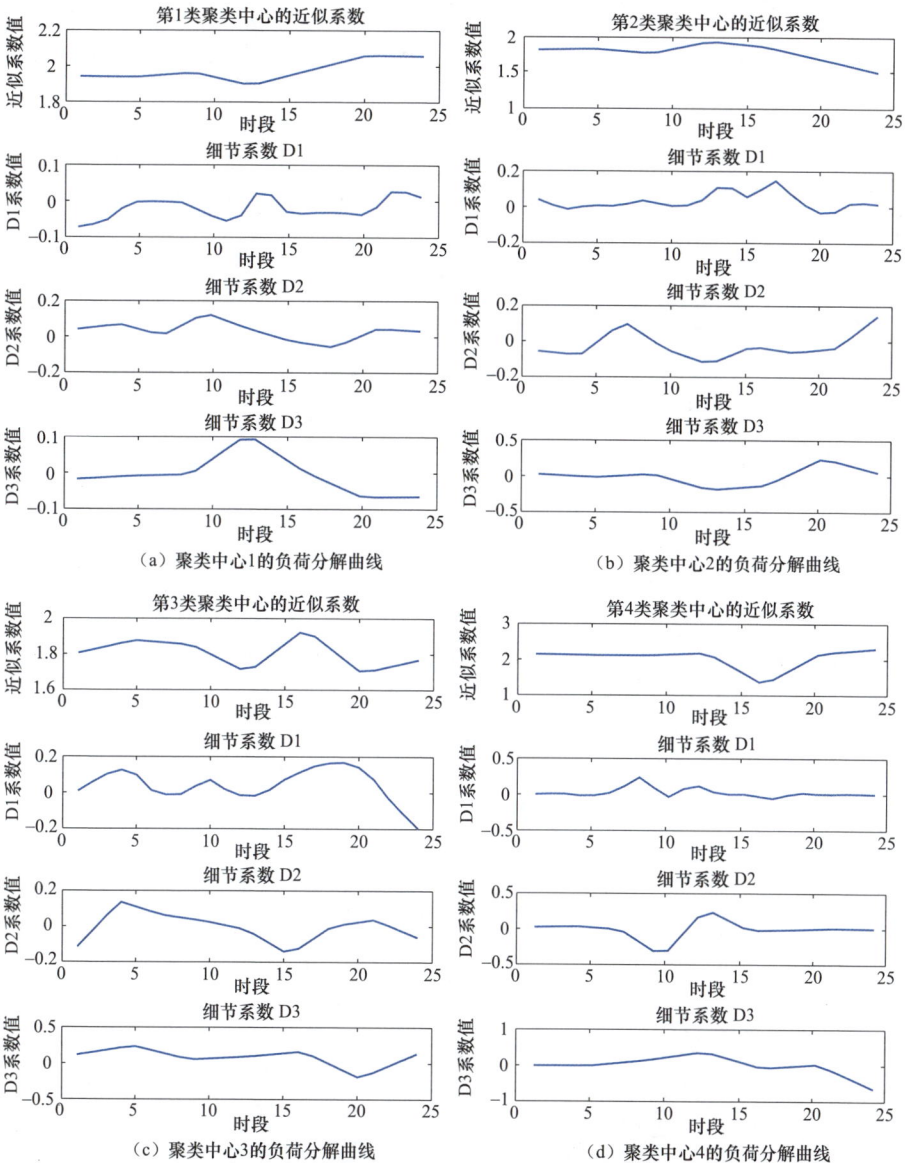

（a）聚类中心1的负荷分解曲线　　　　（b）聚类中心2的负荷分解曲线

（c）聚类中心3的负荷分解曲线　　　　（d）聚类中心4的负荷分解曲线

图 2-23　铁合金企业 2 聚类中心的负荷分解结果

图 2-24 所示为工业园区热负荷 3 个聚类中心的负荷分解结果。从图 2-24 可知,热负荷的 3 个聚类中心的近似系数曲线和细节系数曲线的形状和趋势较为一致,主要差别在于负荷波动大小不同。结合聚类结果可知,该园区的热负荷具有明显的季节特性,由此可知,该园区的生产热负荷由生产性用热和生活区用热两部分组成。其中 D1 和 D2 曲线主要表示生活用热负荷的波动

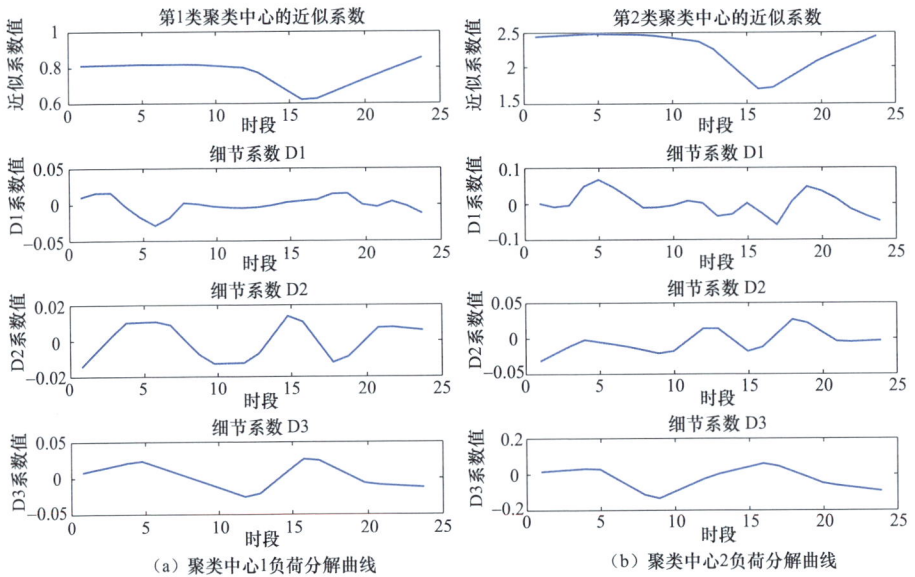

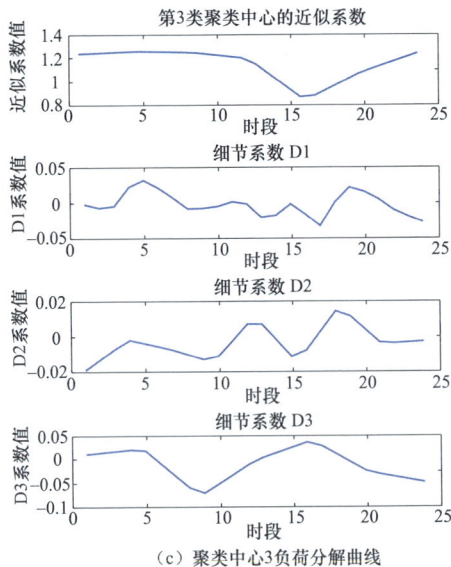

(a)聚类中心1负荷分解曲线　　　　(b)聚类中心2负荷分解曲线

(c)聚类中心3负荷分解曲线

图 2-24　热负荷聚类中心的负荷分解结果

性，在凌晨和傍晚的用热负荷较高；而 D3 曲线表示了长时间尺度上生产性热负荷的波动性，峰谷时段分别出现在 16:00 和 9:00 左右。

图 2-25 所示为工业园区冷负荷的 3 个聚类中心的负荷分解结果。结合冷负荷聚类结果和图 2-25 可知，该园区的冷负荷主要集中在 10:00～20:00，其中簇 3 曲线表示夏季的时候冷负荷的高峰一直持续到 23:00 左右。从细节系数曲线进一步分析可知，簇 1 的曲线在短时间尺度和长时间尺度上的负荷高峰在 15:00 左右，簇 2 和簇 3 的细节曲线形状较为相似，区别在于簇 3 的高频细节系数曲线 D1 表示更短时间内的负荷更加平稳，而簇 2 的短时间负荷波动相较于簇 3 高，由此可以看出，簇 3 表示夏季的用冷负荷，由于空调设备长期开启，导致其用冷负荷比簇 2 更高，因此簇 3 的响应潜力比簇 2 低，园区用户对用冷负荷的需求更高。

综上所述，高耗能企业的负荷可分为平稳性负荷和周期性负荷两种，且电石炉、电弧炉等设备一旦启动，若中断便会对产品质量产生影响。因此，针对高耗能企业的电力需求响应主要集中在三个方面：一是通过调整照明、空调等非生产性负荷来减少用电量，该类负荷占比较小；二是通过控制相关生产设备的启停来进行需求响应，例如通过启动一半的设备来减少用电负荷，该类负荷占比较大；三是在原料准备、冷却和包装等环节通过灵活调整生产计划和流程去参与需求响应。相比之下，园区的冷、热负荷的可调潜力相对

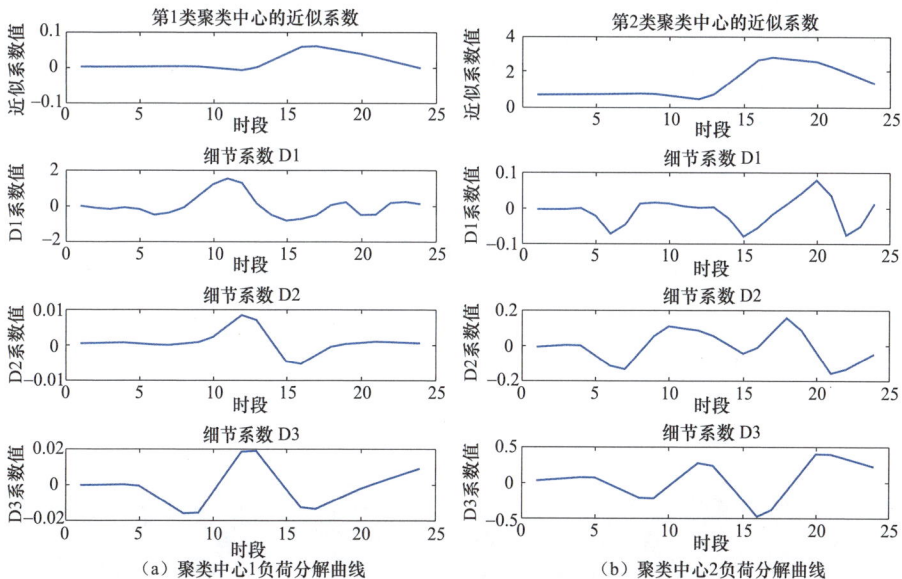

（a）聚类中心1负荷分解曲线　　（b）聚类中心2负荷分解曲线

图 2-25　冷负荷聚类中心的负荷分解结果（一）

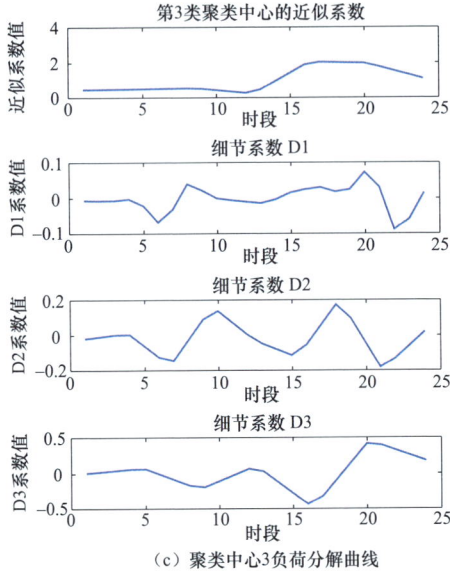

（c）聚类中心3负荷分解曲线

图 2-25　冷负荷聚类中心的负荷分解结果（二）

较低，这部分负荷的优化需要综合考虑人的冷热感知能力、舒适度以及园区内部的具体冷热需求等多重因素。

2.3.2.3　理论潜力测算结果

在完成负荷聚类和负荷分解之后，本节基于负荷台阶，初步测算理论上电、热、冷等负荷的可削减潜力。

电石企业、碳素企业和铁合金企业，以及园区热负荷和冷负荷各类簇的负荷台阶如图 2-26～图 2-33 所示。

从图 2-26 和图 2-27 可以看出，两家典型电石企业的各类簇的负荷台阶及理论上可以削减的负荷量。对电石企业 1 来说，簇 3 和簇 4 的负荷台阶更

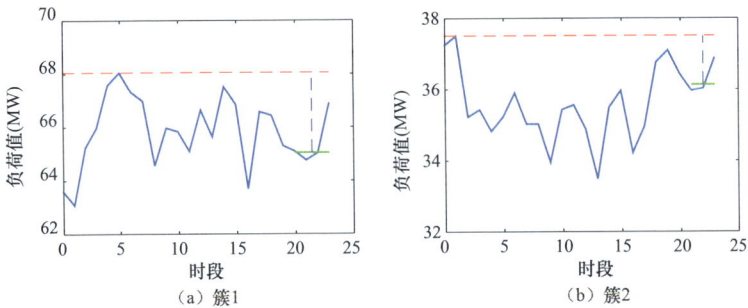

（a）簇1　　　　　（b）簇2

图 2-26　电石企业 1 的负荷台阶图（一）

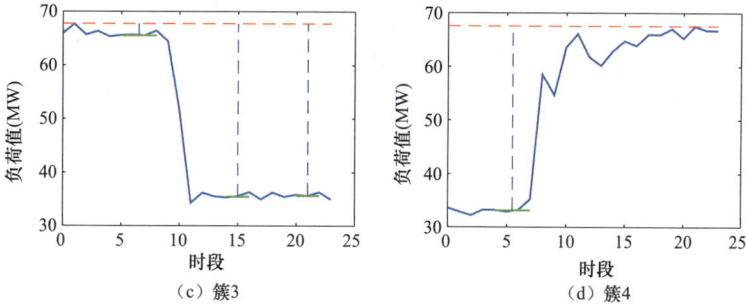

图 2-26 电石企业 1 的负荷台阶图（二）

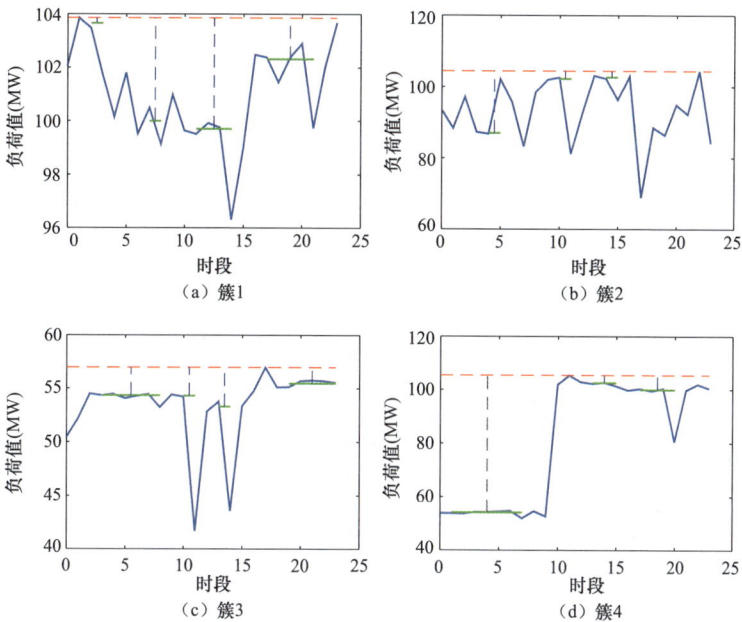

图 2-27 电石企业 2 的负荷台阶图

加稳定，与最高负荷之间的差值较大，属于高潜力代表的负荷曲线，簇 1 和簇 2 的负荷台阶较低，与最高负荷之间的差值较小，属于低潜力代表的负荷曲线。类似地，对电石企业 2 来说，簇 1 和簇 4 属于高潜力代表的负荷曲线，簇 2 和簇 3 属于低潜力代表的负荷曲线。具体负荷削减潜力还需结合用户的用能模式评估结果进一步分析。

从图 2-28 和图 2-29 可以看出，两家典型碳素企业的各类簇的负荷台阶及理论上可以削减的负荷量。对碳素企业 1 来说，簇 1 具有稳定的负荷台阶，而簇 2、簇 3、簇 4 均没有稳定的负荷台阶，处于周期性的生产过程，因此其

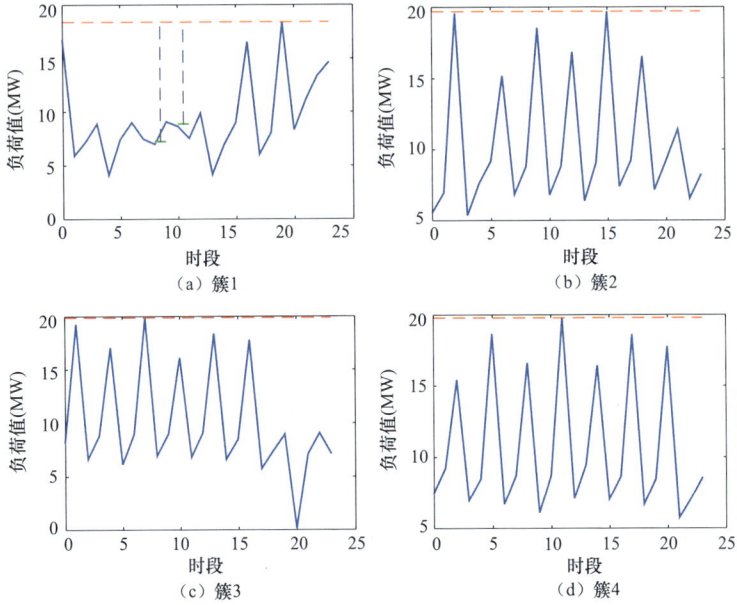

图 2-28　碳素企业 1 的负荷台阶图

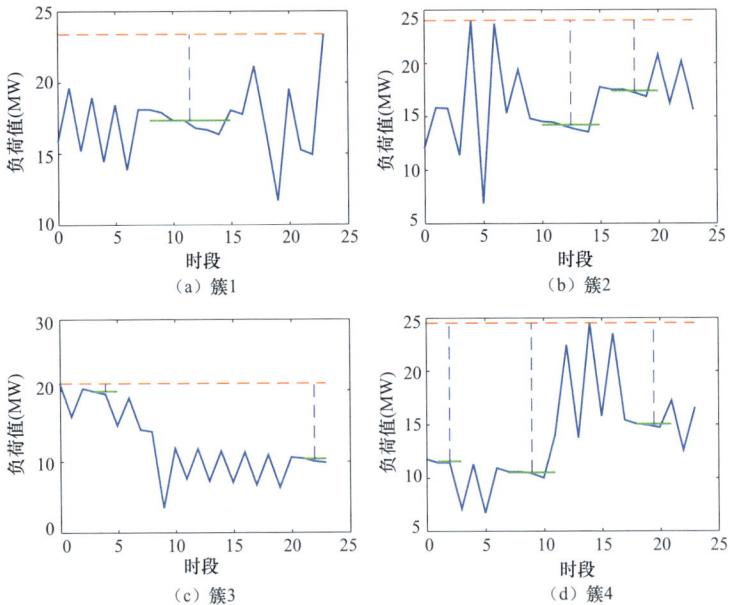

图 2-29　碳素企业 2 的负荷台阶图

可调节潜力较小，属于低潜力代表的负荷曲线。而碳素企业 2 与企业 1 相比较而言，其负荷较为稳定，因此具有多个负荷台阶，且最高负荷与负荷台阶之差较高，理论上属于高潜力代表的负荷曲线，但具体实际可削减的潜力还需结合用户的用能模式评估结果进一步分析。

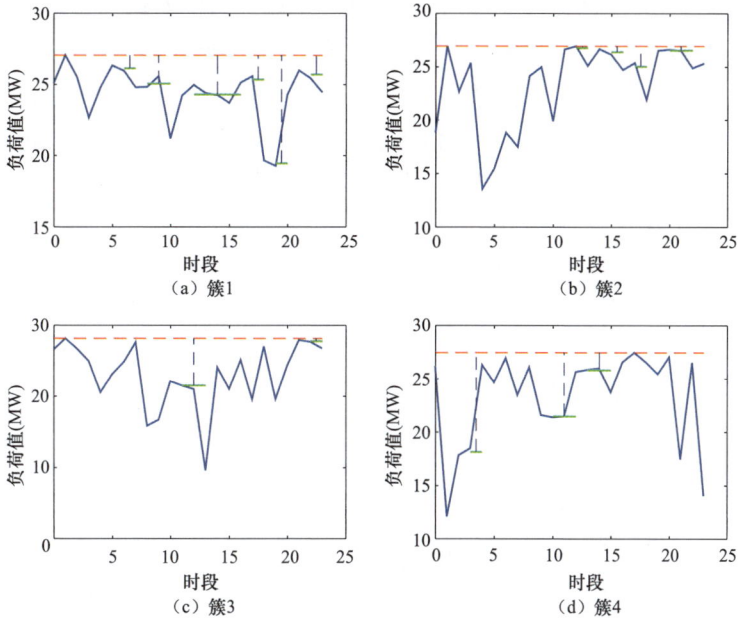

图 2-30　铁合金企业 1 的负荷阶图

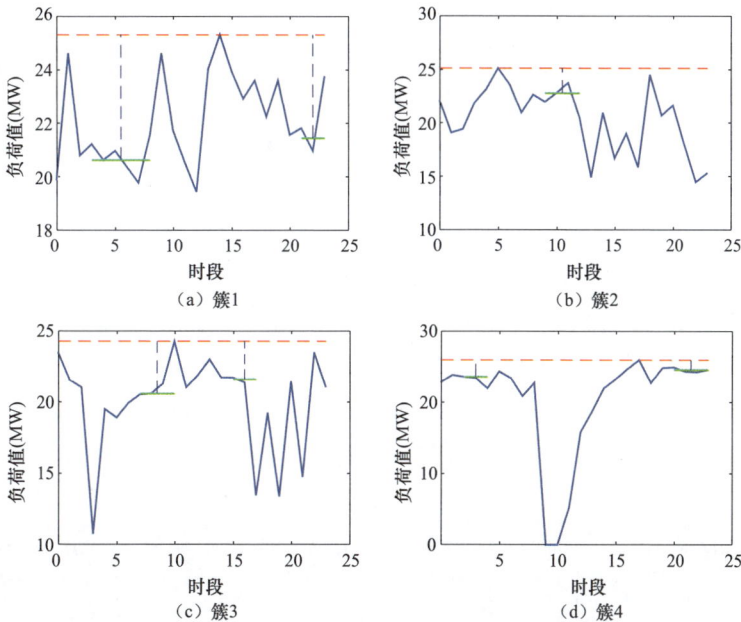

图 2-31　铁合金企业 2 的负荷台阶图

从图 2-30 和图 2-31 可以看出，铁合金企业的各类簇的负荷台阶及理论上可以削减的负荷量。对铁合金企业 1 来说，簇 1 具有更多稳定的负荷台阶，簇 2 的负荷台阶与最高负荷之差较小，属于低潜力代表的负荷曲线，簇 3 和簇 4 的负荷台阶较少，但与最高负荷之差较大，因此也具有一定的可调节潜力。而企业 2 与企业 1 相比较而言，整体负荷台阶较少，其中簇 1 的最高负荷与负荷台阶之差较高，属于高潜力代表的曲线，而簇 2、簇 3、簇 4 的最高负荷与负荷台阶之差较低，理论上属于低潜力代表的负荷曲线，但具体实际可削减的潜力还需结合用户的用能模式评估结果进一步分析。

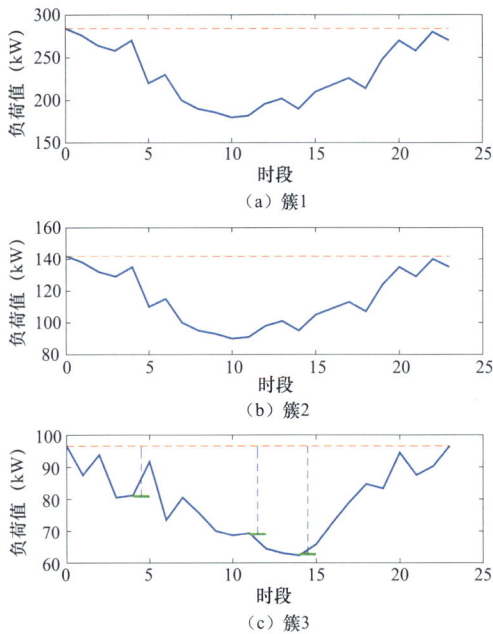

（a）簇1

（b）簇2

（c）簇3

图 2-32　热负荷台阶图

从图 2-32 和图 2-33 可以看出，园区年度热负荷和冷负荷各类簇的负荷台阶及理论上可以削减的负荷量。与电负荷不同的是，由于冷、热惯性的存在，在选取冷热负荷曲线的负荷台阶时，可以通过调整局部变化率低于某一数值的稳定负荷段的时间尺度，获得相对稳定的负荷台阶。对于园区热负荷来说，簇 1 和簇 2 均不具备稳定的负荷台阶，表明这两类簇的热负荷较为分散，调节潜力较低。而簇 3 具有明确的负荷台阶，表明其在一定条件下具有可调节的潜力。对于园区冷负荷来说，簇 1 曲线表示除了必要的时间用冷以外，其他时段的用冷量均可减少。但结合具体情况分析可知，实际的调节潜力受到季节性因素的限制，白天时段的用冷负荷成了刚性负荷，其调节潜力较小。簇 2 和簇 3 的负荷台阶表示，可以通过调整空调负荷等非生产性负荷减少一部分的用冷量，但具体实际可削减的潜力还需结合用户的用能模式评估结果进一步分析。

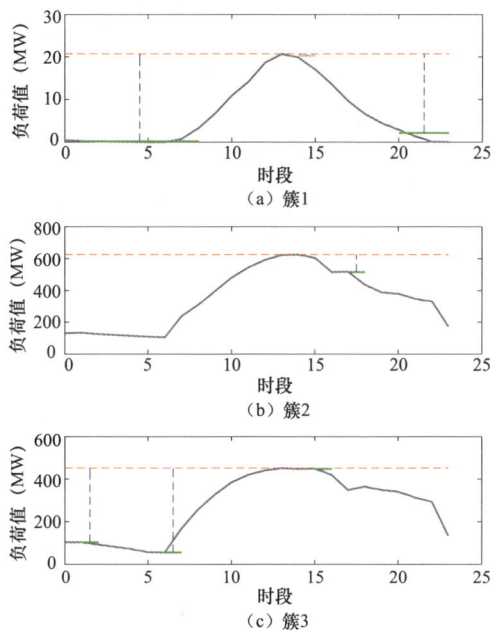

（a）簇1

（b）簇2

（c）簇3

图 2-33　冷负荷台阶图

2.3.2.4　实际潜力测算结果

结合上一节基于负荷台阶的理论潜力测算结果，本节将通过综合需求响应潜力因子评估，获得各类用户的用能模式，进而对理论可削减潜力进行修正，获得实际可削减的平均潜力。

2.3.2.4.1　基于综合需求响应潜力因子评估的用能模式识别

针对各类簇的用能模式进行评估，具体负荷特征指标值和综合需求响应潜力因子结果见表 2-6，如图 2-34～图 2-39 所示。

表 2-6　　　　　综合需求响应潜力因子评估结果

企业类型	聚类中心	日负荷率	日峰谷差率	峰期负荷率	谷期负荷率	平期负荷率	综合需求响应潜力因子 a 值	用能模式
电石企业 1	1	0.9673	0.0728	0.9677	0.9544	0.9781	0.0183	迎峰型
	2	0.9494	0.1071	0.9433	0.9686	0.9395	0.0782	
	3	0.7954	0.5218	0.8364	0.7051	0.8282	0.9886	

续表

企业类型	聚类中心	日负荷率	日峰谷差率	峰期负荷率	谷期负荷率	平期负荷率	综合需求响应潜力因子 a 值	用能模式
电石企业1	4	0.7224	0.4926	0.7501	0.7865	0.6351	0.9326	迎峰型
	权重	0.0238	0.8892	0.0164	0.0283	0.0423		
电石企业2	1	0.9369	0.2682	0.9612	0.9494	0.8987	0.4507	迎峰型
	2	0.9727	0.0725	0.9720	0.9857	0.9621	0.0142	
	3	0.8920	0.3393	0.8820	0.8853	0.9091	0.6143	
	4	0.7665	0.5069	0.7552	0.7022	0.8354	0.9858	
	权重	0.0222	0.8980	0.0274	0.0453	0.0071		
碳素企业1	1	0.6752	0.7139	0.7258	0.6368	0.6520	0.6532	避峰型
	2	0.7356	0.5007	0.7236	0.7520	0.7348	0.4298	
	3	0.5886	0.8372	0.5205	0.7336	0.5384	0.6608	
	4	0.5656	0.7265	0.5504	0.5137	0.6282	0.4735	
	权重	0.1123	0.3227	0.2302	0.2135	0.1212		
碳素企业2	1	0.5100	0.7784	0.5441	0.6046	0.3889	0.2166	避峰型
	2	0.5356	0.7102	0.5007	0.4364	0.6615	0.7005	
	3	0.5022	0.9940	0.5634	0.4749	0.4573	0.3496	
	4	0.5227	0.7268	0.5446	0.4621	0.5510	0.5157	
	权重	0.0077	0.2470	0.0237	0.2141	0.5074		
铁合金企业1	1	0.9014	0.2872	0.8710	0.9306	0.9103	0.0733	高负荷率型
	2	0.8483	0.5583	0.9126	0.6907	0.9139	0.7228	
	3	0.8178	0.6578	0.7836	0.9577	0.7340	0.9721	
	4	0.8688	0.4956	0.8411	0.9046	0.8685	0.5640	
	权重	0.0118	0.7449	0.0286	0.1446	0.0701		
铁合金企业2	1	0.8723	0.2323	0.8799	0.8639	0.8712	0.0057	高负荷率型
	2	0.8110	0.4237	0.8493	0.7409	0.8292	0.2494	
	3	0.8230	0.5579	0.7969	0.8010	0.8715	0.4241	
	4	0.7836	1.0000	0.7071	0.9180	0.7520	0.9952	
	权重	0.0056	0.9334	0.0246	0.0236	0.0128		
热负荷	1	0.8252	0.3551	0.7915	0.9358	0.7663	0.0931	—
	2	0.8102	0.3662	0.7402	0.9507	0.7658	0.0869	
	3	0.7452	0.2182	0.6782	0.8748	0.6575	0.0714	
	权重	0.0558	0.1555	0.7478	0.0408	0.0001		
冷负荷	1	0.0150	0.0487	0.1050	0.2040	0.1805	0.0152	—
	2	0.6470	0.6132	0.5462	0.8535	0.5796	0.0666	
	3	0.6667	0.5853	0.5604	0.8776	0.6018	0.0334	
	权重	0.1529	0.3662	0.1120	0.1311	0.2377		

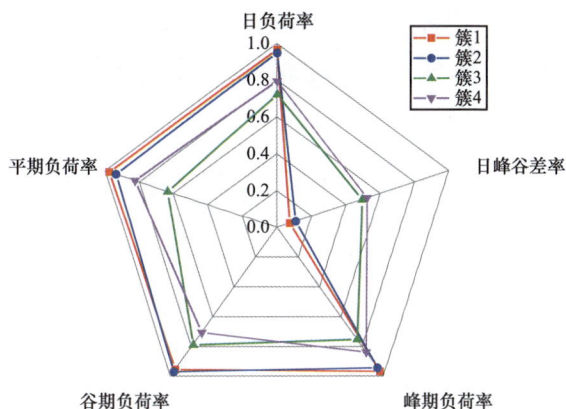

（a）电石企业1

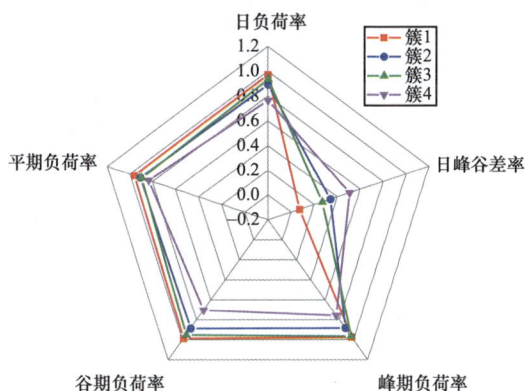

（b）电石企业2

图 2-34　电石企业 1 和企业 2 的负荷特征指标值

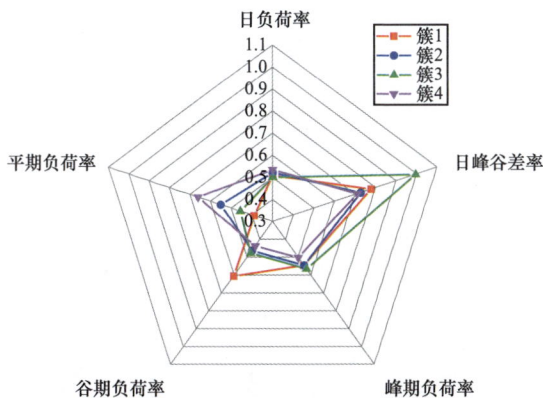

（a）碳素企业1

图 2-35　碳素企业 1 和企业 2 的负荷特征指标值（一）

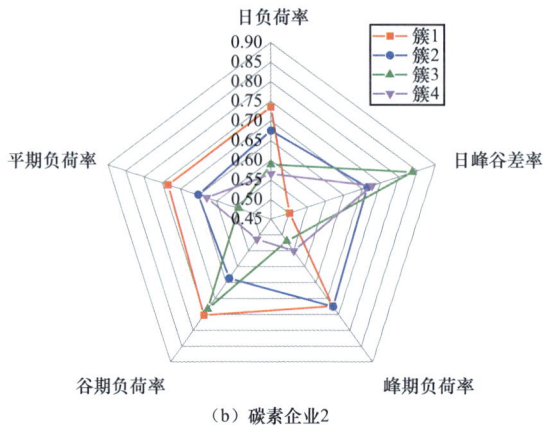

（b）碳素企业2

图 2-35　碳素企业 1 和企业 2 的负荷特征指标值（二）

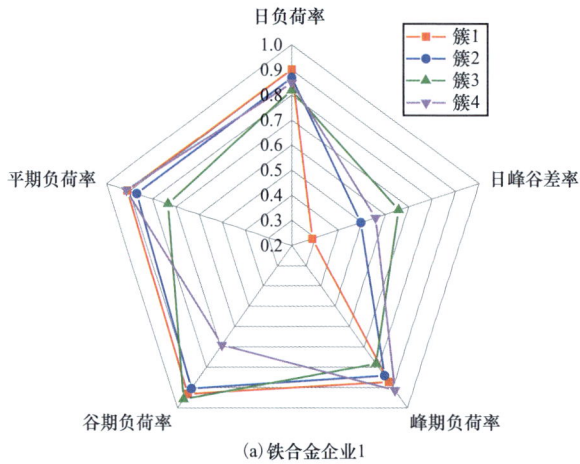

(a)铁合金企业1

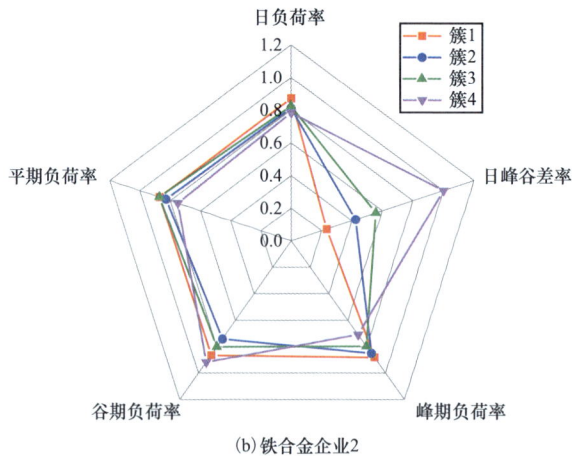

(b)铁合金企业2

图 2-36　铁合金企业 1 和企业 2 的负荷特征指标值

(a) 园区热负荷

(b) 园区冷负荷

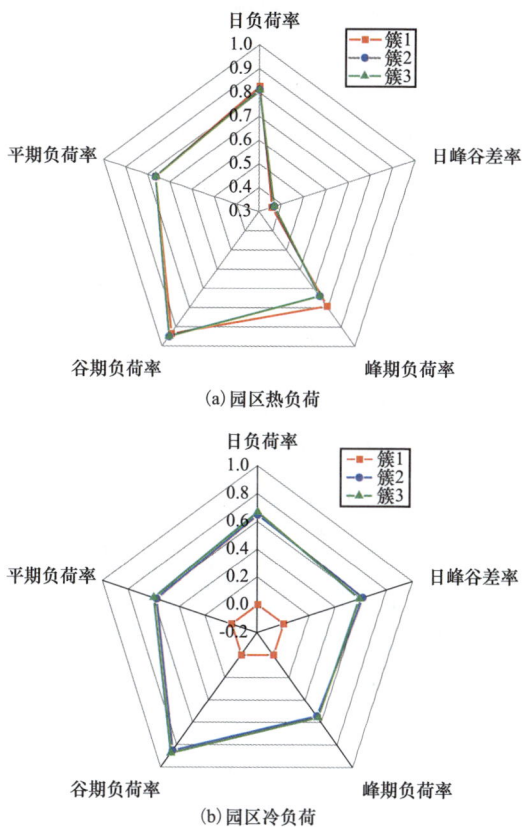

图 2-37 园区热负荷和冷负荷的负荷特征指标值

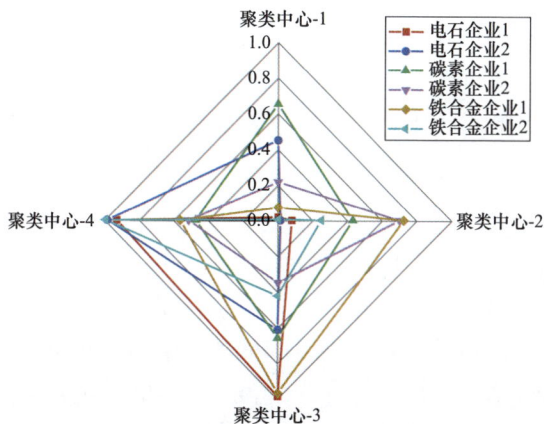

图 2-38 企业的综合需求响应潜力因子评估雷达图

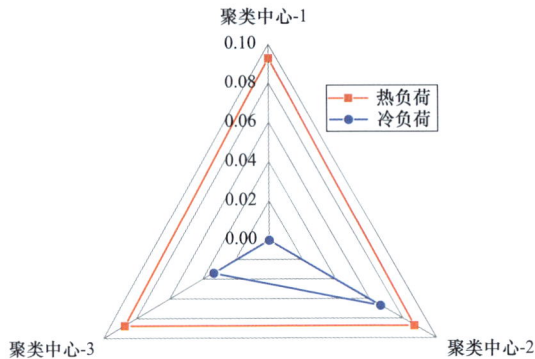

图 2-39　冷热负荷综合需求响应潜力因子评估雷达图

根据负荷特征值标值测算结果和综合需求响应潜力因子评估结果，可以得到电石企业 1 各类簇的综合需求响应潜力因子排序：簇 3＞簇 4＞簇 2＞簇 1；电石企业 2 各类簇的综合需求响应潜力因子排序：簇 4＞簇 3＞簇 1＞簇 2；碳素企业 1 各类簇的综合需求响应潜力因子排序：簇 3＞簇 1＞簇 4＞簇 2；碳素企业 2 各类簇的综合需求响应潜力因子排序：簇 2＞簇 4＞簇 3＞簇 1；铁合金企业 1 各类簇的综合需求响应潜力因子排序：簇 3＞簇 2＞簇 4＞簇 1；铁合金企业 2 各类簇的综合需求响应潜力因子排序：簇 4＞簇 3＞簇 2＞簇 1；园区热负荷各类簇的综合需求响应潜力因子排序：簇 1＞簇 2＞簇 3；园区冷负荷各类簇的综合需求响应潜力因子排序：簇 2＞簇 3＞簇 1。

可见，对于高耗能企业来说，最重要的负荷特征指标是峰谷差率，该指标值越大，说明该企业属于迎峰型用户，具有较大的可调节潜力。而日负荷率越高，说明该企业属于高负荷率型用户，其可调节潜力居中。当日负荷率低且峰谷差率也低的时候，说明该企业属于避峰型或者不属于上述三种中任何一类型的用户，其可调节潜力最低。因此，进一步可以分析得到，电石企业属于可调节潜力最高的用户，其次是铁合金企业，最后是碳素企业。针对热负荷和冷负荷来说，其可调节潜力主要依赖于冷、热惯性，因此也具有一定的可调节潜力。

2.3.2.4.2　实际可削减负荷潜力测算

图 2-40 和图 2-41 表示考虑了综合需求响应潜力因子之后所得到的各家企业和园区冷热负荷各类簇的实际可削减负荷潜力。电石企业 1 的簇 4 和簇 3 负荷曲线的可削减负荷潜力分别为 33.92MW 和 30.03MW，簇 1 和簇 2 的可削减潜力较小，可以忽略不计；电石企业 2 的簇 4、簇 2 和簇 3 负荷曲线的可削减潜力分别为 50.44、10.68、1.64MW；碳素企业 1 的簇 1 负荷曲线可

削减潜力为 2.42MW，其余类簇的可削减潜力较小，可以忽略不计；碳素 2 的簇 3、簇 4、簇 2 和簇 1 负荷曲线的可削减潜力分别为 7.01、6.63、6.41、2.61MW；铁合金企业 1 的簇 4、簇 3、簇 2 和簇 1 负荷曲线的可削减潜力分别为 6.71、6.43、1.07、0.56MW；铁合金企业 2 的簇 4、簇 3、簇 2 和簇 1 负荷曲线的可削减潜力分别为 2.35、1.56、0.58、0.03MW；园区热负荷簇 1 的可削减潜力为 14.5kW，其余类簇的可削减潜力较小，可以忽略不计；园区冷负荷簇 2 和簇 3 的可削减潜力为 10.56kW 和 1.76kW，簇 1 的可削减潜力较小，可以忽略不计。

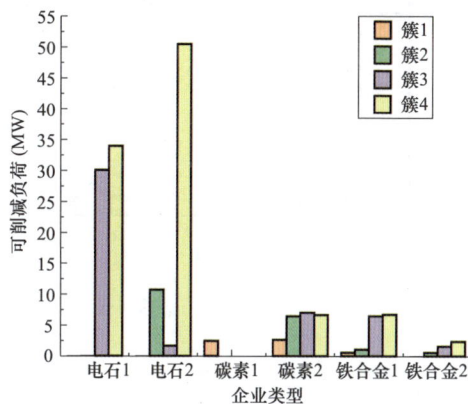

图 2-40 各类企业响应潜力比较图

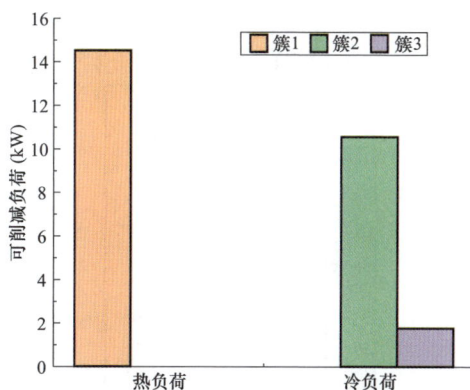

图 2-41 冷热负荷响应潜力比较图

通过估计各类簇在整体年度负荷曲线中的占比，可以进一步得到该企业平均可削减负荷潜力。

电石企业 1 的平均可削减潜力最高，为 24.27MW，占最高负荷的比重为 35.67%；电石企业 2 的平均可削减潜力为 5.22MW，占最高负荷的比重为 4.96%；碳素企业 1 和企业 2 的平均可削减潜力分别为 0.65、4.69MW，占最高负荷的比重分别为 3.25%、19.11%；铁合金企业 1 和企业 2 的平均可削减潜力分别为 2.37、0.54MW，占最高负荷的比重分别为 8.39%、2.08%。具体如图 2-42 所示。

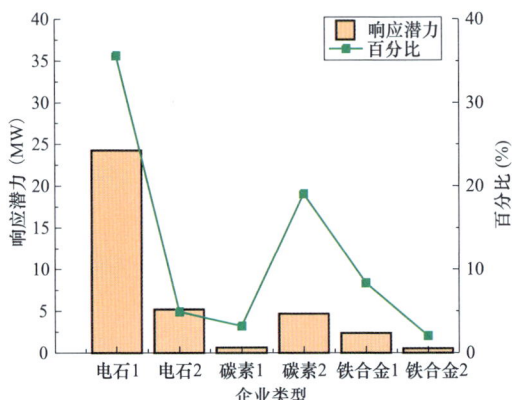

图 2-42　各类企业平均响应潜力比较图

该园区热负荷的平均可削减潜力为 12.51kW，占最高负荷的比重为 10.51%；冷负荷的可削减潜力为 16.15kW，占最高负荷的比重为 10.71%。具体如图 2-43 所示。

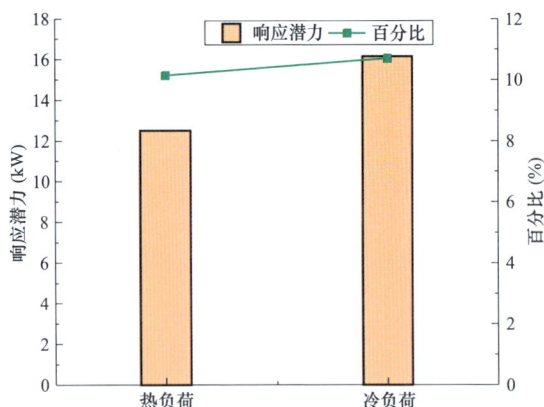

图 2-43　冷热负荷平均响应潜力比较图

综上，结合负荷聚类结果和负荷分解结果可知，电石企业 1、碳素企业 2 和铁合金企业 1 均属于高响应潜力用户，其负荷特点是峰谷差较大、具有稳定的负荷台阶、负荷率不高，说明这类用户是迎峰型，能够通过调整阶段性的生产计划去参与需求响应。而电石企业 2、碳素企业 1 和铁合金企业 2 的响应潜力较低，其负荷特点是峰谷差较小、负荷台阶较少且负荷率较高，说明这类用户是高负荷率型，其生产计划的调整空间较小，因此能够参与需求响应的负荷大多数为非生产性负荷。从行业特性来说，电石行业的可调节潜力是最高的，其次为碳素行业，最后为铁合金行业。

3

综合需求响应激励机制设计
与激励策略优化研究

　　基于对多能协同下综合需求响应内涵、架构及潜力的研究，明确了总体架构、用户响应行为方式模型与响应潜力测算方法后，本章专注于科学合理的激励机制与策略研究，旨在激发用户对综合需求响应项目的兴趣，将潜力转化为实际响应资源，推动项目开展。

　　本章从综合能源服务商视角出发，探究激励用户参与综合需求响应的机制与策略。首先，从激励目标、信号和流程三个方面提出综合需求响应激励机制，同时将用户纳入市场参与主体，允许其申报响应策略。其次，针对如何设置激励信号以充分挖掘用户潜力这一关键问题，考虑多能协同下需求侧能源的耦合转换特性、综合能源服务商的损失敏感性和用户满意度敏感性，构建以综合能源服务商为领导者、用户为跟随者的主从博弈双层优化模型，用累积前景值量化综合能源服务商损失敏感特性，以满意度成本量化用户满意度敏感性。再次，运用解析式法证明所构建模型存在唯一均衡解，并提出粒子群优化算法与解析式法相结合的求解策略，借助 CPLEX 优化软件得出使综合能源服务商和用户目标均达最优的分时售能与可削减负荷激励补贴策略。最后，通过典型园区的实际案例分析，验证了所提模型的有效性，证明该综合激励策略能有效调动用户参与潜力，提升其积极性，为园区综合能源系统实现综合需求响应调控提供价格参考，助力项目可持续发展。

3.1　不同调节措施下用户综合需求响应行为

3.1.1　综合需求响应调节措施分类

综合需求响应作为电力需求响应的拓展，其调节措施亦可参照需求响应的分类。按照用户不同的响应方式，需求响应调节措施主要分为价格型和激励型需求响应，如图 3-1 所示。

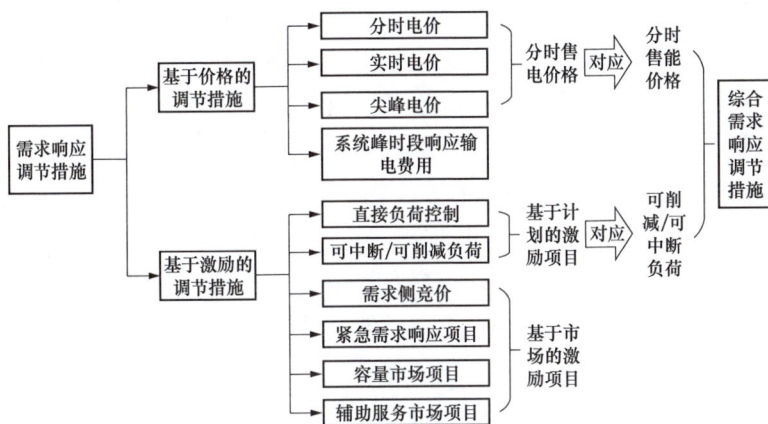

图 3-1　需求响应调节措施分类

从图 3-1 可以看出，通过比较电力需求响应中的分时电价这一价格型调节措施，可以设计电、热、冷等能源的分时价格策略作为综合需求响应的价格型调节措施；同时，借鉴电力需求响应中的可中断/可削减负荷措施，可设计以可削减电负荷、热负荷和冷负荷作为综合需求响应的激励型调节措施，从而为激励机制的设计提供参考。

3.1.1.1　价格型调节措施

价格型调节措施指的是用户基于零售能源价格的变化来相应调整其能源需求的一种机制。电力需求响应的价格型调节措施主要包括分时电价、实时电价、尖峰电价和系统峰时段响应输电费用等四种。而现阶段综合需求响应主要应用于园区综合能源系统，因此其价格型调节措施主要以分时售能价格为主。

参照上述分时电价的定义，综合需求响应的分时售能价格调价措施是一种针对电力、热能、冷能和天然气等多种能源设计的价格机制，旨在通过反映不同时间段内各种能源供应成本的变化来引导用户优化能源使用结构和方式。与传统的分时电价类似，综合需求响应分时价格将一天或一年分为不同的时间段（如峰时、谷时和平时段）或季节，针对不同能源制定差异化的价格策略，通过提供价格激励（例如，在低谷时段或低需求季节降低能源价格，在高峰时段或高需求季节提高能源价格）来鼓励用户在成本较低的时段使用能源，从而实现多能源系统的削峰填谷和负荷平衡。该措施是本书后续激励机制设计和激励策略研究的重点之一。

3.1.1.2 激励型调节措施

激励型调节措施指的是通过经济补贴的方式对用户的用能调节行为进行补偿的一种机制。在电力需求响应中，这类措施主要分为两类：计划型和市场型。计划型项目包括直接负荷控制和可中断/可削减负荷等；市场型项目包括需求侧竞价、紧急需求响应项目、容量市场项目和辅助服务市场项目等。在此基础上，综合需求响应的常用激励型调节措施可以分为非市场环境下的可中断/可削减负荷措施和市场环境下的需求侧竞价项目。

可中断/可削减负荷指的是根据供需双方事先约定的合同，在能源系统用能高峰期，由综合能源服务商向用户发送中断或削减负荷的请求。用户在响应这一请求后，会中断或削减一部分用能，并因此获得经济补偿。这种机制特别适合于对用能可靠性需求较低的用户，其可以通过减少或暂停部分用能负荷来避免高峰时段的高额能源费用，并获得相应补偿。如果用户在收到请求后未做出响应，则可能面临惩罚。此措施主要针对大型工业和商业用户，是一种有效的能源需求错峰调节方法，也是本书所研究的非市场化环境下的一种激励策略。

未来，在多能源市场成熟的环境下，可以通过需求侧竞价的形式进一步实现综合需求响应。该形式是需求侧资源参与多能源市场竞争的一种实施机制。基于这一机制，用户可以通过调整用能行为，并以市场主体的身份，采用竞价形式积极参与市场，而不再是单纯的价格接受者，从而主动争取经济利益。值得注意的是，能源供应商、能源运营商和大用户均可以直接参与需求侧竞价项目进行竞价，而小型及分散用户则可通过如负荷聚合商或综合能源服务商等第三方机构间接参与竞价。

3.1.2 用户综合需求响应行为方式建模

将需求响应引入综合能源系统之后，从纵向能量转换和横向时间转移角度，用户的综合需求响应行为方式扩展为负荷转移、负荷削减和负荷转换等多种类型。其中，负荷转换是综合需求响应特有的形式，可通过能源转换设备，基于不同能源之间的交叉弹性，将某种能源需求转换成另一种能源需求的负荷。不同调节措施下的用户综合需求响应行为方式如表3-1所示。

3.1.2.1 负荷转移

负荷转移形式是指根据价格型调节措施，引导用户在调度/控制时间内主动改变固有的用能方式，将某一时段部分用能需求转移到其他时段，且保持整个调度/控制时间内总用能量不变的行为。主要适用于对价格敏感且用电计划相对灵活的用户。在日前的调度运行中，通常采用峰、谷、平分时能源价格、实时能源价格以及尖峰能源价格等价格措施来实现负荷的转移。

表 3-1　　　　　　　　用户综合需求响应行为方式分类

用户响应行为方式	调节措施	响应特点	响应时间	能流类型	用户类型
负荷转移	价格型	自发进行，调度成本低	日前响应	电/热/气	价格敏感、用能计划相对灵活的用户
负荷削减	激励型	自发响应，调度成本相对高	日内响应	电/热/冷	负荷量大，短期内有负荷调整能力的用户
负荷转换	价格型	自发进行，主要与供应侧和需求侧的设备类型相关	日前响应	电/热/冷/气	智能楼宇、工业园区等具有多种用能需求的用户

本书将电量电力弹性矩阵法引申到综合能源领域，对基于价格调节措施的负荷转移形式进行建模。经济学中负荷的弹性系数定义如式（3-1）所示：

$$\varepsilon = \frac{\Delta L^{sl}}{L_0} \frac{P_0}{\Delta P} \tag{3-1}$$

式中：ΔL^{sl} 和 ΔP 分别表示原始能源量 L_0 和原始能源价格 P_0 的相对增量。

在多时段响应中，负荷弹性系数根据响应时段通常可分为自弹性系数和交叉弹性系数。自弹性系数表示当前时段能源价格引起的用户用能量变化情况，而交叉弹性系数表示其他时段能源价格对用户用能量的影响，具体模型如式（3-2）和式（3-3）所示：

$$\varepsilon_{ii} = \frac{\Delta L_i^{sl}}{L_i} \frac{P_i}{\Delta P_i} \tag{3-2}$$

$$\varepsilon_{ij} = \frac{\Delta L_i^{sl}}{L_i} \frac{P_j}{\Delta P_j} \tag{3-3}$$

式中：ε_{ii} 为自弹性系数；ε_{ij} 为交叉弹性系数；i 和 j 分别为第 i 个和第 j 个时段；ΔL_i^{sl} 为第 i 时段的负荷转移量，L_i 为第 i 时段的原始负荷，P_i 和 P_j 分别为第 i 个和第 j 个时段的能源价格；ΔP_i 和 ΔP_j 分别为第 i 和第 j 时段的能源价格变化量。

由自弹性系数和交叉弹性系数，得到用能量和能源价格的弹性矩阵 E 如式（3-4）所示：

$$E = \begin{bmatrix} \varepsilon_{11} & \varepsilon_{12} & \cdots & \varepsilon_{1n} \\ \varepsilon_{21} & \varepsilon_{22} & \cdots & \varepsilon_{2n} \\ \vdots & \vdots & & \vdots \\ \varepsilon_{41} & \varepsilon_{42} & \cdots & \varepsilon_{nn} \end{bmatrix} \tag{3-4}$$

从而可得 t 时段负荷转移形式模型如式（3-5）所示：

$$\begin{bmatrix} \dfrac{\Delta L_1^{\mathrm{sl}}}{L_1} \\ \dfrac{\Delta L_2^{\mathrm{sl}}}{L_2} \\ \vdots \\ \dfrac{\Delta L_{\mathrm{T}}^{\mathrm{sl}}}{L_{\mathrm{T}}} \end{bmatrix} = E \begin{bmatrix} \dfrac{P_1}{\Delta P_1} \\ \dfrac{P_2}{\Delta P_2} \\ \vdots \\ \dfrac{P_{\mathrm{T}}}{\Delta P_{\mathrm{T}}} \end{bmatrix} \tag{3-5}$$

式中：T 为调度周期。若将调度周期分为 24 个时段，则具体表达式如式（3-6）所示：

$$\begin{bmatrix} \dfrac{\Delta L_1^{\mathrm{sl}}}{L_1} \\ \dfrac{\Delta L_2^{\mathrm{sl}}}{L_2} \\ \vdots \\ \dfrac{\Delta L_{24}^{\mathrm{sl}}}{L_{24}} \end{bmatrix} = \begin{bmatrix} \varepsilon_{1,1} & \cdots & \varepsilon_{1,24} \\ \vdots & \ddots & \vdots \\ \varepsilon_{24,1} & \cdots & \varepsilon_{24,24} \end{bmatrix} \begin{bmatrix} \dfrac{P_1}{\Delta P_1} \\ \dfrac{P_2}{\Delta P_2} \\ \vdots \\ \dfrac{P_{24}}{\Delta P_{24}} \end{bmatrix} \tag{3-6}$$

从而可得到负荷转移后各时段的用能负荷如式（3-7）所示：

$$L_{d,t} = L_t^0 + \Delta L_t = L_t^0 \left\{ 1 + E(t,t)\frac{\Delta P_t}{P_t^0} + \sum_{\substack{h=1 \\ h \neq t}}^{24} E(t,h)\frac{\Delta P_h}{P_h^0} \right\} \tag{3-7}$$

3.1.2.2　负荷削减

负荷削减形式是指根据激励型调节措施引导用户在不影响用能侧正常生产、工作、生活的前提下减少或中断某种能源的消耗的行为。该种形式主要适用于负荷量大但具有短期负荷调整能力的工商业用户。

本书所研究的基于激励型调节措施的负荷削减形式的综合需求响应是指用户可根据实际情况分析自身用能情况和可调节的负荷容量，在得到合理经济收益的同时完成相应负荷削减或增加的任务。针对用户负荷削减行为方式的建模如式（3-8）所示，简化后采用梯形报价曲线如图 3-2 所示。

图 3-2 表示，用户的负荷削减量在某个设定的区间时，将给予相应区间

对应的激励补贴，从而激励用户在其最大可削减负荷极限值内尽可能多地参与响应，从而获得更多的激励补贴。

$$
\begin{cases}
若 l_k^{il} \leqslant L_t^{il} \leqslant l_{k+1}^{il},则 \pi_k \leqslant P_t^{il} \leqslant \pi_{k+1} \\
0 \leqslant \pi_k \leqslant \pi_{\max} \\
0 \leqslant L_t^{il} \leqslant L_{\max}^{il} \\
L_{sum}^{il} = \sum_{t=1}^{T} L_t^{il} \qquad k=1,2,3,\cdots,K \\
C_{DR} = \sum_{t=1}^{T} L_t^{il} P_t^{il}
\end{cases}
\tag{3-8}
$$

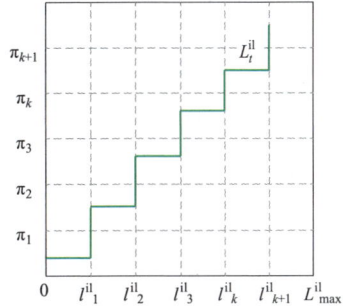

图 3-2　激励型调节措施
梯形价格曲线

式中：L_{sum}^{il} 为用户负荷削减量之和；l_k^{il}、l_{k+1}^{il} 分别表示用户负荷削减量的第 k 和 $k+1$ 区间值；L_t^{il} 表示第 t 时刻的削减量；P_t^{il} 为第 t 时刻用户参与负荷削减形式的综合需求响应的激励价格；π_k 和 π_{k+1} 分别为用户参与负荷削减形式的综合需求响应的第 k 和 $k+1$ 区间值；C_{DR} 表示激励负荷削减的总成本。值得说明的是，此处描述的是总体阶梯式激励型调节措施模型，未区分冷热电等各种能源类型，在后续激励模型建模中将详细展开。

3.1.2.3　负荷转换

负荷转换形式是基于需求侧能量枢纽系统中的电制冷机、吸收式制冷机、热泵等能源转换设备以及供应侧能量枢纽系统中的能源转换设备及储能设备，根据能源侧提供的能源价格，使电、气、热、冷等多种异质负荷耦合互补，实现三种负荷在纵向上的相互替代和转换的行为。主要适用于智能楼宇、工业园区等包含多种能流的用户。与负荷转移和负荷削减等同一能源在时间上的横向转移不同的是，负荷转换实现的是能源间的纵向转换与替代。也就是说，负荷转换是基于能量枢纽物理架构和能源价格信号，凭借不同能源间相互耦合转换的特点，将某一种或某几种高价能源的消费转为其他低价能源的行为方式。用户负荷转换的行为方式，一方面可以降低在用能上的消费，另一方面也可以削减能源供应商的运行成本，并且保证系统的稳定可靠运行。

用户负荷转换行为方式的模型可以表示为输出能源和输入能源的线性函数关系，如式（3-9）所示：

$$
\begin{bmatrix} \Delta L_e \\ \Delta L_h \\ \vdots \\ \Delta L_c \end{bmatrix}
=
\begin{bmatrix}
1 & k_{ge} & \cdots & k_{he} \\
k_{eh} & k_{gh} & \cdots & 1 \\
\vdots & \vdots & \ddots & \vdots \\
k_{ec} & k_{gc} & \cdots & k_{hc}
\end{bmatrix}
\begin{bmatrix} \Delta Q_e \\ \Delta Q_g \\ \vdots \\ \Delta Q_h \end{bmatrix}
\tag{3-9}
$$

式（3-9）可进一步简化为式（3-10）的形式：

$$\Delta L = K \cdot \Delta Q \tag{3-10}$$

式中：ΔL_e、ΔL_h 和 ΔL_c 分别表示电功率、热功率和冷功率的转化输出量；K 为耦合因子，表示不同能源间的转换系数；ΔQ_e、ΔQ_g 和 ΔQ_h 分别表示电能、天然气能和热能转化的输入量。

3.2　综合需求响应激励机制设计

激励机制设计的目的是通过市场化和非市场化的手段使得综合需求响应项目的整体效益和各参与主体的利益都得到有效的提升。合理的激励机制能够在实施综合需求响应项目的过程中有效激发各参与主体的积极性，从而挖掘需求侧可调节资源的潜力。本节将从激励目标、激励信号和激励流程三个方面研究综合需求响应激励机制。

3.2.1　激励目标

本章所提出的综合需求响应激励机制主要应用于综合能源服务商与用户之间，假设综合能源服务商和用户均具备能量管理系统，用户能够通过智能表计和互联网与综合能源服务商进行信息交互。综合能源服务商是基于电力市场中售电公司的概念提出的，在电能交易的基础上又考虑了热能交易，满足用户的多样化需求。假设用户的生产经营过程涉及冷热电等多种类型的负荷需求，且需要进行冷、热、电等多种能源形式的耦合与转换，并向综合能源服务商购买大量的电能和热蒸汽等资源，具有负荷种类多且用能量大的特点，是参与综合需求响应的优质用户。

综合能源服务商作为能量与信息的整合中心，是上级供能侧和用能侧之间的纽带，以分布式电源、燃气锅炉和燃气轮机等设备为基础，向上承接综合能源供应市场，向下与用户协调互动，实现经济、高效供能。用户作为能源消费主体，以热泵、电制冷机和吸收式制冷机等能源耦合设备为基础，接受综合能源服务商的电、热等能源，并转化为电、热、冷等形式的负荷满足自身的生产用能需求，实现科学、合理用能。综合需求响应各主体之间的互动框架如图 3-3 所示。

从能量流来看，本书所研究综合需求响应策略注重能源供给和需求两个过程，将能量枢纽分为供给侧能量枢纽和需求侧能量枢纽，本章主要基于需求侧的能量枢纽，研究在综合需求响应激励机制下用户侧综合需求响应响应行为方式，包括负荷转换、负荷转移和负荷削减等形式。

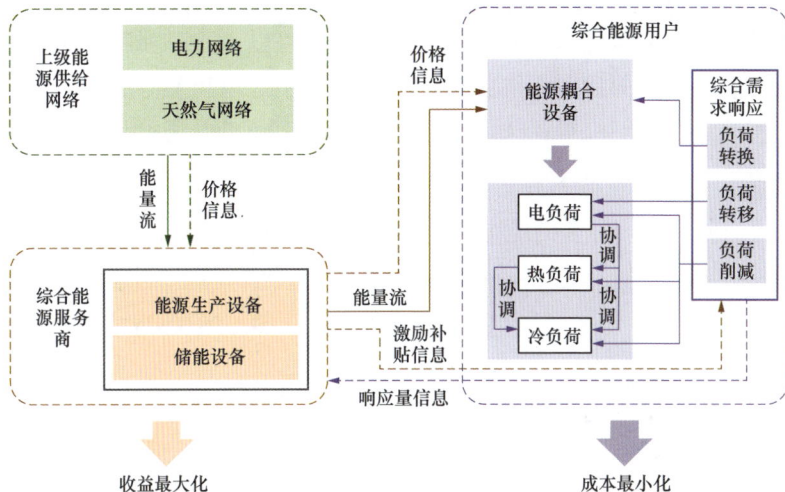

图 3-3 综合需求响应各主体之间的互动框架

在能源供给侧，综合能源服务商从电力和天然气等上级能源交易市场购买多种能源并通过能源生产设备和储能设备传输给用户，从中赚取收益。因此，综合能源服务商能够提供比电网、热网更为经济的价格策略，对于引导用户科学用能具有积极作用。同时，综合能源服务商也会承担价格波动、上级能源网络供能不足等引起的供需不平衡风险。在能源需求侧，用户利用电热泵、吸收式制冷机和电制冷机等能源耦合设备，基于能量梯级利用的原则，将供给侧输送的电能和热能转化为负荷，同时满足自身的电、热、冷等需求。

从能量流来看，能源供给侧的综合能源服务商结合能源价格信号和激励补贴等手段向用户发布综合需求响应指令，在日前阶段通过能量管理系统向用户传递能源价格和激励补贴价格以及预测的供电和供热曲线。用户根据自身负荷预测信息以及接收到的能源价格信息，首先优化热泵、电制冷机、吸收式制冷机等能源耦合设备的逐时出力，协调电、热、冷负荷的需求并转移部分用电需求。其次根据激励补贴信息削减电、热、冷负荷的需求，将用户的响应量上传至综合能源服务商，以减少自身的用能成本。由此可以看出，综合能源服务商主要是通过调整售能价格和激励补贴价格来实现能源供给平衡，用户主要是根据接收到的价格信息和激励信息调整自身的用能计划来实现能源供给平衡。因此，在综合需求响应激励机制的设计中，可以将综合能源服务商售能收益最大和用户用能成本最低等利益诉求作为激励目标。

3.2.2 激励信号

基于综合需求响应调节措施的分析可知，可以从分时能源市场价格和激励补贴价格两个方面设置不同的激励信号，以引导用户参与综合需求响应。图 3-4 表示，在不同综合需求响应激励信号下用户可以通过特定的行为方式参与不同类型的综合需求响应，从而实现目标。

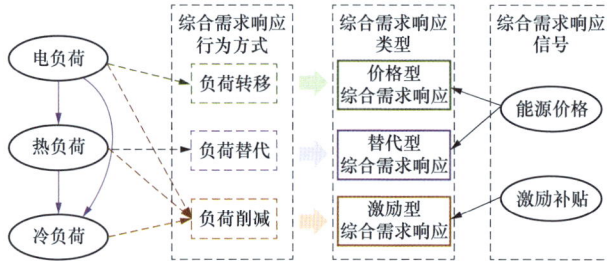

图 3-4　不同激励信号下的用户响应行为方式

3.2.2.1　能源价格信号

能源价格是非常直接有效的激励信号，通过零售能源价格的变化，让用户主动改变能源消费行为，包括分时能源价格、实时能源价格和尖峰能源价格等。在时段划分方面，一般按高峰、平段、低谷三个时段执行。在能源供给缺口较大的时候，在高峰时段基础上进一步划分尖峰时段。通过实施分时能源价格措施，一方面用户能够根据能源价格和消费需求调整用能方式，将高峰时期的用能需求移至低谷时段或平时段；另一方面用户可以通过配置能源耦合设备，响应不同时段的能源价格，改变不同时段的能源消费量。

在本书所设置的价格激励机制中，综合能源服务商会根据上级电网和天然气网络提供的能源批发价格的高低，基于自身利益最大化的原则，通过与用户之间的博弈行为，制定并向用户公布各个时段的分时能源价格，并确保价格在一定时间内保持稳定。用户在这种机制下可以自由选择是否转移部分高峰时刻的能源需求至低谷时段，或者通过能源耦合设备增加低价格能源的消费量，将低价格的能源转化为高价格的能源，从而减少高价格的能源消费量。

3.2.2.2　激励补贴信号

除了通过分时能源价格信号，还可以通过与用户签订直接合约的方式，为参与综合需求响应的用户提供激励补贴，从而诱导用户参与系统所需的负荷削减或者中断项目。用户可以通过中断负荷或直接负荷控制的形式来响应系统的负荷削减或中断需求。比如在用电高峰需要削减负荷时，用户通过调整或者削减用电降低负荷，或者通过调整各类耦合设备的出力，获得电费折扣或者直接得到激励补贴奖金。相当于系统为了让用户降低某段时间的负荷，通过综合能源运营商与用户之间的博弈互动行为获得最优的综合需求响应补偿标准，事后用户根据此标准结算需求响应收益。

综上所述，本章研究的售电价格和售热价格等能源价格信号对应的是可转移负荷和可转换负荷的响应行为方式，售能价格的高低主要影响用户负荷的转出和转入量，以及通过能源耦合设备来实现不同能源之间的耦合、转换与替代。相应地，本章研究的激励补贴价格信号对应的是可削减负荷响应行为，补贴价格的高低主要影响用户各类负荷削减的量。

3.2.3　激励流程

（1）综合能源服务商发布初始的综合需求响应计划和激励价格。综合能源服务商通过信息层的智慧能量管理系统分别从上级电网和天然气网获取各时段的批发电力价格和天然气价格、用户原始用电量、用热量和用冷量等数据，同时向用户下发电、热需求响应量以及初始激励价格和售电、售热价格。

（2）用户反馈综合需求响应执行计划。用户通过智慧能量管理系统获取初始激励补贴价格和用电、用热分时价格之后，考虑自身的用能习惯、用能计划、最大可以调整的负荷量以及对当前激励补贴价格和能源价格的接受程度，决定是否参与此次综合需求响应，若确认参与，则将各时段新的用能负荷计划或可以调整的负荷量反馈给综合能源服务商。

（3）确定最优的能源价格和激励补贴价格。通过综合能源服务商和用户供需双方之间根据自身的优化目标不停地迭代和交互反馈各时段用能量、综合需求响应量、综合能源服务商各时段能源价格和激励补贴等信息，确定各时段最优分时售能价格、激励补贴价格，以及用户的最优用能计划和响应计划。上述信息再次通过智慧能量管理系统下发给用户，用户此时可以根据最新的激励补贴价格和能源价格进行最后的用能计划调整。

（4）综合需求响应效果评估和收益结算。在综合需求响应执行阶段，综合能源服务商实时监控整个系统的能源消耗和负荷情况，评估需求响应措施的实际效果，并根据用户在各个时段的实际用能情况，按照优化后的分时能源价格收取用能费用。对于用户在各个时段响应综合能源服务商发布的综合需求响应计划，综合能源服务商按照优化后的激励补贴价格向用户给予补贴。最终，用户在付出用能成本的同时也获得相应的补贴收益，综合能源服务商在付出成本的同时也保障了自身售能收益的最大化以及用户的用能需求。

综合能源服务商的综合需求响应激励流程如图 3-5 所示。

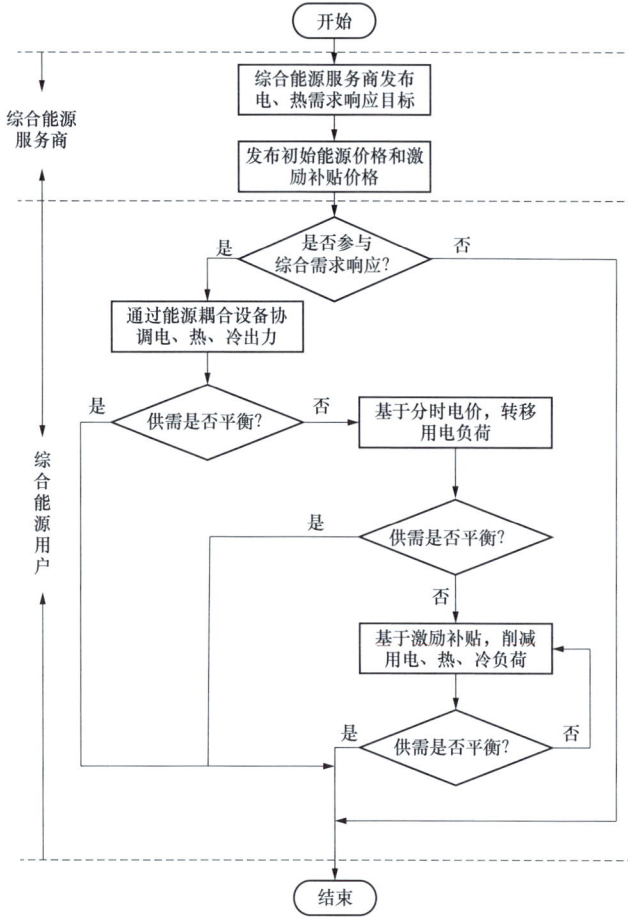

图 3-5　综合能源服务商的综合需求响应激励流程

3.3　综合需求响应激励策略博弈优化模型

3.3.1　需求侧耦合特性分析

需求侧的能量枢纽是多种形式的能源和负荷密切耦合的复杂系统，由安装在用户侧的热泵、电制冷机和吸收式制冷机等能源耦合设备组成。异质负荷的耦合特性一定程度上影响着用户的用能经济性，表现为需求侧用户根据综合能源服务商提供的优化能源价格，从综合能源服务商处购买电能、热能资源，利用自身能量耦合设备优化电、热和冷等不同形式能源的负荷需求，实现能源的梯级利用。同时，当通过优化能源耦合设备的出力仍不能满足部分供能缺口时，需求侧用户倾向于响应综合能源服务商发布的售能价格和激励补贴价格信号，通过负荷削减和转移等形式填补缺额。值得说明的是，本书所研究的用户用电需求受售电价格变化的影响较大且易于调整用电计划，而用热和用冷需求受能源价格的影响较小且不易调整生产计划，因此，仅电力负荷参与可转移和可削减形式的响应，热负荷和冷负荷仅参与可削减形式的响应，电、热、冷负荷均可以通过需求侧的能量枢纽参与可转换形式的响应。图 3-6 为用户侧能量枢纽耦合示意图。

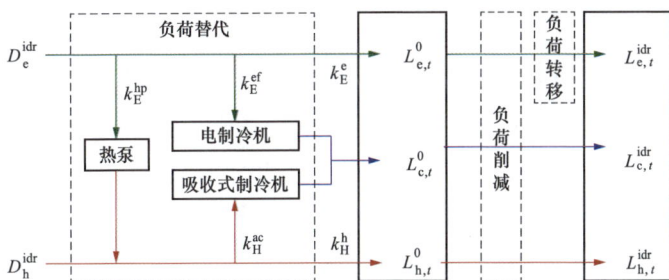

图 3-6 用户侧能量枢纽耦合示意图

根据能量枢纽基本模型和综合需求响应架构分析，可以建立用户侧的能量枢纽矩阵模型，如式（3-11）～式（3-13）所示。

$$L = CD + \Delta L \tag{3-11}$$

$$\begin{bmatrix} L_{e,t}^{idr} \\ L_{h,t}^{idr} \\ L_{c,t}^{idr} \end{bmatrix} = \begin{bmatrix} k_E^e & 0 \\ k_E^{hp}\eta_h^{hp} & k_H^h \\ k_E^{ef}\eta_c^{ef} & k_H^{ac}\eta_c^{ac} \end{bmatrix} \begin{bmatrix} D_{e,t}^{idr} \\ D_{h,t}^{idr} \end{bmatrix} - \begin{bmatrix} L_{e,t}^{il} - L_{e,t}^{sl,in} + L_{e,t}^{sl,out} \\ L_{h,t}^{il} \\ L_{c,t}^{il} \end{bmatrix} \tag{3-12}$$

$$\begin{cases} k_E^e + k_E^{hp} + k_E^{ef} = 1 \\ k_H^h + k_H^{ac} = 1 \end{cases} \tag{3-13}$$

式中：$L_{e,t}^{idr}$、$L_{h,t}^{idr}$ 和 $L_{c,t}^{idr}$ 分别为 t 时刻用户参与综合需求响应之后的电负荷、热负荷和冷负荷；$D_{e,t}^{idr}$ 和 $D_{h,t}^{idr}$ 分别为 t 时刻实施综合需求响应之后用户的用电需求和用热需求；$L_{e,t}^{sl,in}$、$L_{e,t}^{sl,out}$ 分别为 t 时刻的电负荷转入量和转出量；$L_{e,t}^{il}$、$L_{h,t}^{il}$、$L_{c,t}^{il}$ 分别为 t 时刻用户的可削减电负荷、可削减热负荷和可削减冷负荷；k_E^e、k_E^{hp}、k_E^{ef} 分别为用户直接电能需求、热泵和电制冷机在总用电需求 $D_{e,t}^{idr}$ 中的分配系数；k_H^h、k_H^{ac} 分别为用户直接热能需求和吸收式制冷机在总用热需求 $D_{h,t}^{idr}$ 中的分配系数。

3.3.2 模型总体框架设计

由于综合能源服务商在制定综合需求响应激励策略时会产生额外成本，有可能会使本身的售能收益减少，且综合能源服务商对损失的感受通常比对等额收益的感受更为敏感。因此，本书依据上述激励机制和用户侧能量枢纽的需求侧耦合特性，提出了基于累积前景理论的综合能源服务商激励策略主从博弈双层优化模型框架。综合能源服务商的激励策略优化过程包含定价决策和定量决策两个阶段，二者在先后次序上相互影响，循环迭代直至达到均衡，具体框架如图 3-7 所示。

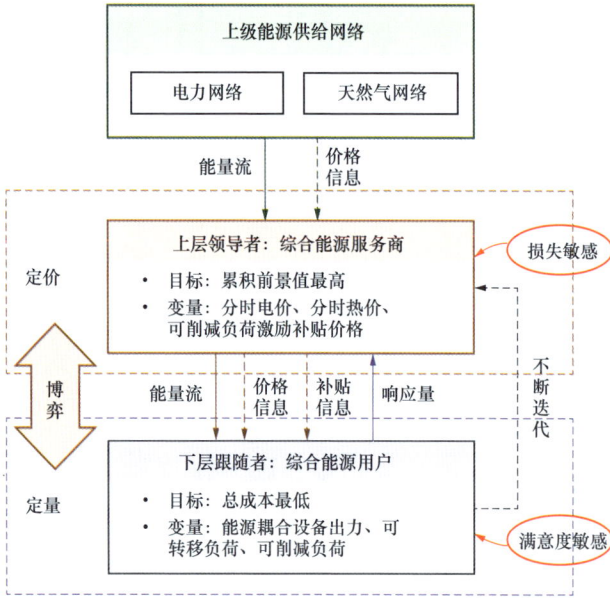

图 3-7　综合需求响应激励策略优化模型框架图

（1）定价阶段。累积前景理论（Cumulative Prospect Theory，CPT）认为，决策者在面对风险和不确定性时的决策行为普遍存在"低估大概率事件"和"看重小概率事件"的情况，对损失的规避程度往往大于相同收益的偏好程度。这一理论为综合能源服务商实施综合需求响应时追求高收益、规避高风险提供了合理的解释，使得综合能源服务商制定的激励策略更加符合实际情况。

因此，上层综合能源服务商根据上级电网和天然气供应商的供需关系和价格信息，考虑对收益和损失的风险偏好，以自身的累积前景值最大化为优化目标，制定针对下层用户的售电价格、售热价格，以及电、热、冷负荷削减激励补贴价格，完成目标的同时使得自身的综合需求响应实施成本最低。该阶段综合能源服务商利用综合需求响应激励策略，制定售能价格和激励用户削减用能负荷的补贴价格，利用 Stackelberg 博弈模拟用户与综合能源服务商共同决策售能价格和激励补贴的过程，实现用户对综合能源服务商的制约。

（2）定量阶段。下层用户考虑自身的用能满意度，以用能成本最低为优化目标，分别根据上层传达的价格信息和供需缺口信息，基于需求侧能量枢纽，确定耦合设备的最优出力以及负荷削减和负荷转移计划，并传达给上层综合能源服务商。综合能源服务商根据用户上传的信息，以最大化自身累积前景值为原则，向用户公布重新制定的售能价格和激励价格，接受用户监督。由此可知，下层的最优决策是上层决策变量的函数，上层和下层通过定量和定价两阶段的决策不断迭代更新优化结果直至达到博弈均衡，各主体都实现利益最大化为止。

3.3.3 激励策略主从博弈双层优化模型

3.3.3.1 上层领导者：综合能源服务商模型

（1）目标函数。

1）综合能源服务商实施综合需求响应之后的收益函数。综合能源服务商作为领导者，从上级电力市场和天然气市场购买能源，并通过自身的设备转化为用户可用的资源传输给用户，此时由于上级能源市场供给紧张导致能源购买价格过高和自身设备容量限制，通过向用户传达能源市场价格和激励补贴价格来完成电、热需求响应目标。实施综合需求响应之后的售能收益由能源销售收益和激励补贴成本两部分构成。综合能源服务商收益如式（3-14）所示：

$$R_{\text{IESP}} = R_{\text{e}}^{\text{iesp}} - C_{\text{il}}^{\text{iesp}} \qquad (3\text{-}14)$$

式中：R_{IESP} 为综合能源服务商实施综合需求响应之后的总收益；$R_{\text{e}}^{\text{iesp}}$ 为综合能源服务商实施综合需求响应之后的能源销售收益；$C_{\text{il}}^{\text{iesp}}$ 为综合能源服务商向用户发放的激励补贴成本。

①能源销售收益。实施综合需求响应之后的售能收益为用电、用热需求与售电价格和售热价格的乘积，具体如式（3-15）所示：

$$R_{\text{e}}^{\text{iesp}} = \sum_{t=1}^{T}(P_{\text{e},t}^{\text{sale}} D_{\text{e},t}^{\text{idr}} + P_{\text{h},t}^{\text{sale}} D_{\text{h},t}^{\text{idr}}) \qquad (3\text{-}15)$$

式中：T 为实施综合需求响应的总时长；$P_{e,t}^{sale}$ 和 $P_{h,t}^{sale}$ 分别为 t 时刻综合能源服务商向用户发布的电价和热价。

②激励补贴成本。激励补贴成本为用户实际削减的负荷量与激励补贴价格的乘积，具体如式（3-16）所示：

$$C_{il}^{iesp} = \sum_{t=1}^{T} (P_{e,t}^{il} L_{e,t}^{il} + P_{h,t}^{il} L_{h,t}^{il} + P_{c,t}^{il} L_{c,t}^{il}) \tag{3-16}$$

式中：$P_{e,t}^{il}$、$P_{h,t}^{il}$ 和 $P_{c,t}^{il}$ 分别为 t 时刻综合能源服务商下发给用户的电负荷、热负荷和冷负荷削减激励价格，本书所设置的激励价格为阶梯型。

2）综合能源服务商实施综合需求响应收益的价值函数。设定综合能源服务商的预期收益为 R_{IESP}^0，根据式（3-14）计算得到实际收益 R_{IESP}，收益偏差 ΔR 如式（3-17）所示：

$$\Delta R = R_{IESP} - R_{IESP}^0 \tag{3-17}$$

在设定的预期收益下，通过式（3-17）可衡量不同综合需求响应激励策略下综合能源服务商的收益与损失。

根据收益偏差 ΔR，建立综合能源服务商对综合需求响应激励策略方案感知的价值函数。$\Delta R \geqslant 0$ 时，综合能源服务商感知收益的价值函数 $v(\Delta R)^+$ 如式（3-18）所示；$\Delta R < 0$ 时，综合能源服务商感知损失的价值函数 $v(\Delta R)^-$ 如式（3-19）所示。即

$$v(\Delta R)^+ = \int_{R_0}^{R_{max}} (R_{IESP} - R_{IESP}^0)^\alpha f(R_{IESP}) dR_{IESP} \tag{3-18}$$

$$v(\Delta R)^- = \int_{R_{min}}^{R_0} -\lambda (R_{IESP}^0 - R_{IESP})^\beta f(R_{IESP}) dR_{IESP} \tag{3-19}$$

式中：R_{max} 和 R_{min} 分别为实际收益的上下限，根据正态分布函数规则，由综合能源服务商历史实际收益 R_{IESP} 的均值 μ_{IESP} 和方差 σ_{IESP} 组成；$f(R_{IESP})$ 为实际收益 R_{IESP} 的概率密度函数，为正态分布函数。

3）综合能源服务商实施综合需求响应收益的概率权重函数。在设定的预期收益 R_{IESP}^0 下，当综合能源服务商感知收益与损失时，不同场景下实现预期收益的概率如式（3-20）所示：

$$g = \begin{cases} F(R_{max}) - F(R_{IESP}^0) \\ F(R_{IESP}^0) - F(R_{min}) \end{cases} \tag{3-20}$$

式中：g 为综合能源服务商实现预期收益的概率；F 为收益所服从分布的积累分布函数；$F(R_{max})$ 为获得收益的积累分布函数；$F(R_{IESP}^0)$ 为预期利润值的积累分布函数；$F(R_{min})$ 为损失的积累分布函数。

为描述综合能源服务商对收益和损失的看重程度，构建概率权重函数，如式（3-21）、式（3-22）所示：

$$w(g)^+ = \frac{[F(R_{\max}) - F(R_{\mathrm{IESP}}^0)]^\gamma}{\{[F(R_{\max}) - F(R_{\mathrm{IESP}}^0)]^\gamma + [1 - F(R_{\max}) + F(R_{\mathrm{IESP}}^0)]^\gamma\}^{\frac{1}{\gamma}}} \quad (3\text{-}21)$$

$$w(g)^- = \frac{[F(R_{\mathrm{IESP}}^0) - F(R_{\min})]^\delta}{\{[F(R_{\mathrm{IESP}}^0) - F(R_{\min})]^\delta + [1 - F(R_{\mathrm{IESP}}^0) + F(R_{\min})]^\delta\}^{\frac{1}{\delta}}} \quad (3\text{-}22)$$

式中：$w(g)^+$ 和 $w(g)^-$ 分别为综合能源服务商感知收益和损失的概率权重函数。

4）基于 CPT 的综合能源服务商目标函数。根据价值函数与概率权重函数，建立综合能源服务商前景理论模型，求解每个决策方案的综合效用前景值。则综合能源服务商决策目标函数如式（3-23）所示：

$$\max V_i^{\mathrm{IESP}} = v(\Delta R_i)^+ w(g_i)^+ + v(\Delta R_i)^- w(g_i)^- \quad (3\text{-}23)$$

式中：V_i^{IESP} 为综合能源服务商在第 i 种综合需求响应激励策略下的最优综合前景效用值；$v(\Delta R_i)^+$ 和 $v(\Delta R_i)^-$ 为综合能源服务商在第 i 种综合需求响应激励策略下的价值函数；$w(g_i)^+$ 和 $w(g_i)^-$ 为综合能源服务商在第 i 种综合需求响应激励策略下的概率权重函数。

（2）约束条件。

1）能源价格约束。为防止用户直接与能源供应商进行交易，确保综合能源服务商在能源市场的竞争力，维护其定价权，加强其市场地位，需保证用户从综合能源服务商购买能源的平均价格不高于用户直接从能源供应商处购买能源的平均价格。因此，能源价格约束设置如式（3-24）和式（3-25）所示：

$$0 \leqslant \frac{\sum_{t=1}^{T} P_{\mathrm{e},t}^{\mathrm{sale}}}{T} \leqslant \frac{\sum_{t=1}^{T} P_{\mathrm{e},t}^{\mathrm{grid}}}{T} \quad (3\text{-}24)$$

$$0 \leqslant \frac{\sum_{t=1}^{T} P_{\mathrm{h},t}^{\mathrm{sale}}}{T} \leqslant \frac{\sum_{t=1}^{T} P_{\mathrm{h},t}^{\mathrm{network}}}{T} \quad (3\text{-}25)$$

2）激励补贴价格约束。综合能源服务商下发给用户的激励价格要大于用户参与电网需求响应的最低激励价格，且小于从能源市场申报响应目标时获得的补贴价格。因此，激励补贴价格约束设置如式（3-26）所示：

$$\begin{cases} P_{\mathrm{e,min}}^{\mathrm{il}} \leqslant P_{\mathrm{e},t}^{\mathrm{il}} \leqslant P_{\mathrm{e,max}}^{\mathrm{il}} \\ P_{\mathrm{h,min}}^{\mathrm{il}} \leqslant P_{\mathrm{h},t}^{\mathrm{il}} \leqslant P_{\mathrm{h,max}}^{\mathrm{il}} \\ P_{\mathrm{c,min}}^{\mathrm{il}} \leqslant P_{\mathrm{c},t}^{\mathrm{il}} \leqslant P_{\mathrm{c,max}}^{\mathrm{il}} \end{cases} \quad (3\text{-}26)$$

3）能源供需平衡约束。综合能源服务商需要保证实施综合需求响应之后向用户输出的电、热能量满足用户通过负荷转换、负荷削减和负荷转移等形式参与响应之后的冷、热、电负荷需求。因此，能源供需平衡约束设置如式（3-27）～式（3-29）所示：

$$\begin{cases} D_{e,t}^0 - Q_{e,t}^{hp} - Q_{e,t}^{ef} = L_{e,t}^0 \\ D_{h,t}^0 + Q_{h,t}^{hp} - Q_{h,t}^{ac} = L_{h,t}^0 \\ L_{c,t}^0 = Q_{c,t}^{ef} + Q_{c,t}^{ac} \end{cases} \tag{3-27}$$

$$\begin{cases} D_{e,t}^{idr} - Q_{e,t}^{idr,hp} - Q_{e,t}^{idr,ef} = L_{e,t}^{idr} \\ D_{h,t}^{idr} + Q_{h,t}^{idr,hp} - Q_{h,t}^{idr,ac} = L_{h,t}^{idr} \\ L_{c,t}^{idr} = Q_{c,t}^{idr,ef} + Q_{c,t}^{idr,ac} \end{cases} \tag{3-28}$$

$$\begin{cases} L_{e,t}^{idr} = L_{e,t}^0 - L_{e,t}^{il} + L_{e,t}^{sl,in} - L_{e,t}^{sl,out} \\ L_{h,t}^{idr} = L_{h,t}^0 - L_{h,t}^{il} \\ L_{c,t}^{idr} = L_{c,t}^0 - L_{c,t}^{il} \end{cases} \tag{3-29}$$

式中：$D_{e,t}^0$ 和 $D_{h,t}^0$ 分别为 t 时刻提出实施综合需求响应计划之前对用户提供的用电需求和用热需求；$L_{e,t}^0$、$L_{h,t}^0$ 和 $L_{c,t}^0$ 分别为 t 时刻用户参与综合需求响应之前的电负荷、热负荷和冷负荷；$Q_{e,t}^{idr,hp}$、$Q_{e,t}^{idr,ef}$ 和 $Q_{h,t}^{idr,ac}$ 分别为 t 时刻实施综合需求响应之后热泵输入的电功率、电制冷机输入的电功率和吸收式制冷机输入的热功率；$Q_{c,t}^{idr,ef}$、$Q_{c,t}^{idr,ac}$ 分别为 t 时刻实施综合需求响应之后的电制冷机输出的冷功率和吸收式制冷机输出的冷功率。

3.3.3.2 下层跟随者：用户模型

（1）目标函数。当综合能源服务商确定总响应平衡功率、售能价格和激励补贴价格后，用户制定自身最佳用能策略和响应策略，在获得激励补贴的同时也会损失一定的用能满意度。以用户参与综合需求响应的满意度成本表示用能满意度，该值越低，表示用户满意度越高。因此，用户的响应目标为总成本最低，总成本由用能成本、参与综合需求响应的成本、满意度成本、用户侧能源耦合设备运维成本和补贴收益五个部分构成，其中补贴收益通过负的成本项来表示。用户成本如式（3-30）所示：

$$\min C_{IEU} = C_e^{ieu} + C_{idr}^{ieu} + C_s^{ieu} + C_{ope}^{ieu} - R_{il}^{ieu} \tag{3-30}$$

式中：C_e^{ieu} 表示参与综合需求响应之后的用能成本；C_{idr}^{ieu} 为用户因参与综合需求响应而调整用能计划产生的响应成本；C_s^{ieu} 表示用户的用能满意度；C_{ope}^{ieu}

为用户侧能源耦合设备运维成本；R_{il}^{ieu} 为用户参与综合需求响应而获得的激励补贴收益。

1）用能成本。用户的用能成本为用电、用热需求与售电价格和售热价格的乘积，该值越小表示用户的用能成本越少。具体如式（3-31）所示：

$$C_e^{ieu} = R_e^{iesp} = \sum_{t=1}^{T}(P_{e,t}^{sale}D_{e,t}^{idr} + P_{h,t}^{sale}D_{h,t}^{idr}) \qquad (3\text{-}31)$$

2）参与综合需求响应的响应成本。参与综合需求响应的响应成本指用户调整自身的用能行为和生产计划带来的损失，例如增加的运营、设备维护、专业人员等方面的成本。只有在综合需求响应激励策略的设置过程中充分考虑用户参与综合需求响应的响应成本和满意度成本，才能更准确地得到真正可被综合能源服务商使用的包含可转换负荷、可削减负荷和可转移负荷的综合需求响应资源。具体如式（3-32）所示：

$$C_{idr}^{ieu} = \sum_{t=1}^{T}\begin{pmatrix} a(L_{e,t}^{il} - L_{e,t}^{0} + L_{h,t}^{il} - L_{h,t}^{0} + L_{c,t}^{il} - L_{c,t}^{0})^2 + \\ b\left|L_{e,t}^{il} - L_{e,t}^{0} + L_{h,t}^{il} - L_{h,t}^{0} + L_{c,t}^{il} - L_{c,t}^{0}\right| \end{pmatrix} \qquad (3\text{-}32)$$

式中：a 和 b 均为该用户参与综合需求响应的成本系数。

3）参与综合需求响应的满意度成本。不同于传统电力需求响应只考虑单一能源负荷的转移与削减，综合需求响应利用需求侧能源耦合特性，在增加用户响应行为方式的同时，也减少了用户对响应意愿低和响应能力差的能源的响应，以此来降低响应成本和用户不满意度，实现综合能源服务商和用户的双赢。用户的不满意度折算为成本进行衡量，简称"满意度成本"，用一个二次函数表示。满意度成本是衡量用户参与综合需求响应积极性的重要指标，当响应之后的负荷越接近原始负荷时，用户的满意度成本 C_s^{ieu} 越小，满意度越高。具体如式（3-33）所示：

$$C_s^{ieu} = \sum_{t=1}^{T}\left[c_1\left(\frac{L_{e,t}^{0} - L_{e,t}^{il} + L_{e,t}^{sl,in} - L_{e,t}^{sl,out}}{L_{e,t}^{0}}\right)^2 + c_1 L_{e,t}^{il} \right]$$

$$+ \sum_{t=1}^{T}\left[c_2\left(\frac{L_{h,t}^{0} - L_{h,t}^{il}}{L_{h,t}^{0}}\right)^2 + c_2 L_{h,t}^{il} \right] + \sum_{t=1}^{T}\left[c_3\left(\frac{L_{c,t}^{0} - L_{c,t}^{il}}{L_{c,t}^{0}}\right)^2 + c_3 L_{c,t}^{il} \right] \qquad (3\text{-}33)$$

式中：c_1、c_2 和 c_3 分别为电、热和冷负荷偏离偏好用电负荷惩罚系数。

4）用户侧能源耦合设备运维成本。用户侧能源耦合设备运维成本主要指调度周期内热泵、电制冷机、吸收式制冷机等设备的运营维护成本。具体如式（3-34）所示：

$$C_{\text{ope}}^{\text{ieu}} = \sum_{t=1}^{T} (c_{\text{hp}} Q_{\text{h},t}^{\text{hp}} + c_{\text{ef}} Q_{\text{c},t}^{\text{ef}} + c_{\text{ac}} Q_{\text{c},t}^{\text{ac}}) \tag{3-34}$$

式中：c_{hp}、c_{ef}、c_{ac} 分别为热泵、电制冷机、吸收式制冷机的单位功率运维成本；$Q_{\text{h},t}^{\text{hp}}$、$Q_{\text{c},t}^{\text{ef}}$ 和 $Q_{\text{c},t}^{\text{ac}}$ 分别为热泵、电制冷机和吸收式制冷机在 t 时刻的出力。

5）综合需求响应补贴收益。用户得到的综合需求响应补贴收益与综合能源服务商产生的综合需求响应补贴成本相同，主要指的是用户通过削减电、热、冷等负荷需求参与综合需求响应得到的补贴收益，具体计算方式参考公式（3-35）：

$$R_{\text{il}}^{\text{ieu}} = C_{\text{il}}^{\text{iesp}} \tag{3-35}$$

（2）约束条件。

1）需求侧能量枢纽设备约束。需求侧能量枢纽设备约束包括机组的出力和爬坡约束。具体如式（3-36）和式（3-37）所示：

$$\begin{cases} 0 \leqslant Q_{\text{h},t}^{\text{hp}} \leqslant Q_{\text{h,max}}^{\text{hp}} \\ 0 \leqslant Q_{\text{c},t}^{\text{ef}} \leqslant Q_{\text{c,max}}^{\text{ef}} \\ 0 \leqslant Q_{\text{c},t}^{\text{ac}} \leqslant Q_{\text{c,max}}^{\text{ac}} \end{cases} \tag{3-36}$$

$$\begin{cases} 0 \leqslant \left| Q_{\text{h},t+1}^{\text{hp}} - Q_{\text{h},t}^{\text{hp}} \right| \leqslant Q_{\text{h,max}}^{\text{hp,r}} \cdot \Delta t \\ 0 \leqslant \left| Q_{\text{c},t+1}^{\text{ef}} - Q_{\text{c},t}^{\text{ef}} \right| \leqslant Q_{\text{c,max}}^{\text{ef,r}} \cdot \Delta t \\ 0 \leqslant \left| Q_{\text{c},t+1}^{\text{ac}} - Q_{\text{c},t}^{\text{ac}} \right| \leqslant Q_{\text{c,max}}^{\text{ac,r}} \cdot \Delta t \end{cases} \tag{3-37}$$

式中：$Q_{\text{h,max}}^{\text{hp}}$、$Q_{\text{c,max}}^{\text{ef}}$ 和 $Q_{\text{c,max}}^{\text{ac}}$ 分别为热泵、电制冷机和吸收式制冷机的最大出力；$Q_{\text{h,max}}^{\text{hp,r}}$、$Q_{\text{c,max}}^{\text{ef,r}}$ 和 $Q_{\text{c,max}}^{\text{ac,r}}$ 分别为热泵、电制冷机和吸收式制冷机的最大爬坡。

2）可削减负荷约束。用户可削减的负荷量要满足最大可削减负荷，保证用户削减负荷之后不会影响自身的生产计划。可削减负荷约束设置如式（3-38）所示：

$$\begin{cases} 0 \leqslant L_{\text{e},t}^{\text{il}} \leqslant L_{\text{e,max}}^{\text{il}} \\ 0 \leqslant L_{\text{h},t}^{\text{il}} \leqslant L_{\text{h,max}}^{\text{il}} \\ 0 \leqslant L_{\text{c},t}^{\text{il}} \leqslant L_{\text{c,max}}^{\text{il}} \end{cases} \tag{3-38}$$

式中：$L_{\text{e,max}}^{\text{il}}$、$L_{\text{h,max}}^{\text{il}}$ 和 $L_{\text{c,max}}^{\text{il}}$ 分别为用户最大可削减电负荷、热负荷和冷负荷。

3）可转移负荷约束。用户负荷转移量要满足其最大、最小值约束，且保证负荷增加量与削减量相等。也就是说，用户将高峰时段的负荷转移到低谷时段，但总体用电量保持不变。可削减负荷约束设置如式（3-39）所示：

$$\begin{cases} 0 \leqslant L_{e,t}^{sl,in} 、 L_{e,t}^{sl,out} \leqslant L_{e,max}^{sl} \\ \sum_{t=1}^{T} L_{e,t}^{sl,in} = \sum_{t=1}^{T} L_{e,t}^{sl,out} \\ L_{e,t}^{sl,in} \cdot L_{e,t}^{sl,out} = 0 \end{cases} \tag{3-39}$$

式中：$L_{e,max}^{sl}$ 为最大可转移电负荷。

4）供需平衡约束。供需平衡约束中也包含了可转换负荷量的约束，如式（3-27）～式（3-29）所示。

3.3.4 博弈模型求解流程

目前，主从博弈模型的求解方法主要包括解析法和迭代法。解析法一般先对下层随从方的优化问题进行求解，得到随从方最优策略的解析表达式；然后将其代入主导方的目标函数中，求出主导方的最优决策；进而求得随从方的最优决策。然而，本书所建立的主从博弈模型的优化变量较多、模型过于复杂，无法用单一的解析法得到均衡解，因此尝试通过迭代法和解析式法相结合的方法进行求解，既能保证求解速度，也能保证结果的准确性。

粒子群优化算法具有原理简单容易实现、收敛速度较快、需要调整的参数较少等特点，且有一定的记忆性和进化性，能完整保存迭代过程中所有粒子的局部最优解和全局最优解，可以根据算子更新个体历史最优和群体最优。对于本书研究而言，对主从博弈模型的求解可以转换为对优化问题的求解，且粒子群算法能较好地模拟园区综合能源服务商和用户间的博弈互动过程，同时个体和群体的协同优化有助于快速找到博弈的均衡解。

因此，本书结合粒子群优化算法和解析式法，通过 MATLAB R2017b 平台下 YALMIP 工具箱中 CPLEX12.8 优化软件求解模型的最优解。对于领导者综合能源服务商，采用粒子群优化算法，以综合能源服务商成本最低为适应度函数，求解迭代过程中的最优综合需求响应补贴价格 $P_{e,t}^{il}$、$P_{h,t}^{il}$、$P_{c,t}^{il}$ 和最优售电价格 $P_{e,t}^{sale}$、售热价格 $P_{h,t}^{sale}$，又采用 CPLEX 求解最优综合需求响应目标曲线；对于跟随者用户，则结合综合需求响应补贴价格、售电价格和售热价格的值，求解负荷转换、负荷削减和负荷转移等综合需求响应策略，保证解的计算效率。与此同时，为增加粒子群算法跳出局部最优解的能力，增添自适应变异。模型求解流程如图 3-8 所示，具体步骤如下：

（1）首先设置种群规模、迭代次数、加速因子和初始权重因子，并随机初始化日前阶段综合需求响应补贴价格 $P_{e,t}^{il}$、$P_{h,t}^{il}$、$P_{c,t}^{il}$ 和售电价格 $p_{e,t}^{sale}$、售热价格 $P_{h,t}^{sale}$ 的值。

（2）建立跟随者优化模型，并调用跟随者优化程序，基于用户参与综合需求响应之后的总成本最小化的目标，通过 CPLEX 软件求解，确定初始的可转移负荷和削减负荷的值，并向上反馈给领导者综合能源服务商。

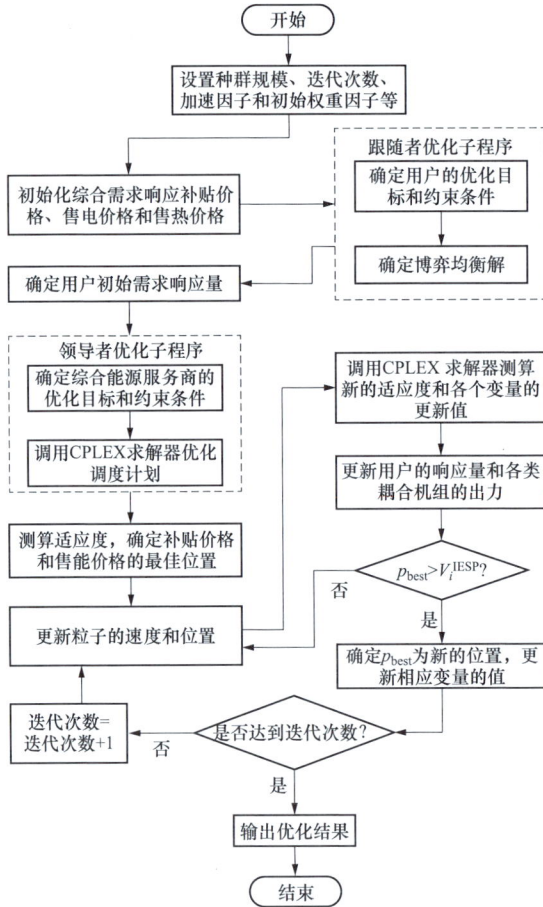

图 3-8　模型求解流程图

（3）建立领导者优化模型，基于初始化的 $P_{e,t}^{il}$、$P_{h,t}^{il}$、$P_{c,t}^{il}$、$p_{e,t}^{sale}$ 和 $P_{h,t}^{sale}$ 的值及用户反馈的综合需求响应策略值，通过 CPLEX 软件，以最大化综合能源服务商实施综合需求响应之后的累积前景值 V_i^{IESP} 为目标函数，优化各类机组出力。

（4）计算各粒子的适应度值，也就是综合能源服务商的累积前景值 V_i^{IESP}，并判断累积前景值是否达到最优,若没有,则继续更新粒子的速度和位置,从而得到更新的 $P_{\mathrm{e},t}^{\mathrm{il}}$、$P_{\mathrm{h},t}^{\mathrm{il}}$、$P_{\mathrm{c},t}^{\mathrm{il}}$、$p_{\mathrm{e},t}^{\mathrm{sale}}$ 和 $P_{\mathrm{h},t}^{\mathrm{sale}}$ 的值,并向下传导给跟随者用户,用户基于步骤 2)继续进行优化。

(5)判断迭代次数是否大于最大迭代次数,若没有达到,则重复步骤(2)~步骤(4)的迭代过程,直到最后满足条件输出各机组的最优出力,得出综合需求响应激励策略 $P_{\mathrm{e},t}^{\mathrm{il}}$、$P_{\mathrm{h},t}^{\mathrm{il}}$、$P_{\mathrm{c},t}^{\mathrm{il}}$、$p_{\mathrm{e},t}^{\mathrm{sale}}$ 和 $P_{\mathrm{h},t}^{\mathrm{sale}}$ 的最优值以及综合能源服务商的最优累积前景值和用户的最低成本。

3.4 综合需求响应激励策略案例分析

3.4.1 案例基础参数

本节算例选取华北某一典型工业园区的实际工程数据,以一天 24h 为调度周期、以 1h 为步长进行算例仿真。图 3-9 为日前用户电热冷负荷预测曲线,图 3-10 为日前综合能源服务商提出综合需求响应计划的供电、供热预测曲线,两条曲线的差值表示用户可能需要响应的目标值,表 3-2 为用户侧耦合设备的参数,表 3-3 为综合能源服务商设定的用电、用热时段的划分,表 3-4 为阶梯式可削减负荷激励补贴价格上限。假定该园区用户响应成本系数 $a=0.001$、$b=2$、$c_1=0.2$、$c_2=0.11$、$c_2=0.1$,单位为元/kWh,最大可转移负荷占比为该时刻负荷的 20%,最大可削减负荷的占比为该时刻负荷的 10%。

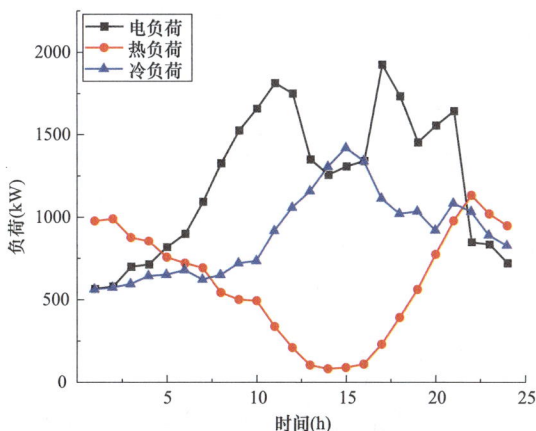

图 3-9 日前用户电热冷负荷预测曲线

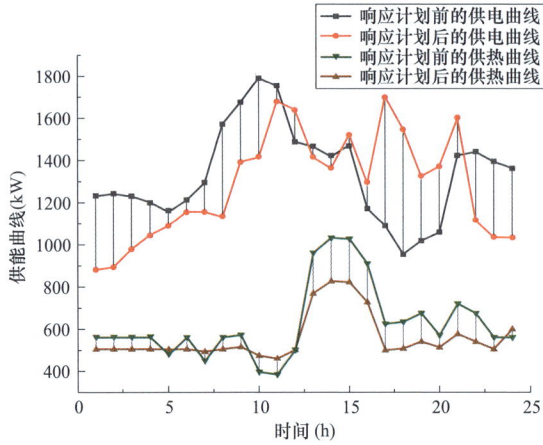

图 3-10　日前综合能源服务商供能预测曲线

表 3-2　　　　　　　　　　　　　　用户侧耦合设备的参数

设备	容量（kW）	能效	运维费用（元/kW）	爬坡速率（kW/h）
电制冷机	1000	4	0.3	200
热泵	1000	4.5	0.3	200
吸收式制冷机	1000	1.2	0.3	200

表 3-3　　　　　　　　　　　　　　时　段　划　分

设备	电网	热网
峰时段	8:00～11:00，16:00～20:00	20:00～次日 7:00
平时段	6:00～8:00，11:00～16:00，20:00～22:00	7:00～10:00，18:00～20:00
谷时段	22:00～次日 6:00	10:00～18:00

表 3-4　　　　　　　　　　　　阶梯式可削减负荷激励补贴价格上限

分段	电负荷（元/kWh）	热负荷（元/kWh）	冷负荷（元/kWh）
0%～5%	2	2	2
5%～10%	2～5	2～5	2～5

3.4.2　激励策略结果分析

通过综合能源服务商与用户之间的博弈，得到综合能源服务商的累计前景值，如图 3-11 所示，经过 118 次迭代后结果收敛，综合能源服务商的累计前景值为 31240.00 元，用户总成本为 36620.64 元，各类主体成本和收益构成如图 3-12 所示。可以看出，用户的用能成本和运维成本的占比较高，其次是通过调整用能计划参与综合需求响应而产生的响应成本和舒适度成本，而参与综合需求响应得到的收益比产生的响应成本和舒适度成本高，综合能源服务商的售能收益远大于实施综合需求响应对用户发放的激励补贴成本。因此，实施综合需求响应增加了用户的综合需求响应收益，减少了用户的总用能成本，也保障了综合能源服务商的售能收益。

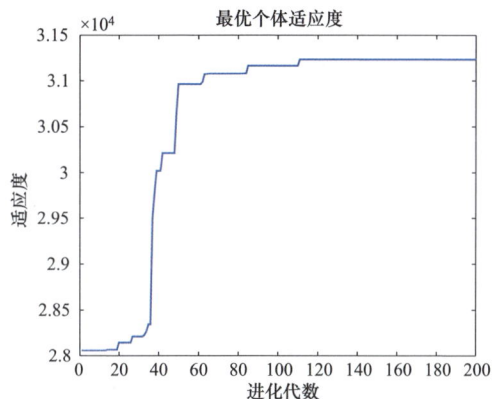

图 3-11　综合能源服务商累积前景值迭代结果

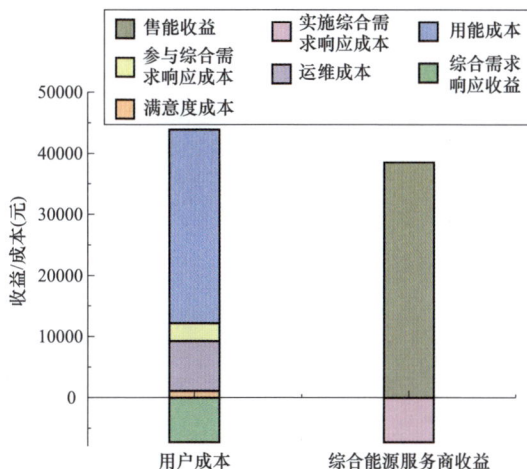

图 3-12　各类主体成本和收益构成

综合能源服务商的综合需求响应激励策略与用户的响应结果如图 3-13～图 3-15 所示，是在综合能源服务商的分时能源价格和激励补贴价格信号等综合需求响应激励机制下的用户响应结果。电、热、冷功率平衡结果如图 3-16～图 3-18 所示。

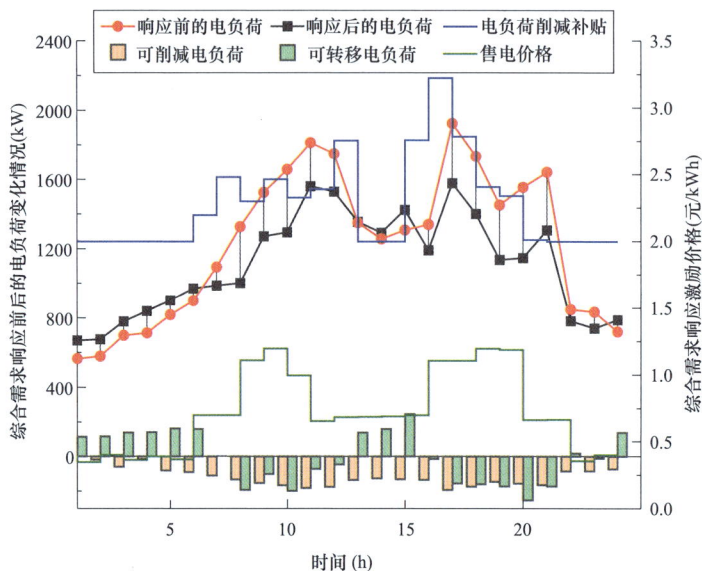

图 3-13　综合需求响应激励策略下的电负荷响应结果

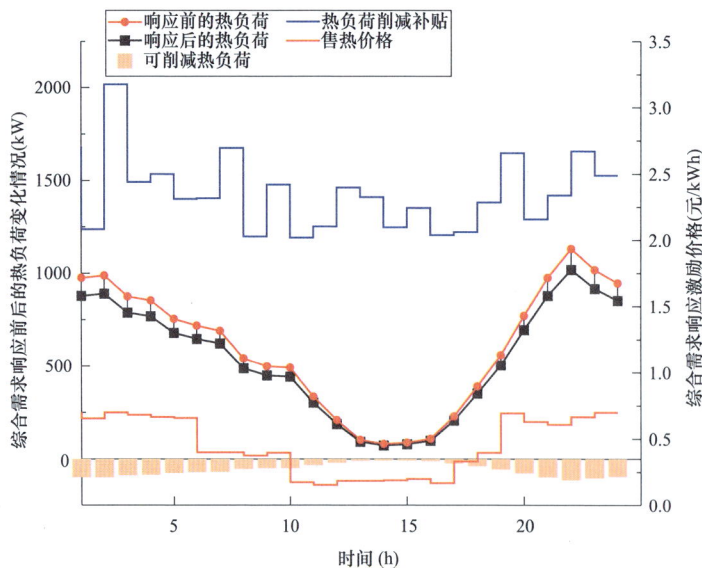

图 3-14　综合需求响应激励策略下的热负荷响应结果

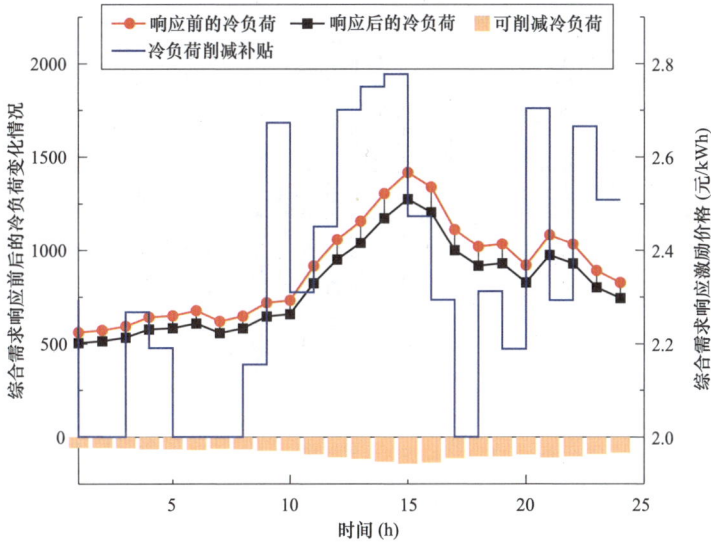

图 3-15　综合需求响应激励策略下的冷负荷响应结果

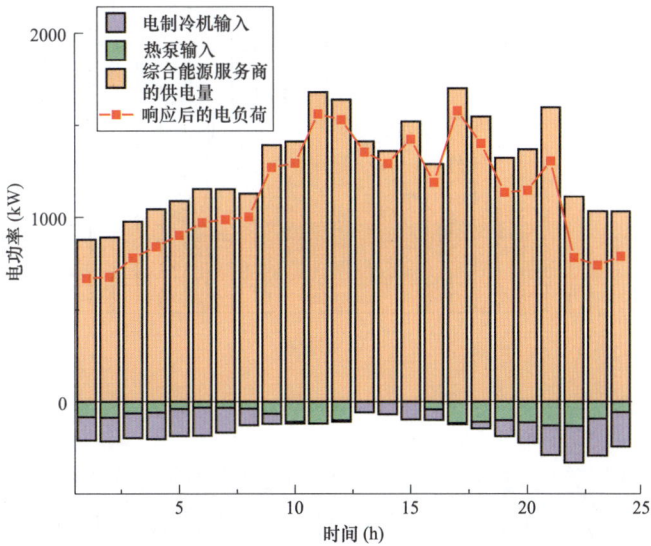

图 3-16　综合需求响应激励策略下的电功率平衡结果

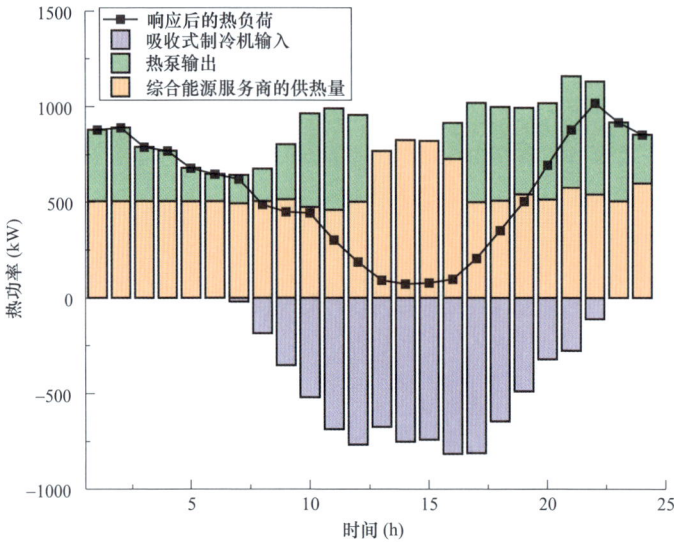

图 3-17　综合需求响应激励策略下的热功率平衡结果

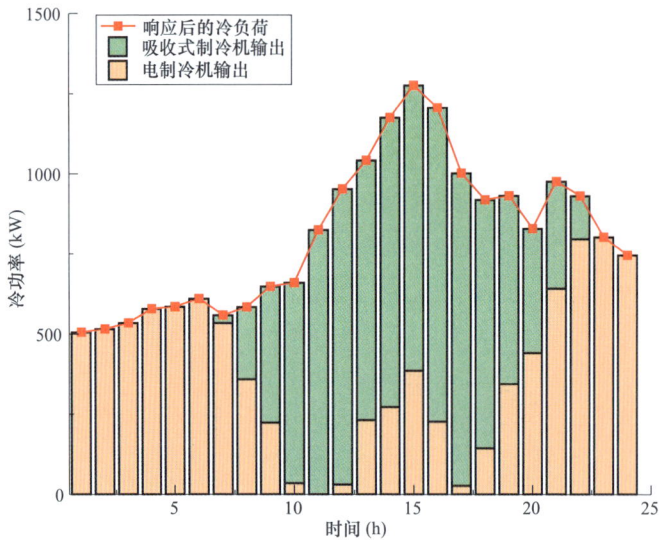

图 3-18　综合需求响应激励策略下的冷功率平衡结果

　　从图 3-13 可以看出，综合能源服务商发布的售电价格与激励补贴价格的趋势一致，且响应后的电负荷曲线与响应前的负荷曲线相比更加平稳。在时段 1:00～6:00、23:00～24:00，用电负荷处于低谷水平，此时综合能源服务商的售电价格和可削减负荷的激励补贴价格均为较低水平，售电价格和激励补贴均价分别为 0.38、2 元/kWh，且用户此时通过负荷转移的形式增加了部分用电负荷，并削减了非必要的用电负荷，但削减的量较少，用户的整体用电负荷呈增长的态式。因此，在此时段，用户不仅利用了较低的电价增加了用电负荷完成了生产计划，并通过削减小部分非必要负荷获得了一定的可削减负荷激励补贴,在减少用能成本的同时获得部分综合需求响应激励补贴收益。在时段 7:00～8:00、12:00～16:00 和 21:00～22:00，综合能源服务商的售电价格和激励补贴均价分别为 0.68、2.29 元/kWh，用户的用电负荷处于平稳水平，但可削减负荷补贴价格和可削减负荷量均处于较高水平，可转移负荷主要是以负荷的转入为主，用户的整体用电负荷呈现减少的状态。结合图 3-16 和图 3-17 来看，在上述阶段，用户的用热和用冷负荷处于较高水平，因此为了满足此阶段的用热和用冷需求，用户只能持续削减用电负荷。在 9:00～11:00 和 17:00～20:00 两个用电高峰阶段，综合能源服务商的售电价格和激励补贴均价分别为 1.13、2.55 元/kWh，用电负荷的削减量处于最高水平，转出的负荷量占最高负荷的比例达到了 16%左右。结合图 3-17 和图 3-18 来看，热泵和电制冷机的用电量也显著减少，由此可知，高水平的电价和激励补贴价格起到了引导用户减少用电负荷的作用，此时用户的综合需求响应策略以用电负荷的削减和转出以及减少电转热、电转冷等负荷转换量等形式为主。

从图 3-14 可以看出，热负荷与电负荷的峰谷平时段的划分正好相反，响应后的热负荷与响应前相比显著减少。在时段 1:00～6:00、20:00～24:00，用热负荷处于较高水平，此时综合能源服务商的售热价格和可削减负荷的激励补贴均价分别为 0.67、2.5 元/kWh 左右，可削减热负荷的量占原始用热负荷的 10%左右。由此可知，激励补贴价格越高，可削减热负荷量也越高。同时，由图 3-17 可知，此阶段的吸收式制冷机输入量几乎为 0，冷负荷主要由电制冷机进行供应，从而保证了用热负荷的正常供应。相对来说，时段 7:00～10:00、18:00～19:00 为用热平时段，此时综合能源服务商的售热价格和可削减负荷的激励补贴均价分别为 0.38、2.3 元/kWh 左右，但此阶段的可削减热负荷量仍为原始热负荷的 10%左右。结合图 3-16～图 3-18 可知，产生上述情况的原因在于，在此阶段综合能源服务商供热量也相对少的情况下，用户的用电负荷和用冷负荷均处于较高水平，因此热泵无法通过消耗更多的电功率来输出热功率，且部分供热负荷需要通过吸收式制冷机转化为冷功率去满足用户的部分用冷负荷需求。时段 11:00～17:00 为用热低谷阶段，此时综合能源服务商的售热价格和可削减负荷的激励补贴均价分别为 0.18、2.18 元/kWh 左右，此阶段的可削减热负荷量仍为原始热负荷的 10%左右。原因在于，此阶段的冷负荷几乎全部由吸收式制冷机进行供应，且由热泵输出的热负荷严重不足，从而导致综合能源服务商的供热量不仅需要满足用户原本的用热负荷，还需要满足冷负荷的供应。因此，为了满足用户的冷热电负荷的全部需求，热负荷仍需要进行削减部分非必要的负荷，以保证能源的供需平衡。

从图 3-15 可以看出，用户的用冷负荷完全由用户通过电制冷机和吸收式制冷机等能源耦合设备自行供应，无需从外部购买，且该用户的冷负荷总量和大部分时段的冷负荷需求均比热负荷高，此时用户仅需要响应综合能源服务商的可削减冷负荷补贴减少相应时段的负荷。综合能源服务商的可削减冷负荷激励补贴均价为 2.33 元/kWh 左右，且用户在各个时刻的冷负荷削减量均达到了原始负荷的10%左右。由此可知，在较高的补贴激励下，用户能够积极响应综合需求响应指令削减部分非必要的冷负荷。结合图 3-16～图 3-18可以看出，在时段 1:00～6:00 和 23:00～24:00，由于用户的用热负荷需求较高且用电负荷需求较低，此阶段的用冷需求完全由电制冷机供应，吸收式制冷机出力为 0。在时段 7:00～22:00，用户的用冷需求通过吸收式制冷机和电制冷机两个设备共同供应，其中 10:00～19:00 时段的用冷负荷主要由吸收式制冷机供应，电制冷机出力较少，以减少用户电负荷供应压力。综上，通过各类耦合设备实现电、热、冷三种能源之间的转换协调，可使得用户经济合理地利用能源。

3.4.3 情景对比分析

3.4.3.1 情景设置

为验证本章所建激励策略优化模型的有效性，根据综合需求响应激励信号的不同，分别设定如下四种情景，证明本书所提出的综合需求响应激励策略下的综合能源服务商收益和用户成本均为最优，见表 3-5。

表 3-5 不同情景的设置

情景类别	情景描述	分时价格	激励补贴
情景 1	无激励机制	×	×
情景 2	激励型激励机制	×	√
情景 3	价格型激励机制	√	×
情景 4	综合激励机制	√	√

情景 1：固定售电、售热价格，无激励补贴。该情景为未设置激励机制

的基础场景，假设综合能源服务商的固定售电价格为 0.5 元/kWh，固定售热价格为 0.3 元/kWh。

情景 2：固定售电、售热价格，有激励补贴。该情景下综合能源服务商仅设置了激励补贴形式的激励机制，假设综合能源服务商的售电价格为 0.5 元/kWh，售热价格为 0.3 元/kWh，激励补贴价格为 2 元/kWh。

情景 3：分时售电、售热价格，无激励补贴。该情景下综合能源服务商仅设置了分时能源价格形式的激励机制，假设高峰电价为 1.2 元/kWh，平时段电价为 0.7 元/kWh，谷时段电价为 0.4 元/kWh，高峰热价为 0.7 元/kWh，平时段热价为 0.3 元/kWh，低谷时段热价为 0.2 元/kWh。

情景 4：分时售电、售热价格，有激励补贴。该情景是本章所提模型，即同时设置包含分时能源价格和激励补贴的综合需求响应综合激励机制。分时能源价格和激励补贴价格的值是充分考虑了综合能源服务商和用户双方主体的利益诉求之后，通过综合能源服务商与用户之间的博弈互动得到的最优值。

3.4.3.2 结果讨论

对上述四种场景下的综合能源服务商的日运行总收益、用户的日用能总成本变化量进行对比分析，结果见表 3-6，综合能源服务商发布的综合需求响应目标完成情况如图 3-19 和图 3-20 所示。

表 3-6　　　　　　　　　不同情景下的各主体成本与收益变化

情景类别	用户成本（元）	综合能源服务商收益（元）	响应目标完成情况	用户响应行为方式
情景 1	36941	30448	否	可转换负荷
情景 2	34608	14226	否	可削减负荷、可转换负荷
情景 3	48565	31300	是	可削减负荷、可转移负荷、可转换负荷
情景 4	34221	32240	是	可削减负荷、可转换负荷、可转移负荷

结合表 3-6、图 3-19 和图 3-20 可知，用户无法在情景 1 和情景 2 下所下发的激励机制下通过现有的能源耦合设备完成综合能源服务商下达的综合需求响应目标。也就是说，综合能源服务商在日前阶段受到上级能源网络和自身设备的容量限制提供了供电和供热曲线的情况下，用户无法仅通过可转换负荷和可削减负荷的响应行为方式完成指定的响应目标，仍需向综合能源服务商购买多余的能源才能保障自身的能源供给。而与情景 1 相比，情景 2 下的购电量和购热量显著减少，原因在于情景 2 下综合能源服务商向用户下达了激

105

励补贴信号，因此用户主动削减了部分的用电、用热和用冷负荷，但仍未能完成响应目标。由此可知，综合能源服务商通过固定的电价和热价无法激励用户转移自身的用电负荷，激励补贴的设置能够起到了激励用户削减用能负荷的作用，但仅通过单一的激励机制无法完全调动用户参与综合需求响应的积极性。

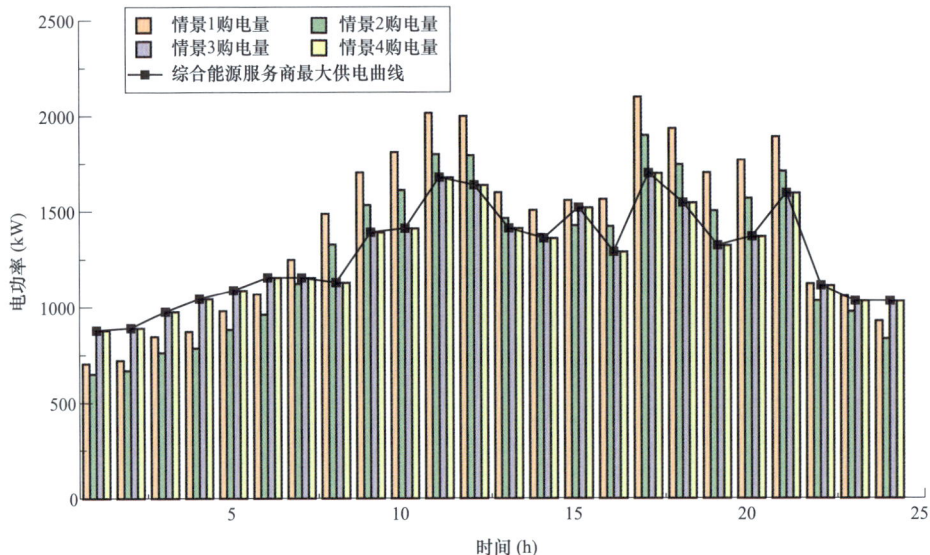

图 3-19　综合能源服务商电负荷响应目标完成情况

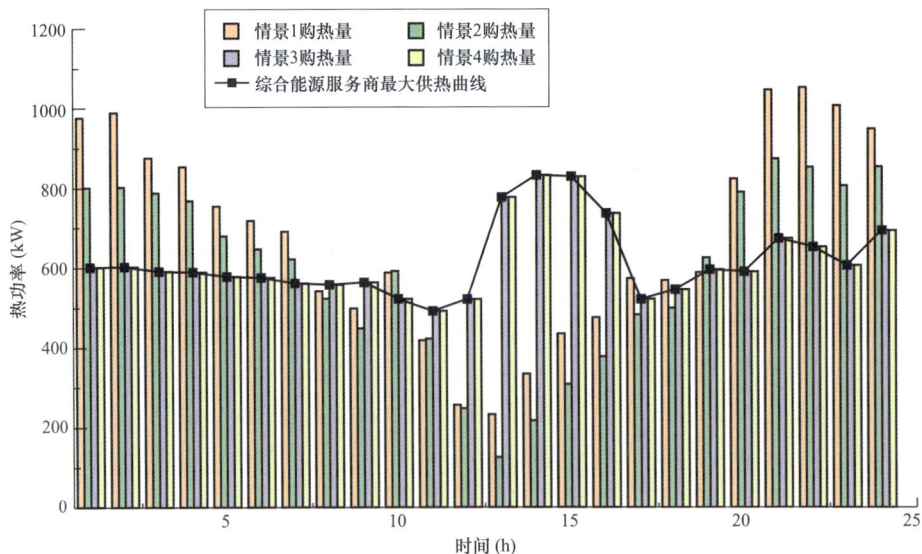

图 3-20　综合能源服务商热负荷响应目标完成情况

由于在情景 3 和情景 4 下，用户均完成了综合能源服务商下达的综合需

求响应目标，下面将重点分析情景 3 和情景 4 的综合需求响应情况，包括可
削减负荷量、可转移负荷量和各类设备出力的不同。在情景 3 下，用户的电、
热、冷功率平衡情况分别如图 3-21～图 3-23 所示，情景 3 和情景 4 下电负荷
响应情况如图 3-24 所示，情景 3 下用户的热负荷和冷负荷未参与负荷削减形
式的综合需求响应。

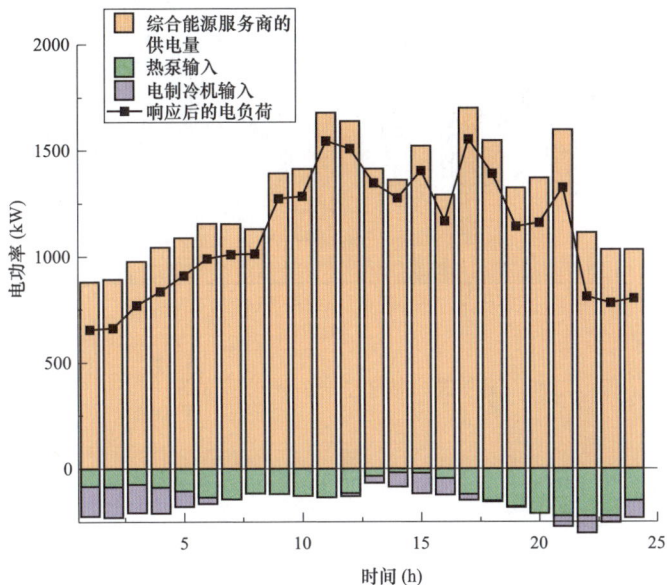

图 3-21　情景 3 电功率平衡情况

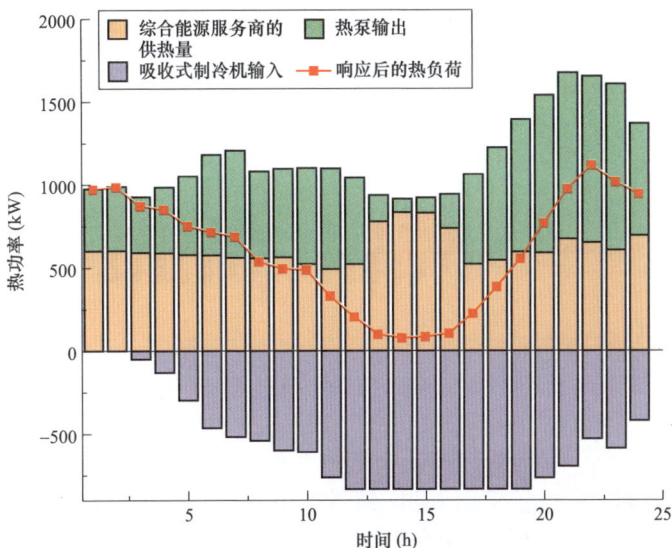

图 3-22　情景 3 热功率平衡情况

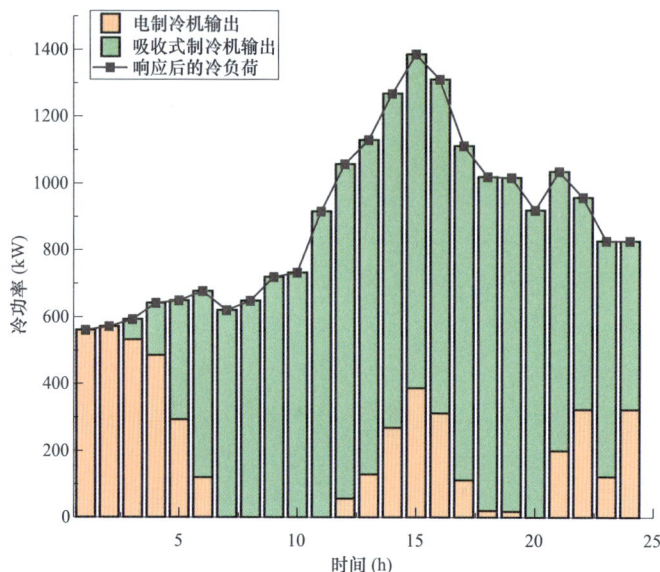

图 3-23　情景 3 冷功率平衡情况

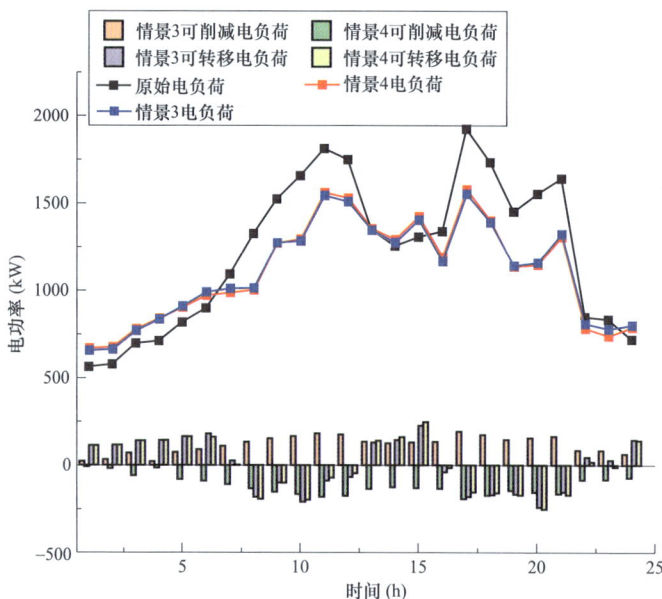

图 3-24　电负荷响应情况对比

从图 3-20～图 3-24 可以看出,情景 3 下各时段的用能趋势与情景 4 得到的用能趋势一致，但具体设备的用能量显著不同，且情景 3 下可削减电负荷量较低，可转移电负荷量较高，可削减热负荷和冷负荷量为 0。与情景 4 对比，情景 3 各时段均有热泵消耗的电功率，而电制冷机所消耗的电功率显著减少，吸收式制冷机的热功率输入量显著增加，因此，冷负荷主要由吸收式制冷机供应，电制冷机的供应量显著减少。产生上述不同的原因在于，情景 3 下，综合能源服务商仅向用户发布了分时电价和分时热价的信号，未提供可削减负荷激励补贴，因此，用户主要通过可转移电负荷和调整各类设备出力的方式参与综合需求响应，使得用户通过调整生产计划而产生的综合需求响应成本、满意度成本等均显著增加，最终此情景下的用户总成本最高。同时，可削减负荷激励补贴的缺失也相应减少了综合能源服务商实施综合需求响应的成本，从而使得情景 3 下的综合能源服务商总收益略高于情景 1 和情景 2 下的综合能源服务商总收益。综上所述，只有同时实施分时售能价格和激励补贴价格两种激励措施，才能引导用户更好地完成综合需求响应响应目标，且能够更好地保证综合能源服务商和用户的经济性。

4

计及供需双侧耦合与不确定性的
综合需求响应调控策略研究

基于综合需求响应激励机制研究成果，本章将分时售能价格与激励补贴等激励策略应用于综合能源系统，针对综合需求响应调控策略展开研究，解决其定量问题。在考虑供需双侧耦合协调特性以及可再生能源出力与负荷预测不确定性的情况下，以工业园区综合能源系统为对象，深入分析系统供需双侧能源耦合特性，通过 IGDT 理论和多场景技术，对不同时间尺度下供给侧可再生能源出力和需求侧用能负荷的不确定性进行建模。以综合能源服务商作为调控主体，构建综合需求响应日前—日内两阶段调控模型，运用阶梯式碳交易机制量化系统碳排放量，分析调控策略对各主体经济效益与系统环保效益的影响。借助 CPLEX 求解器求解模型，并通过实际案例验证模型有效性，获取需求侧日前、日内综合需求响应实际调控量以及供给侧各设备实际出力，为综合需求响应综合价值量化奠定数据基础。

具体而言，本章在需求侧耦合特性分析基础上，对供给侧和需求侧能量枢纽建模，进一步剖析供需双侧能源耦合特性，以促进能源供需有效匹配。构建计及不确定性的两阶段调控策略模型，日前阶段考虑综合能源服务商对源荷双侧不确定性的风险意识，基于 IGDT 理论建立不同风险策略下的确定性、鲁棒和机会模型，以分时售能价格为激励，得出需求侧负荷转换与转移型调控策略及供给侧设备小时级出力方案；日内阶段通过多场景技术对源荷双侧分钟级不确定性建模，以负荷削减激励补贴为策略，得出负荷削减型调控策略及供给侧设备分钟级出力方案。算例分析表明，所提模型考虑不同时间尺度特性，分别对源荷双侧不确定性建模并采用不同激励策略与用户响应方式，充分挖掘综合需求响应可调控量，实现供需双侧资源最优配置，降低碳排放成本与排放量，推动能源系统绿色转型。

通过本章研究，将综合需求响应潜力、激励策略与用户响应行为方式相结合并应用于实际调控，使综合需求响应在能量流、信息流方面创造显著价值，保障能源供需平衡、消纳可再生能源、减少碳排放、提升能源经济性，进一步彰显综合需求响应在推动能源系统高效、环保、智能化发展中的关键作用。

4.1 供需双侧耦合特性与不确定性建模

4.1.1 供需双侧耦合特性分析

工业园区综合能源系统是以多能耦合生产为基础、以多种能源网络协同为调度核心的典型能源互联网，可以在满足用户多元化用能需求的同时，促进可再生能源消纳、提高能源利用效率。综合需求响应是传统电力需求响应技术在能源互联网多能耦合特性下的延伸和拓展，用户可以通过负荷转换、转移或削减，以替代用能、多能互补等"多元互动"方式来调整负荷需求。因此，综合能源系统中的综合需求响应的有效实施和调控不仅提高用户侧的用能经济性，也将提高系统的经济性，促进可再生能源的消纳，减少碳排放量。

在综合能源系统的架构下，大量能源相互转化的设备使不同种类的能源在能源供给、传输、需求环节的耦合性越来越强。根据设备安装位置和设备构成的不同，将综合能源系统中的能量枢纽分为供给侧能量枢纽和需求侧能量枢纽，均受综合能源服务商统一调控。图 4-1 为供需双侧能量枢纽互动关系示意图。

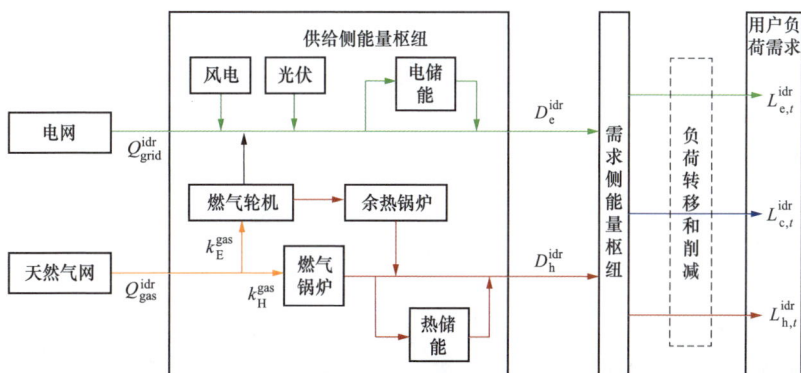

图 4-1 供需双侧能量枢纽互动关系

本章结合前文的能量枢纽基本模型和综合需求响应总体架构中的物理层，建立工业园区综合能源系统供需双侧的能量枢纽矩阵耦合模型。在能源供给侧，综合能源服务商从上级能源网络购买电力和天然气能源资源，结合自身的风电、光伏设备和燃气轮机、燃气锅炉、余热锅炉等设备，向用户侧提供电力和热力等能源，可以建立能源供给侧的能量枢纽模型，如式（4-1）～式（4-7）所示，通过供需双侧能量枢纽耦合矩阵建立能源输入与输出模型，如式（4-8）所示。

$$D = EQ + S + R \tag{4-1}$$

$$D = \begin{bmatrix} D_{e,t}^{idr} \\ D_{h,t}^{idr} \end{bmatrix} \tag{4-2}$$

$$E = \begin{bmatrix} \eta_e^t & k_E^{gas} \eta_e^{gt} \phi_g \\ 0 & k_H^{gas} \eta_h^{gb} + \eta_h^{whb}(1 - k_E^{gas} \eta_e^{gt})\phi_g \end{bmatrix} \tag{4-3}$$

$$Q = \begin{bmatrix} Q_{grid,t}^{idr} \\ Q_{gas,t}^{idr} \end{bmatrix} \tag{4-4}$$

$$S = \begin{bmatrix} Q_{ess,t}^{idr,dis} - Q_{ess,t}^{idr,cha} \\ Q_{hss,t}^{idr,dis} - Q_{hss,t}^{idr,cha} \end{bmatrix} \tag{4-5}$$

$$R = \begin{bmatrix} Q_{wt,t}^{idr} + Q_{pv,t}^{idr} \\ 0 \end{bmatrix} \tag{4-6}$$

$$k_H^{gas} + k_E^{gas} = 1 \tag{4-7}$$

$$L = C \cdot (EQ + S + R) + \Delta L \tag{4-8}$$

以上式中：$Q_{grid,t}^{idr}$ 和 $Q_{gas,t}^{idr}$ 分别为 t 时刻实施综合需求响应之后综合能源服务商向上级电网和天然气网购买的电力和天然气资源；$Q_{wt,t}^{idr}$ 和 $Q_{pv,t}^{idr}$ 分别为 t 时刻实施综合需求响应之后综合能源服务商分布式风电机组和光伏机组的出力；$Q_{ess,t}^{idr,dis}$ 和 $Q_{ess,t}^{idr,cha}$ 分别为 t 时刻实施综合需求响应之后综合能源服务商电储能机组的放电功率和充电功率；$Q_{hss,t}^{idr,dis}$ 和 $Q_{hss,t}^{idr,cha}$ 分别为热储能机组的放热功率和蓄热功率；η_e^t 为变压器效率；η_e^{gt}、η_h^{gb}、η_h^{whb} 分别为燃气轮机、燃气锅炉和余热锅炉的效率；k_H^{gas}、k_E^{gas} 分别为天然气在燃气轮机和燃气锅炉中的分配系数；ϕ_g 为天然气热值。

4.1.2 不确定性分析与建模

考虑到源侧分布式风电、光伏的出力和负荷在日前阶段的不确定性和随机性较强，因此，引入 IGDT 理论来处理日前阶段源荷双侧的不确定性，将确定性模型转化为综合能源服务商在风险规避和风险偏好两种不同风险态度下的供能策略和综合需求响应调控策略。由于日内阶段的时间尺度缩短、天气预报等信息更加准确，分布式风电、光伏和多能负荷的预测偏差逐渐减小，因此采用具有较高准确性和简易性的多场景技术来描述日内阶段的源荷双侧不确定性。

4.1.2.1　IGDT 理论

2010 年 Ben-Haim 提出了 IGDT 理论，该理论专注于在信息严重缺失或存在不确定性的情况下进行决策，区分已知事件信息和未知事件信息之间的基本差异。IGDT 理论运用信息中心论的概念，旨在更精确地分析和聚类具有不确定性的事件信息，而不是简单地直接利用我们传统的分析事件聚类递归、可能性以及事件合理性，主要用于处理和评估信息不完整或不确定性高的情况，从而使决策者能够在缺乏充分信息的条件下做出更加合理的决策。IGDT 模型可以用三个元素来描述，即系统模型、不确定性集模型和期望目标。

（1）系统模型。当不考虑参数的不确定性时，典型优化模型的表达式如式（4-9）所示：

$$\begin{cases} \min C = f(x,d) \\ \text{s.t.}\ \ g(x,d) = 0 \\ \quad\ \ h(x,d) \leqslant 0 \end{cases} \tag{4-9}$$

式中：C 为决策目标；x 为决策变量；d 为不确定性输入参数。

（2）不确定性集模型。不确定性输入参数的预测值表示为 $\tilde{d}$，假设不确定性输入参数在一定范围内波动，具体表达式如式（4-10）、式（4-11）所示：

$$d \in U(\alpha, \tilde{d}) \tag{4-10}$$

$$U(\alpha, \tilde{d}) = \left\{ d : \left| \frac{d - \tilde{d}}{d} \right| \leqslant \alpha \right\} \tag{4-11}$$

式中：$\tilde{d}$ 为不确定性参数 d 的预测值；α 为不确定度，表征参数 d 的波动幅度；U 为不确定性集合。

（3）期望目标。IGDT 理论能够在保证优化结果不小于预设目标的前提下，根据决策者对不确定性带来的威胁的接受程度确定变量波动范围，通过定义鲁棒函数和机会函数这两种免疫函数来分别处理不确定事件的不利和有利影响，即风险规避策略和风险偏好策略。前者重在最大化规避不确定性对求解结果的影响，后者重在从不确定性风险中寻求可能获得的最大收益，两种策略对应的数学模型如下。

1）鲁棒模型。风险规避决策者为了保证目标不高于预设目标值，通常将风电、光伏出力和负荷等不确定参数的消极扰动最大化，具体模型如式（4-12）所示：

$$
\begin{cases}
\max \hat{\alpha}(x,d) \\
f(x,d) \leqslant f_{\text{mtc}}, \forall d \in U \\
g(x,d) = 0, \forall d \in U \\
h(x,d) \leqslant 0, \forall d \in U \\
f_1 = (1+\delta_1)\overline{f}
\end{cases}
\tag{4-12}
$$

式中：f_1 为引入不确定性后预设的决策者所能接受的最差目标值；$\overline{f}$ 为确定模型下 d 取 $\tilde{d}$ 时的目标函数最优值；δ_1 为鲁棒模型目标偏差因子，表示预期目标 $\overline{f}$ 的偏差程度，δ 设置越大，则模型对优化目标变差的容忍度越大，鲁棒性越强，反之亦然。

鲁棒函数 $\hat{\alpha}(\bullet)$ 认为不确定性会给目标期望带来消极影响，因此保证目标值在一个负面的最差目标边界内寻找最大不确定性波动范围。

2）机会模型。风险投机决策者偏好冒进追求不确定性可能带来的额外收益，有机会追求更优的目标，最小化不确定参数的消极扰动，具体模型如式（4-13）所示：

$$
\begin{cases}
\min \hat{\beta}(x,d) \\
f(x,d) \leqslant f_{\text{mtc}}, \forall d \in U \\
g(x,d) = 0, \forall d \in U \\
h(x,d) \leqslant 0, \forall d \in U \\
f_2 = (1-\delta_2)\overline{f}
\end{cases}
\tag{4-13}
$$

式中：f_2 为投机决策者所设置的目标边界值，用于寻求在不确定性风险中寻求可能获得的最大收益；δ_2 为机会模型目标偏差因子，代表预期目标低于 f_2 的偏差程度，δ_2 越大，f_2 越小，则风险投机程度越大。

4.1.2.2 多场景技术

多场景技术是描述随机过程的一种方法，通过将含有不确定性误差的负荷和光伏预测结果转化为确定性的场景集，使后续调度包含对不同误差水平的考虑，同时简化了计算，其不确定性建模过程主要包含场景生成和场景削减两个部分。

对源荷双侧的不确定性参数的概率分布进行建模。风电和光伏的出力以及用户的电负荷、热负荷、冷负荷具有较强的随机性，大量研究表明，风速服从 Weibull 分布，光伏出力服从 Beta 分布，用户的用能负荷预测误差一般服从正态分布，概率分布表达式如式（4-14）～式（4-16）所示：

$$f(v_t) = \frac{k_t}{c_t}\left(\frac{v_t}{c_t}\right)^{k-1}\exp\left(-\left(\frac{v_t}{c_t}\right)^k\right) \tag{4-14}$$

$$f\left(\frac{q_t^s}{P_s^r}\right) = \frac{\Gamma(\alpha_t + \beta_t)}{\Gamma(\alpha_t)\Gamma(\beta_t)}\left(\frac{q_t^s}{P_s^r}\right)^{\alpha_t-1}\left(1 - \frac{q_t^s}{P_s^r}\right)^{\beta_t-1}$$

$$= \frac{1}{B(\alpha_t, \beta_t)}\left(\frac{q_t^s}{P_s^r}\right)^{\alpha_t-1}\left(1 - \frac{q_t^s}{P_s^r}\right)^{\beta_t-1} \tag{4-15}$$

$$f(q_t^d) = \frac{1}{\sqrt{2\pi}\sigma_{d,t}}\exp\left(\frac{(q_t^d - \tilde{q}_t^d)^2}{2\sigma_{d,t}^2}\right) \tag{4-16}$$

式中：c_t 和 k_t 分别为 Weibull 分布的形状和尺度参数；q_t^s 为 t 时刻光伏发电机组的输出功率；α_t、β_t 分别为 Beta 分布的形状系数；$B(\alpha_t, \beta_t)$ 为 Beta 分布函数；Γ 为 Gamma 函数。考虑负荷的随机性，认为 t 时刻用户冷、电、气负荷 q_t^d 服从以负荷预测 $\tilde{q}_t^d$ 为均值、$\sigma_{d,t}$ 为标准差的正态分布，其中 $\sigma_{d,t}$ 可取预测负荷的 $\gamma_{d,t}\%$，即 $\sigma_{d,t} = \tilde{q}_t^d \times \gamma_{d,t}$，$\gamma_{d,t}$ 为标准差 $\sigma_{d,t}$ 占负荷预测出力的比例系数，本书取冷、热、电负荷标准差占负荷预测出力的比例系数相等，均为 $\gamma_{e,t} = \gamma_{h,t} = \gamma_{c,t} = 10\%$。

（1）场景生成。在上述预测模型基础上，本书采用拉丁超立方抽样技术进行多场景生成，其主要步骤如下：

1）将概率分布等分为 n 个概率区间。

2）将各概率区间内的随机数 S_i 作为采样点。

3）对概率分布函数 $f(x_i) = S_i$ 进行逆变换，获得采样点样本值 x_i。

（2）场景削减。考虑到大量场景的生成将增大求解运算负担，本书采用同步回代法进行场景缩减，缩减后的典型场景集能够很好地反映出原始场景集的概率分布情况。其主要步骤如下：

1）计算与每个场景 x_i 距离最近的场景 x_j，如式（4-17）所示：

$$D_i = \min[\lambda_i d(x_i, x_j)], j = 1, 2, \cdots, n_{so} \tag{4-17}$$

式中：D_i 为与场景 x_i 的概率距离；λ_i 为场景 x_i 的概率；$d(x_i, x_j)$ 为场景 x_i 和场景 x_j 之间的欧氏距离；n_{so} 为初始场景数。

2）确定需要删除的场景 x_i，如式（4-18）所示：

$$D_{\min} = \min_{i=1,2,\cdots,n_{so}} (\lambda_i D_i) \tag{4-18}$$

式中：$D_{\min}$ 为与场景 x_i 最近的概率距离。

3）删去上述确定的场景 x_i，并将删去场景的概率累加到与之距离最近的样本 x_j 的概率上，从而确保概率之和为 1。删去场景 x_i 后 x_j 的概率 λ'_j 的表达式如式（4-19）所示：

$$\lambda'_j = \lambda_i + \lambda_j \tag{4-19}$$

4）重复以上步骤，直至剩余场景数达到设定值。

经过上述场景生成和削减，最终分别得到风电、光伏、电负荷、热负荷和冷负荷的典型场景 n_w、n_s、n_e、n_h、n_c，共计 n_ω 个场景和对应的概率 θ_w、θ_s、θ_e、θ_h、θ_c。然后，基于同步回代法进行场景缩减，最终得到 n'_ω 个组合场景及其概率，具体公式如式（4-20）和式（4-21）所示：

$$n_\omega = n_w n_s n_e n_h n_c \tag{4-20}$$

$$\theta_\omega = \theta_w \theta_s \theta_e \theta_h \theta_c \tag{4-21}$$

式中：n_ω 和 θ_ω 分别为场景数和场景对应的概率。

典型场景生成步骤如表 4-1 所示。

表 4-1   多场景生成算法

输入	电负荷、热负荷和冷负荷的历史预测数据
输出	电负荷、热负荷和冷负荷典型场景
算法流程	1）将概率分布等分为 n 个概率区间。 2）将各概率区间内的随机数 S_i 作为采样点。 3）对概率分布函数 $f(x_i) = S_i$ 进行逆变换，获得采样点样本值 x_i。 4）计算与每个场景 x_i 距离最近的场景 x_j。 5）确定需要删除的场景 x_i。 6）删去上述确定的场景 x_i，并将删去场景的概率累加到与之距离最近的样本 x_j 的概率上，从而确保概率之和为 1。 7）重复以上步骤，直至剩余场景数达到设定值

4.2   综合需求响应两阶段调控策略模型

4.2.1   模型总体框架设计

由于工业园区综合能源系统源侧风电、光伏出力和需求侧负荷需求的预测精度随着时间尺度的逼近不断提高，不确定性程度也会随时间尺度的变化而变化。并且，用户的电、热、冷等各种能源负荷在不同时间尺度上具有不同的响应特征，例如负荷转移和负荷转换等响应行为方式需要在日前确定响应计划，而负荷削减形式的响应速度较快，可在日内阶段确定响应计划。此外，根据综合能源服务商和用户利益诉求的不同，为充分挖掘用户侧可供综合能源服务商调度的可削减负荷和可转移负荷，得到了最优的分时电价、分时热价，以及电、热、冷等用能负荷的削减激励补贴价格。在此基础上，本章合理考虑不同时间尺度上工业园区综合能源系统内源—荷不确定性和需求侧的综合需求响应策略，以综合能源服务商为主体，建立了日前、日内两阶段综合需求响应调控模型，具体模型框架如图4-2所示。

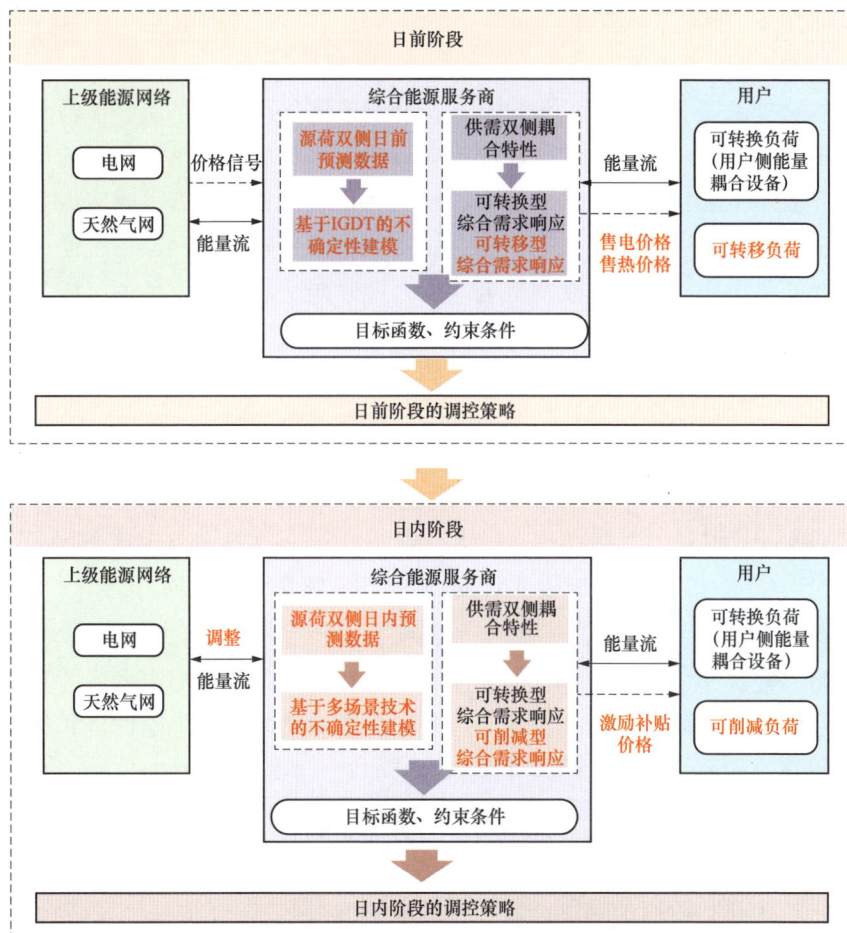

图4-2　工业园区综合能源系统两阶段调控策略模型框架图

4.2.2 基于 IGDT 的日前阶段调控模型

在日前阶段，综合能源服务商为满足用户的用能需求，根据风电、光伏出力和用户侧电、热、冷负荷预测信息以及上级网络购电、购气价格信息，以自身日总收益最大化为优化目标，建立日前阶段的综合需求响应调控模型，以 1h 为时间间隔，确定未来 24h 综合能源服务商各生产设备和储能设备的出力计划以及用户侧综合需求响应调度量。在此阶段，用户的综合需求响应行为方式主要以可转移负荷和可转换负荷为主，用户提前 1 天基于综合能源服务商发布的售能价格信息，调整用能计划，确定可转移负荷和可转换负荷计划，并反馈给综合能源服务商，为综合能源服务商调整生产计划提供参考。

4.2.2.1 确定型模型

4.2.2.1.1 目标函数

综合能源服务商的目标为日总运行利润最大化，也就是总收益与总成本之差最大。其中总收益为综合能源服务商向用户提供电和热等能源的销售收益，总成本主要包括能源采购成本、设备运维成本、综合需求响应成本和碳交易成本。值得注意的是，当系统总碳排放量低于碳配额时，系统通过参与碳市场交易出售碳排放权获得额外收入，此时碳交易成本为负值，成为综合能源服务商总收益的组成部分。然而，当系统总碳排放量大于碳配额时，系统需要支付相应的碳排放权购买成本，此时碳交易成本为正值，成为综合能源服务商总成本的组成部分。综合能源服务商总收益如式（4-22）所示：

$$\max R_{\text{IESP}} = R_{\text{sell}}^{\text{e,iesp}} - (C_{\text{buy}}^{\text{e,iesp}} + C_{\text{ope}}^{\text{iesp}} + C_{\text{idr}}^{\text{iesp}} + C_{\text{co}_2}^{\text{iesp}}) \qquad (4\text{-}22)$$

式中：R_{IESP} 为综合能源服务商的总运行利润；$R_{\text{sell}}^{\text{e,iesp}}$ 为能源销售收入；$C_{\text{buy}}^{\text{e,iesp}}$ 为能源采购成本；$C_{\text{ope}}^{\text{iesp}}$ 为设备运维成本；$C_{\text{idr}}^{\text{iesp}}$ 为实施综合需求响应的成本；$C_{\text{co}_2}^{\text{iesp}}$ 为碳交易成本。

（1）能源销售收入。综合能源服务商在实施综合需求响应之后的能源销售收益为用户的用电、用热需求与综合能源服务商发布的售电价格和售热价格的乘积。能源销售收入的具体测算公式如式（4-23）所示：

$$R_{\text{sell}}^{\text{e,iesp}} = \sum_{t=1}^{T_1} (P_{\text{e},t}^{\text{sale}} D_{\text{e},t}^{\text{idr}} + P_{\text{h},t}^{\text{sale}} D_{\text{h},t}^{\text{idr}}) \qquad (4\text{-}23)$$

式中：T_1 为日前阶段的调度周期，一般取 24h。

（2）能源采购成本。综合能源服务商在实施综合需求响应之后的能源采购成本为从上级电网和天然气网购买的电力和天然气的金额，具体如式（4-24）所示：

$$C_{\text{buy}}^{\text{e,iesp}} = \sum_{t=1}^{T_1} (P_{\text{e},t}^{\text{grid}} Q_{\text{grid},t}^{\text{idr}} + P_{\text{g},t} Q_{\text{gas},t}^{\text{idr}}) \tag{4-24}$$

式中：$P_{\text{e},t}^{\text{grid}}$ 和 $P_{\text{g},t}$ 分别为 t 时刻的购电价格和购气价格。

（3）设备运维成本。供给侧综合能源服务商的设备运维成本主要指调度周期内产生的能源生产设备和储能设备的运营维护成本，具体如式（4-25）所示：

$$C_{\text{ope}}^{\text{iesp}} = \sum_{t=1}^{T_1} (c_{\text{gt}} Q_{\text{e},t}^{\text{gt}} + c_{\text{whb}} Q_{\text{h},t}^{\text{whb}} + c_{\text{gb}} Q_{\text{h},t}^{\text{gb}} + c_{\text{wt}} Q_{\text{e},t}^{\text{wt}} + c_{\text{pv}} Q_{\text{e},t}^{\text{pv}} + c_{\text{ess}} Q_{\text{e},t}^{\text{ess}} + c_{\text{hss}} Q_{\text{h},t}^{\text{hss}}) \tag{4-25}$$

式中：c_{gt}、c_{whb}、c_{gb}、c_{wt}、c_{pv}、c_{ess} 和 c_{hss} 分别为燃气轮机、余热锅炉、燃气锅炉、风电机组、光伏机组、电储能机组和热储能机组的单位功率运维成本；$Q_{\text{e},t}^{\text{gt}}$、$Q_{\text{h},t}^{\text{whb}}$、$Q_{\text{h},t}^{\text{gb}}$、$Q_{\text{e},t}^{\text{wt}}$ 和 $Q_{\text{e},t}^{\text{pv}}$ 分别为燃气轮机、余热锅炉、燃气锅炉、风电机组和光伏机组在 t 时刻的出力；$Q_{\text{e},t}^{\text{ess}}$ 和 $Q_{\text{h},t}^{\text{hss}}$ 分别为电储能和热储能机组在 t 时刻的容量。

（4）综合需求响应成本。日前阶段，综合能源服务商向用户实施综合需求响应的成本主要包括设备投资成本和项目管理成本两部分，具体如式（4-26）所示：

$$\begin{cases} C_{\text{idr}}^{\text{iesp}} = \sum_{i=1}^{N} C_{\text{s},i} + C_{\text{m}}^{\text{iesp}} \\ C_{\text{s},i} = \sum_{t=1}^{T_1} c_{\text{s},i} Q_{\text{s},i,t}^{\text{idr}} \\ C_{\text{m}}^{\text{iesp}} = \alpha C_{\text{s},i} \end{cases} \tag{4-26}$$

式中：$C_{\text{s},i}$ 为综合能源服务商第 i 个综合需求响应设备的投资成本；N 为综合能源服务商投资的综合需求响应设备集合；$C_{\text{m}}^{\text{iesp}}$ 为综合能源服务商的项目管理成本；$c_{\text{s},i}$ 为第 i 个设备的单位功率投资成本；$Q_{\text{s},i,t}^{\text{idr}}$ 为实施综合需求响应之后第 i 个设备在第 t 时刻的出力；α 为项目管理成本所占投资成本比重。

（5）碳交易成本。对于以提高能源综合利用效率和新能源消纳率为目标的工业园区综合能源系统来说，其主要碳排放来源包括外购电力以及燃气轮机设备和燃气锅炉设备所消耗的天然气。为简化模型，本书假设各机组碳排放量与其出力成正比，综合能源服务商在实施综合需求响应之后的碳交易成本可用阶梯式碳交易机制表示，当系统实际碳排放量超过初始分配额时，对超出的碳排放额度按照阶梯式价格购买，假设该园区的年度碳排放配额为定值，暂由相关部门无偿分配。碳交易表达式如式（4-27）所示：

$$CE_1 = \sum_{t=1}^{T_1} (Q_{\text{e},t}^{\text{gt}} \xi_{\text{gt}}^{\text{e}} + Q_{\text{h},t}^{\text{whb}} \xi_{\text{whb}}^{\text{h}} + Q_{\text{h},t}^{\text{gb}} \xi_{\text{gb}}^{\text{h}} + Q_{\text{grid}}^{\text{e}} \xi_{\text{grid}}^{\text{e}}) \tag{4-27}$$

式中：CE_1 为工业园区综合能源系统碳排放总量；$\xi_{\text{gt}}^{\text{e}}$、$\xi_{\text{whb}}^{\text{h}}$、$\xi_{\text{gb}}^{\text{h}}$ 和 $\xi_{\text{grid}}^{\text{e}}$ 分别

为燃气轮机、余热锅炉、燃气锅炉和外部配电网的单位功率碳排放强度。

依据实际碳排放量与无偿分配的碳配额之间的关系，本书所建立的阶梯式碳交易机制如图 4-3 所示，图中横坐标为实际碳排放量超出无偿分配的碳配额的比例，超出比例越高，碳交易价格越高。

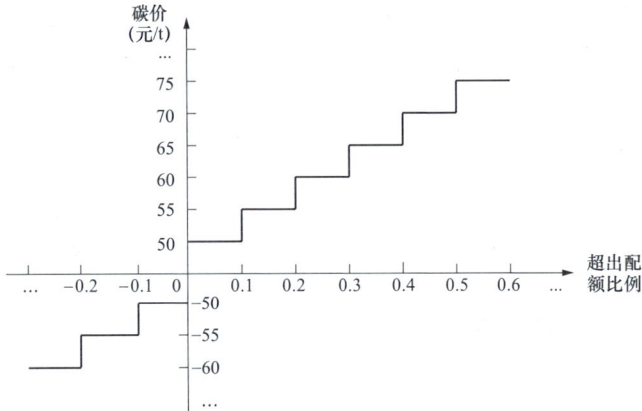

图 4-3　阶梯式碳交易机制示意图

根据阶梯式碳交易机制，制定碳交易价格制度。当系统实际碳排放量超过/低于初始分配额时，对超出的碳排放额度执行阶梯式价格购买/售出，具体表达式如式（4-28）所示：

$$P_{co_2} = \begin{cases} -50, & 0 \leqslant CE_2/CE_1 - 1 < 0.1 \\ -55, & 0.1 \leqslant CE_2/CE_1 - 1 < 0.2 \\ -60, & 0.2 \leqslant CE_2/CE_1 - 1 < 0.3 \\ \cdots \\ 50, & 0 \leqslant CE_1/CE_2 - 1 < 0.1 \\ 55, & 0.1 \leqslant CE_1/CE_2 - 1 < 0.2 \\ 60, & 0.2 \leqslant CE_1/CE_2 - 1 < 0.3 \\ \cdots \end{cases} \tag{4-28}$$

式中：P_{co_2} 为碳配额出售价格；CE_2 为工业园区综合能源系统初始碳配额。综合能源服务商的碳交易成本表达式如式（4-29）所示：

$$C_{co_2}^{iesp} = p_{co_2}(CE_1 - CE_2) \tag{4-29}$$

4.2.2.1.2　约束条件

综合能源服务商调控模型的约束主要包括供需平衡约束、设备出力和爬坡约束、电网联络线约束以及负荷约束。

（1）供需平衡约束。综合能源服务商通过调控能源生产设备、耦合设备、储能设备以及用户侧的可转移负荷和可削减负荷使能源供需平衡。值得注意的是，日前阶段可以调控的综合需求响应负荷主要以用户侧的可转换负荷和可转移电负荷为主。因此，日前阶段的供需平衡约束设置如式（4-30）所示：

$$\begin{cases} L_{e,t}^{0} + L_{e,t}^{sl,in} - L_{e,t}^{sl,out} = \eta_e^t Q_{grid,t}^{idr} + Q_{e,t}^{gt} + Q_{e,t}^{wt} + Q_{e,t}^{pv} + Q_{ess,t}^{idr,dis} - Q_{ess,t}^{idr,cha} \\ \qquad\qquad - Q_{e,t}^{hp} - Q_{e,t}^{ef} \\ L_{h,t}^{0} = Q_{h,t}^{whb} + Q_{h,t}^{gb} + Q_{h,t}^{hp} + Q_{hss,t}^{idr,dis} - Q_{hss,t}^{idr,cha} - Q_{h,t}^{ac} \\ L_{c,t}^{0} = Q_{c,t}^{ef} + Q_{c,t}^{ac} \end{cases} \tag{4-30}$$

（2）设备出力和爬坡约束。供需双侧能量枢纽设备的出力和爬坡速度受最大出力和最大爬坡的限制，如式（4-31）所示。电储能和热储能的出力约束如式（4-32）所示，可再生能源的出力约束如式（4-33）所示。

$$\begin{cases} 0 \leqslant Q_m^t \leqslant Q_m^{max} \\ \left| Q_m^{t+1} - Q_m^t \right| \leqslant Q_{m,r}^{max} \end{cases} \tag{4-31}$$

$$\begin{cases} 0 \cdot \lambda_{ch}^{s,t} \leqslant Q_{s,t}^{idr,cha} \leqslant Q_{max}^{s} \cdot \lambda_{ch}^{s,t} \\ 0 \cdot \lambda_{dis}^{s,t} \leqslant Q_{s,t}^{idr,dis} \leqslant Q_{max}^{s} \cdot \lambda_{dis}^{s,t} \\ Q_{min}^{ess} \leqslant Q_{e,t}^{ess} \leqslant Q_{max}^{ess} \\ Q_{min}^{hss} \leqslant Q_{h,t}^{hss} \leqslant Q_{max}^{hss} \\ 0 \leqslant \lambda_{ch}^{s,t} + \lambda_{dis}^{s,t} \leqslant 1 \\ Q_{e,1}^{ess} = Q_{e,24}^{ess} \\ Q_{e,1}^{hss} = Q_{e,24}^{hss} \end{cases} \tag{4-32}$$

$$\begin{cases} 0 \leqslant Q_{e,t}^{wt} \leqslant Q_{fore}^{wt} \\ 0 \leqslant Q_{e,t}^{pv} \leqslant Q_{fore}^{pv} \end{cases} \tag{4-33}$$

式中：Q_m^{t+1}、Q_m^t 分别为 m 个设备在第 $t+1$ 和 t 时刻的出力；Q_m^{max} 为设备的最大出力；$Q_{m,r}^{max}$ 为设备的最大爬坡；$\lambda_{ch}^{s,t}$ 和 $\lambda_{dis}^{s,t}$ 为储能设备的充放电状态，为 0～1 变量；s 为储能类型，包括电储能和热储能两种类型；Q_{min}^{ess} 和 Q_{max}^{ess} 分别为电储能设备的最小和最大容量；Q_{min}^{hss} 和 Q_{max}^{hss} 分别为热储能设备的最小和最大容量；Q_{fore}^{wt} 和 Q_{fore}^{pv} 分别为风电和光伏的预测出力值。

（3）电网联络线约束。电网联络线约束表示"并网上网"运行模式的工业园区综合能源系统向电网购电和售电的功率不能超过输配电线路的最大容量，如式（4-34）所示：

$$0 \leqslant \left| Q_{grid,t}^{idr} \right| \leqslant Q_{grid}^{max} \tag{4-34}$$

式中：Q_{grid}^{max} 为联络线的最大输电功率。

（4）综合需求响应负荷约束。日前阶段的综合需求响应负荷约束包括用户可转移负荷约束，此处不再赘述。

4.2.2.2 鲁棒模型

本书所构建的鲁棒模型是在以综合能源服务商日运行利润的最大化不低于可接受的临界值的前提下，寻求不确定参数的最大不确定性。其意义在于，即使面对最严重的不确定程度，仍然能够保证综合能源服务商日运行利润的可接受值，获得风险规避策略下的最优的调控结果。

对于风险规避决策下的鲁棒模型来说，最重要的是设置目标决策变量，以对冲不确定参数对决策产生的不利影响。而基于 IGDT 理论构建的鲁棒模型可以保证综合能源服务商最低目标的实现，对于以收益最大化为目标的综合能源服务商来说，临界值越低，鲁棒性越弱。因此，综合能源服务商为了使其日运行利润不低于预设的目标值，会将风电、光伏出力和电、热、冷负荷等不确定性参数的不确定度最大化，预设风电、光伏的出力值较预测值降低，各类负荷需求较预测值增多。此时，假设各个不确定参数的预测值是已知的，在风险规避策略下考虑不确定程度之后的风电和光伏出力值分别为 $(1-\varepsilon_{\mathrm{wt}})Q_{\mathrm{e},t}^{\mathrm{wt}}$、$(1-\varepsilon_{\mathrm{pv}})Q_{\mathrm{e},t}^{\mathrm{pv}}$，原始电、热、冷负荷需求值分别为 $(1+\varepsilon_{\mathrm{e}})L_{\mathrm{e},t}^{0}$、$(1+\varepsilon_{\mathrm{h}})L_{\mathrm{h},t}^{0}$、$(1+\varepsilon_{\mathrm{c}})L_{\mathrm{c},t}^{0}$。具体目标函数和约束条件的表达式如式（4-35）和式（4-36）所示：

$$\begin{cases} \max(\varepsilon) \\ \varepsilon = \min(\varepsilon_{\mathrm{wt}}, \varepsilon_{\mathrm{pv}}, \varepsilon_{\mathrm{e}}, \varepsilon_{\mathrm{h}}, \varepsilon_{\mathrm{c}}) \end{cases} \tag{4-35}$$

$$\text{s.t.} \begin{cases} R_{\mathrm{IESP}}^{\mathrm{RAS}} \geqslant (1-\beta_{1})R_{\mathrm{IESP}} \\ \tilde{Q}_{\mathrm{e},t}^{\mathrm{wt}} = (1-\varepsilon_{\mathrm{wt}})Q_{\mathrm{e},t}^{\mathrm{wt}} \\ \tilde{Q}_{\mathrm{e},t}^{\mathrm{pv}} = (1-\varepsilon_{\mathrm{pv}})Q_{\mathrm{e},t}^{\mathrm{pv}} \\ \tilde{L}_{\mathrm{e},t}^{0} = (1+\varepsilon_{\mathrm{e}})L_{\mathrm{e},t}^{0} \\ \tilde{L}_{\mathrm{h},t}^{0} = (1+\varepsilon_{\mathrm{h}})L_{\mathrm{h},t}^{0} \\ \tilde{L}_{\mathrm{c},t}^{0} = (1+\varepsilon_{\mathrm{c}})L_{\mathrm{c},t}^{0} \\ \tilde{L}_{\mathrm{e},t}^{0} + L_{\mathrm{e},t}^{\mathrm{sl,in}} - L_{\mathrm{e},t}^{\mathrm{sl,out}} = \eta_{\mathrm{e}}^{\mathrm{t}}Q_{\mathrm{grid},t}^{\mathrm{idr}} + Q_{\mathrm{e},t}^{\mathrm{gt}} + \tilde{Q}_{\mathrm{e},t}^{\mathrm{wt}} + \tilde{Q}_{\mathrm{e},t}^{\mathrm{pv}} + Q_{\mathrm{ess},t}^{\mathrm{idr,dis}} - Q_{\mathrm{ess},t}^{\mathrm{idr,cha}} \\ \qquad\qquad - Q_{\mathrm{e},t}^{\mathrm{hp}} - Q_{\mathrm{e},t}^{\mathrm{ef}} \\ \tilde{L}_{\mathrm{h},t}^{0} = Q_{\mathrm{h},t}^{\mathrm{whb}} + Q_{\mathrm{h},t}^{\mathrm{gb}} + Q_{\mathrm{h},t}^{\mathrm{hp}} + Q_{\mathrm{hss},t}^{\mathrm{idr,dis}} - Q_{\mathrm{hss},t}^{\mathrm{idr,cha}} - Q_{\mathrm{h},t}^{\mathrm{ac}} \\ \tilde{L}_{\mathrm{c},t}^{0} = Q_{\mathrm{c},t}^{\mathrm{ef}} + Q_{\mathrm{c},t}^{\mathrm{ac}} \\ \text{式(5-28)} \sim \text{式(5-31)} \\ \text{式(4-12)，式(4-22)} \end{cases} \tag{4-36}$$

式中：$\varepsilon_{\mathrm{wt}}$、$\varepsilon_{\mathrm{pv}}$、$\varepsilon_{\mathrm{e}}$、$\varepsilon_{\mathrm{h}}$、$\varepsilon_{\mathrm{c}}$ 分别为风电、光伏出力和电、热、冷负荷需求预测值的不确定度；$R_{\mathrm{IESP}}^{\mathrm{RAS}}$ 为鲁棒模型的目标函数；β_1 为鲁棒模型目标偏差因子。

4.2.2.3 机会模型

机会模型的结构与鲁棒模型相似，本书所构建的机会模型是以最小化不确定参数的不确定程度为前提，寻求综合能源服务商日运行利润的最大化。其意义在于，在最小的不确定程度下，仍然寻求最大化综合能源服务商日运行利润的机会，试图获得意想不到的收益，此时得到的结果为综合能源服务商在风险偏好策略下的调控结果。

对于风险偏好决策下的机会模型来说，为投机决策者设置合适的目标边界值，用于寻求不确定性参数可能带来的机遇。而基于 IGDT 理论构建的机会模型使得综合能源服务商有机会追求更优的目标，最小化不确定参数的消极扰动。对于以收益最大化为目标的综合能源服务商来说，目标边界值越高，则风险投机程度越大。因此，综合能源服务商为了在最乐观的不确定程度下，使其日运行利润大于预设的目标值，预设风电、光伏的出力值较预测值增多，各类负荷需求较预测值减少。此时，假设各个不确定参数的预测值是已知的，在风险寻求策略下考虑不确定程度之后的风电和光伏出力值分别为 $(1+\varepsilon_{\mathrm{wt}})Q_{\mathrm{e},t}^{\mathrm{wt}}$、$(1+\varepsilon_{\mathrm{pv}})Q_{\mathrm{e},t}^{\mathrm{pv}}$，原始电、热、冷负荷需求值分别为 $(1-\varepsilon_{\mathrm{e}})L_{\mathrm{e},t}^{0}$、$(1-\varepsilon_{\mathrm{h}})L_{\mathrm{h},t}^{0}$、$(1-\varepsilon_{\mathrm{c}})L_{\mathrm{c},t}^{0}$。具体目标函数和约束条件表达式如式（4-37）和式（4-38）所示：

$$\begin{cases} \min(\varepsilon) \\ \varepsilon = \max(\varepsilon_{\mathrm{wt}}, \varepsilon_{\mathrm{pv}}, \varepsilon_{\mathrm{e}}, \varepsilon_{\mathrm{h}}, \varepsilon_{\mathrm{c}}) \end{cases} \tag{4-37}$$

$$\mathrm{s.t.} \begin{cases} R_{\mathrm{IESP}}^{\mathrm{RSS}} \geqslant (1+\beta_2)R_{\mathrm{IESP}} \\ \tilde{Q}_{\mathrm{e},t}^{\mathrm{wt}} = (1+\varepsilon_{\mathrm{wt}})Q_{\mathrm{e},t}^{\mathrm{wt}} \\ \tilde{Q}_{\mathrm{e},t}^{\mathrm{pv}} = (1+\varepsilon_{\mathrm{pv}})Q_{\mathrm{e},t}^{\mathrm{pv}} \\ \tilde{L}_{\mathrm{e},t}^{0} = (1-\varepsilon_{\mathrm{e}})L_{\mathrm{e},t}^{0} \\ \tilde{L}_{\mathrm{h},t}^{0} = (1-\varepsilon_{\mathrm{h}})L_{\mathrm{h},t}^{0} \\ \tilde{L}_{\mathrm{c},t}^{0} = (1-\varepsilon_{\mathrm{c}})L_{\mathrm{c},t}^{0} \\ \tilde{L}_{\mathrm{e},t}^{0} + L_{\mathrm{e},t}^{\mathrm{sl,in}} - L_{\mathrm{e},t}^{\mathrm{sl,out}} = \eta_{\mathrm{e}}^{\mathrm{t}}Q_{\mathrm{grid},t}^{\mathrm{idr}} + Q_{\mathrm{e},t}^{\mathrm{gt}} + \tilde{Q}_{\mathrm{e},t}^{\mathrm{wt}} + \tilde{Q}_{\mathrm{e},t}^{\mathrm{pv}} + Q_{\mathrm{ess},t}^{\mathrm{idr,dis}} - Q_{\mathrm{ess},t}^{\mathrm{idr,cha}} \\ \qquad\qquad\qquad\qquad - Q_{\mathrm{e},t}^{\mathrm{hp}} - Q_{\mathrm{e},t}^{\mathrm{ef}} \\ \tilde{L}_{\mathrm{h},t}^{0} = Q_{\mathrm{h},t}^{\mathrm{whb}} + Q_{\mathrm{h},t}^{\mathrm{gb}} + Q_{\mathrm{h},t}^{\mathrm{hp}} + Q_{\mathrm{hss},t}^{\mathrm{idr,dis}} - Q_{\mathrm{hss},t}^{\mathrm{idr,cha}} - Q_{\mathrm{h},t}^{\mathrm{ac}} \\ \tilde{L}_{\mathrm{c},t}^{0} = Q_{\mathrm{c},t}^{\mathrm{ef}} + Q_{\mathrm{c},t}^{\mathrm{ac}} \end{cases} \tag{4-38}$$

式中：ε_{wt}、ε_{pv}、ε_e、ε_h、ε_c 分别为风电、光伏出力和电、热、冷负荷需求预测值的不确定度；R_{IESP}^{RSS} 为机会模型的目标函数；β_2 为机会模型目标偏差因子。

4.2.3 基于多场景技术的日内阶段调控模型

在日前调度阶段结束后，以日前调度计划为基准，日内阶段以 15min 为调度步长，进一步优化能量生产设备、耦合设备、储能设备的出力以及从上级能源网络购买的电量和天然气量。在此阶段，根据第 4 章优化确定的综合需求响应可削减负荷激励补贴价格，在负荷高峰时段，提前 15min 钟至 2h 通知用户参与削减型综合需求响应，综合能源服务商可直接调控可削减负荷，从而保证供需平衡。此外，风光负荷功率预测精度具有随预测时间尺度细化而不断提高的特点，但由于调控结果对功率预测准确性的依赖较强，因此本书通过多场景技术处理日内阶段的不确定性，以期使综合能源服务商的调控结果更加符合实际。

4.2.3.1 目标函数

在日内调控阶段，以综合能源服务商在各调度周期内的运行成本最低为目标函数，包括日内阶段额外增加或者减少的电力和天然气购买成本、设备运维成本、可削减负荷补贴成本、碳交易成本以及售能收益，具体表达式如式（4-39）和式（4-40）所示：

$$\min C_{IESP}^{intraday} = \sum_{\omega=1}^{\Omega} \chi_\omega [\Delta C_{buy}^{e,iesp}(\omega) + \Delta C_{ope}^{iesp}(\omega) + C_{idr}^{iesp}(\omega) \\ + \Delta C_{co_2}^{iesp}(\omega) - \Delta R_{sell}^{e,iesp}(\omega)] \tag{4-39}$$

$$\begin{cases} \Delta C_{buy}^{e,iesp}(\omega) = \sum_{t=1}^{T_2}[P_{e,t}^{grid}\Delta Q_{grid,t}^{idr}(\omega) + P_{g,t}\Delta Q_{gas,t}^{idr}(\omega)] \\ \Delta C_{ope}^{iesp}(\omega) = \sum_{j=1}^{M}\sum_{t=1}^{T_2}[c_{s,j}\Delta Q_{s,j,t}^{idr}(\omega)] \\ C_{idr}^{iesp}(\omega) = \sum_{t=1}^{T_2}[P_{e,t}^{il}L_{e,t}^{il}(\omega) + P_{h,t}^{il}L_{h,t}^{il}(\omega) + P_{c,t}^{il}L_{c,t}^{il}(\omega)] \\ \Delta C_{co_2}^{iesp}(\omega) = p_{co_2}\sum_{t=1}^{T_2}[\Delta CE_1(\omega) - \Delta CE_2(\omega)] \\ \Delta R_{sell}^{e,iesp}(\omega) = \sum_{t=1}^{T_2}[P_{e,t}^{sale}\Delta D_{e,t}^{idr}(\omega) + P_{h,t}^{sale}\Delta D_{h,t}^{idr}(\omega)] \end{cases} \tag{4-40}$$

式中：χ_ω 为场景 ω 发生的概率；Ω 为总场景个数；T_2 为日内阶段的调度周期，取值为 96；$\Delta C_{buy}^{e,iesp}(\omega)$ 为日内阶段场景 ω 下购买的电力和天然气成本；

$\Delta C_{\text{ope}}^{\text{iesp}}(\omega)$ 为日内阶段场景 ω 下设备的运维成本；$\Delta R_{\text{sell}}^{\text{e,iesp}}(\omega)$ 为日内阶段场景 ω 下综合能源服务商售出的能源收益；$\Delta C_{\text{co}_2}^{\text{iesp}}$ 为日内阶段场景 ω 下综合能源服务商的碳交易成本；$C_{\text{idr}}^{\text{iesp}}(\omega)$ 为日内阶段场景 ω 下综合能源服务商向用户发放的激励补贴成本。

4.2.3.2 约束条件

与日前阶段调控模型的约束条件类似，日内阶段调控模型的约束条件主要包括日内时间尺度上的供需平衡约束、设备出力和爬坡约束、电网联络线约束和综合需求响应负荷约束，具体参考式（4-30）~式（4-34）。值得注意的是，由于日前阶段和日内阶段所调控的综合需求响应负荷类型不一样，日内阶段的可削减型综合需求响应负荷约束与日前阶段的可转移型综合需求响应负荷约束有区别。此外，日内阶段的功率平衡约束较日前阶段略有不同，具体如式（4-41）所示：

$$\begin{cases} \Delta L_{\text{e},t}^0 - L_{\text{e},t}^{\text{il}} = \Delta \eta_{\text{e}}^{\text{t}} Q_{\text{grid},t}^{\text{idr}} + \Delta Q_{\text{e},t}^{\text{gt}} + \Delta Q_{\text{e},t}^{\text{wt}} + \Delta Q_{\text{e},t}^{\text{pv}} + \Delta Q_{\text{ess},t}^{\text{idr,dis}} - \Delta Q_{\text{ess},t}^{\text{idr,cha}} \\ \qquad\qquad - \Delta Q_{\text{e},t}^{\text{hp}} - \Delta Q_{\text{e},t}^{\text{ef}} \\ \Delta L_{\text{h},t}^0 - L_{\text{h},t}^{\text{il}} = \Delta Q_{\text{h},t}^{\text{whb}} + \Delta Q_{\text{h},t}^{\text{gb}} + \Delta Q_{\text{h},t}^{\text{hp}} + \Delta Q_{\text{hss},t}^{\text{idr,dis}} - \Delta Q_{\text{hss},t}^{\text{idr,cha}} - \Delta Q_{\text{h},t}^{\text{ac}} \\ \Delta L_{\text{c},t}^0 - L_{\text{c},t}^{\text{il}} = \Delta Q_{\text{c},t}^{\text{ef}} + \Delta Q_{\text{c},t}^{\text{ac}} \end{cases} \qquad (4\text{-}41)$$

4.2.4 模型求解流程

本章以混合整数规划理论为基础，提出了考虑源荷双侧不确定性的综合能源服务商两阶段调控策略优化模型，并通过 Yalmip 工具箱调用 CPLEX 求解器进行求解，求解流程如图 4-4 所示，具体步骤如下：

步骤 1：输入日前阶段小时级的风电、光伏出力和电力负荷、热负荷和冷负荷需求的预测值。

步骤 2：根据第四章所优化的结果，确定综合能源服务商向用户发布的分时售电价格、售热价格以及用户最大可转移电负荷量。

步骤 3：以综合能源服务商日运营利润最高为优化目标，构建日前阶段不考虑不确定性的风险中性策略下的综合能源服务商调控优化模型，也称为确定型模型。

步骤 4：通过 CPLEX 求解器求解上述确定型模型，得到风险中性策略下的综合能源服务商日前调控策略和利润。

步骤 5：设定目标偏差系数，建立风险规避策略下的鲁棒优化模型和风险偏好策略下的机会优化模型，并通过 CPLEX 求解器进行求解，得到日前阶段的综合能源服务商最优调控策略，作为日内优化的基础。

步骤6：根据日前阶段调度结果，更新日内阶段风电、光伏、电力负荷、热负荷、冷负荷的15min级预测值。

步骤7：基于多场景技术，得到日内阶段风电、光伏出力以及电力负荷、热负荷、冷负荷需求的典型场景。

步骤8：根据优化的结果，确定综合能源服务商向用户发布的激励补贴价格以及用户的电、热、冷负荷的可削减量。

步骤9：基于更新后的日内阶段预测值，优化目标为使日内阶段的综合能源服务商运行成本最小，更新日内阶段各类设备的输出功率、从上级网络购买的能源，并确定可削减负荷的调用量。

步骤10：结合日前和日内的调控结果，得到综合能源服务商最优的综合需求响应调控策略，包括负荷转换量、负荷转移量、负荷削减量、各类设备的最优出力以及综合能源服务商向上级电网和天然气网购买的能源规模。

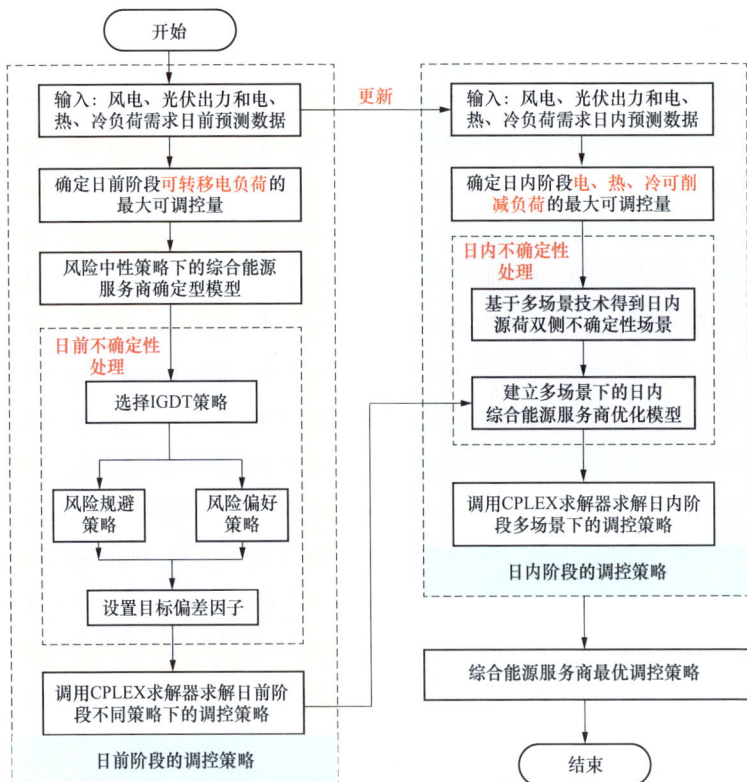

图4-4　模型求解流程图

126

4.3 综合需求响应调控案例分析

4.3.1 案例基础参数

为验证所提方法的有效性，本章继续选取华北某一典型工业园区的实际工程数据作为算例基础数据，图 4-5 所示为日前阶段的风电和光伏出力预测图，表 4-2 为综合能源服务商从电网购买电力的价格，天然气购买价格为 0.25 元/kWh，天然气热值 ϕ_g 为 9.7kWh/m^3，综合能源服务商向上级电网购买电力的上限为 1500kW，表 4-3 为风电和光伏设备的参数，表 4-4 为储能设备的参数，表 4-5 为其他设备的参数。

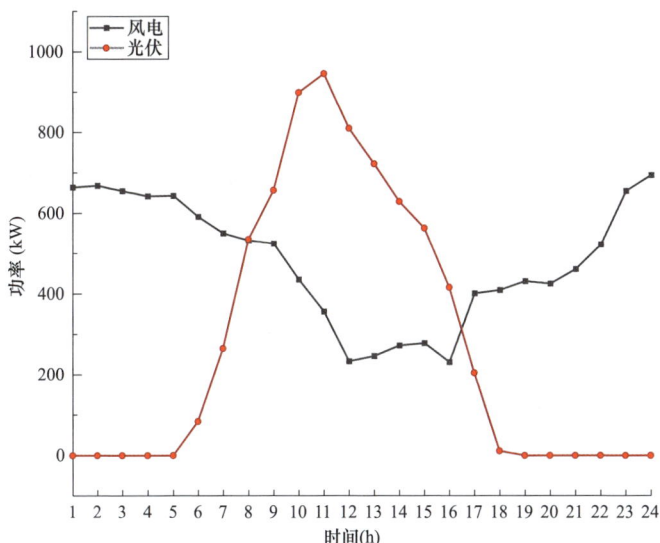

图 4-5 日前风电和光伏出力预测图

表 4-2　　　　　　　　　　　综合能源服务商购电价格

时段划分	时间段	电价（元/kWh）
峰时	8:00～11:00，16:00～20:00	1.2
平时	6:00～8:00，11:00～16:00，20:00～22:00	0.7
谷时	22:00～次日 6:00	0.4

127

表 4-3 风电和光伏设备的参数

分布式风力发电机组	风机额定输出功率（kW）	额定速度（m/s）	风机切入速度（m/s）	风机切出速度（m/s）	单位功率运维成本（元/kW）
	700	12	2.5	18	0.25
分布式光伏发电机组	光伏额定输出功率（kW）	额定光照辐射度（kW/m²）	额定温度（℃）	—	单位功率运维成本（元/kW）
	600	1000	25	—	0.25

表 4-4 储 能 设 备 参 数

参数	电储能设备	热储能设备
容量（kWh）	1000	1000
功率（kW）	500	500
自损率	0.0035	0.0035
运维费用（元/kW）	0.35	0.35
充/放效率	0.85/0.98	0.85/0.9
SOC_{max}^{ees} / SOC_{min}^{ees}	0.8/0.2	—
SOC_1^{ees}	0.5	—

表 4-5 其 他 设 备 参 数

设备	容量（kW）	能效	运维费用（元/kW）	爬坡速率（kW/h）	碳排放密度（g/kWh）	碳排放配额（g/kWh）
燃气锅炉	1000	0.93	0.25	500	0.2	0.152
燃气轮机	1000	0.3	0.25	500	0.7	0.424
余热锅炉	1000	0.8	0.3	500	0.4	0.424
电网	1500	—	—	—	0.9	0.798

4.3.2 日前调控策略分析

4.3.2.1 风险中性策略

在不考虑风电和光伏出力以及各类负荷需求不确定性的风险中性策略下，综合能源服务商的日运营利润为34858.61元。日前阶段的具体设备调控方案如图4-6～图4-8所示，对可转移负荷的调控计划如图4-9所示。

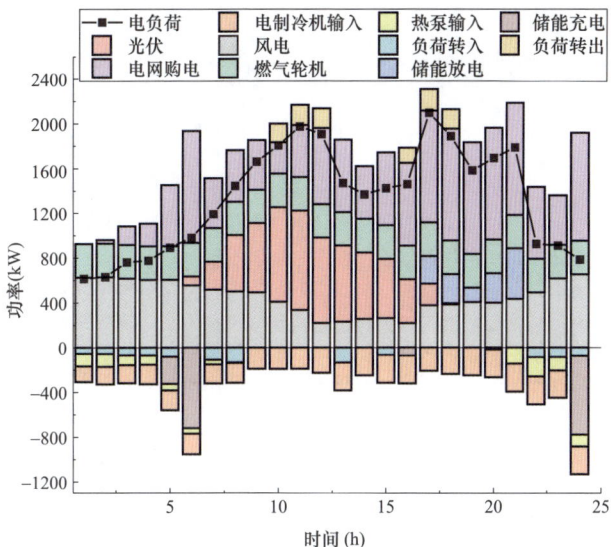

图 4-6 电功率平衡图

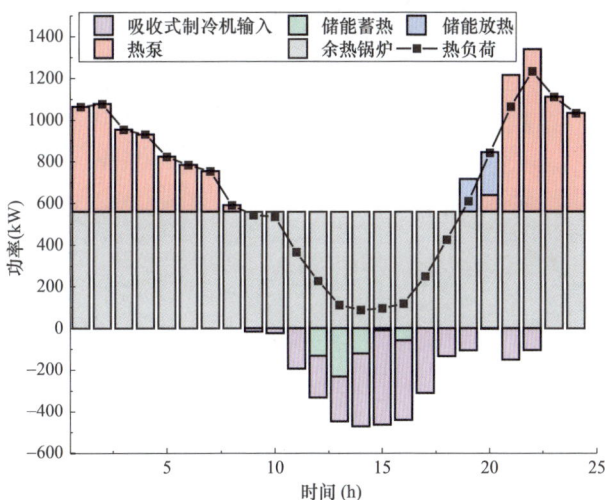

图 4-7 热功率平衡图

从图 4-6 可以看出，日前阶段的电力需求主要由风电、光伏和燃气轮机等机组来满足。在时段 1:00～6:00，用户的电负荷需求较低，主要通过风电和燃气轮机设备的输出功率来满足，同时还能满足电储能设备的充电需求和电制冷机的制冷需求。在时段 7:00～15:00，光伏出力开始增加，风电出力开始减少，而用户的用电需求和用冷需求逐渐增加，其需求主要通过光伏发电和燃气轮机的输出功率来满足。时段 16:00～18:00，用户的电负荷需求最高，

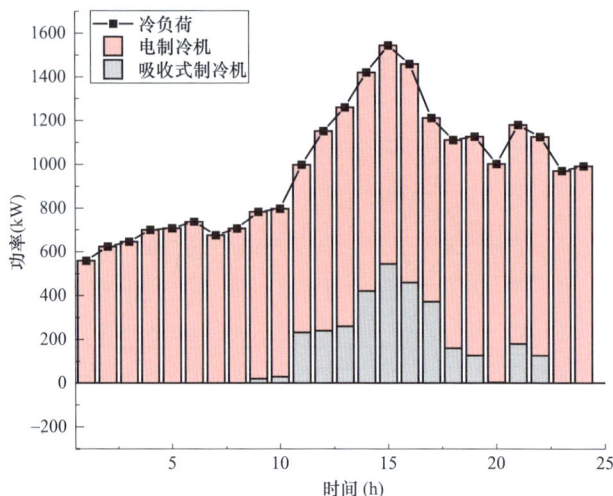

图 4-8　冷功率平衡图

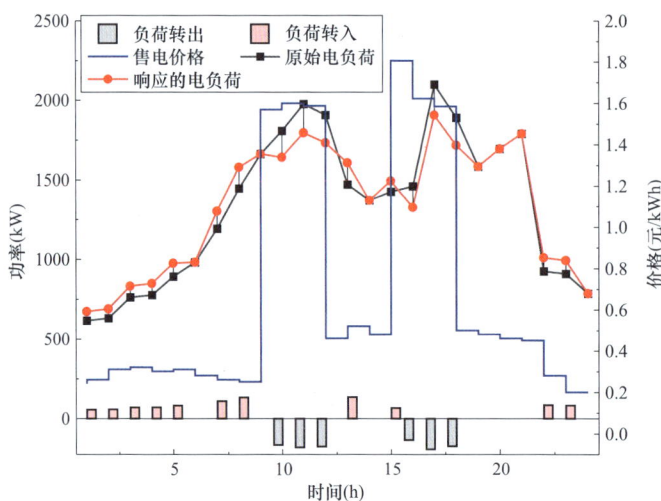

图 4-9　可转移负荷调控计划

但风电和光伏的输出功率最低，此时综合能源服务商从电网购买的电量最大，电储能设备开始放电，从而保障了电力供需平衡。在时段 19:00～24:00，光伏出力为 0，风电出力逐渐增大，电负荷需求逐渐减小，因此，综合能源服务商生产设备的输出功率和从电网购买的电力不仅能够满足用户的用电负荷需求，还承担了热泵和电制冷机设备的用电需求。同时，由于此阶段的购电价格较低，因此，综合能源服务商向电网购买的电量均保持在较高水平。值得注意的是，电储能设备的出力状态与用户的用电负荷水平高度相关，例如，在用电高峰时，电储能设备处于放电状态，在用电低谷时，电储能设备处于充电状态，不仅提升了综合能源服务商的经济性，也起到了降低峰谷差的作用。

从图 4-7 和图 4-8 可以看出，用户的热负荷需求和吸收式制冷机的用热需求主要由余热锅炉和热泵等设备来满足。在时段 1:00～6:00，用户的用热和用冷需求均处于较高水平，此时的用热需求主要通过余热锅炉和热泵的输出功率来满足、用冷需求主要通过电制冷机来满足。在此阶段，综合能源服务商利用电负荷和冷、热负荷峰谷时段的差别，实现了电转热和电转冷。在时段 7:00～19:00，用户的热负荷需求减少、冷负荷需求增加，主要通过电制冷机和吸收式制冷机的输出功率同时满足冷负荷需求，热负荷主要需求通过余热锅炉的输出功率来满足。因此，此阶段综合能源服务商生产设备输出的热功率不仅满足了用户本身的用热负荷需求，还满足了部分的用冷负荷需求，减少了电制冷机设备的用电需求。在时段 20:00～24:00，用户的用热需求开始增加，用冷负荷需求仍处于较高水平，此时综合能源服务商生产热功率的设备主要用于满足用户的直接用热需求，减少了冷功率的输出，此阶段的用冷需求主要由电制冷机来满足。由此可知，可利用园区内某一时间段内各种电、热、冷负荷与工业园区综合能源系统中各种能量生产和转换耦合单元的互补特性，实现能量梯级利用和负荷转换，从而提高能源的综合利用效率。

图 4-9 主要展示了综合能源服务商发布的售电价格和可转移负荷调控量之间的关系以及响应前后的电负荷曲线，综合能源服务商基于第 4 章所得到的分时售电价格和可转移负荷可调控量，为满足供需平衡对用户侧的可转移电负荷进行调控。由图 4-9 可知，在时段 10:00～12:00 和 16:00～18:00 的用电高峰时段以负荷的转出为主，在时段 1:00～5:00、7:00～8:00、13:00～15:00、22:00～24:00，综合能源服务商发布的电价均较低，此时以负荷的转入为主，从而保证实施可转移负荷型综合需求响应前后对用户的总体负荷不产生影响。由此可知，实施了可转移型综合需求响应之后，不仅保障了供需平衡，还对用户的原始电负荷情况起到了"负荷整形"的效果，使得负荷曲线更加平缓。

4.3.2.2 风险规避策略

在风险规避策略下的 IGDT 鲁棒模型中，优化目标为在最大化鲁棒性程度的前提下，也就是在用户侧需求和源侧出力最差情况下，使得综合能源服务商的日运行利润不低于可接受的临界运行利润，而不仅仅是最大化综合能源服务商日运行利润。这种稳健的决策虽然损害了自身的一些运行利润，但可以使综合能源服务商规避用户侧需求和源侧出力偏离预测值而带来的不利风险。通过求解得到的鲁棒模型规定目标偏差因子下的各类不确定度结果见表 4-6，如图 4-10 所示。

表 4-6 不同目标偏差因子下的鲁棒性水平

β_1	运行利润临界值	ε_{wt}	ε_{pv}	ε_e	ε_h	ε_c
0	34858.61	0.000	0.000	0.000	0.000	0.000
0.01	34510.02	0.014	0.016	0.015	0.013	0.016
0.02	34161.44	0.021	0.028	0.021	0.018	0.019
0.03	33812.85	0.034	0.029	0.033	0.023	0.028
0.04	33464.27	0.042	0.035	0.044	0.031	0.031
0.05	33115.68	0.048	0.054	0.059	0.047	0.041
0.1	31372.75	0.091	0.097	0.104	0.114	0.119
0.15	29629.82	0.147	0.149	0.178	0.162	0.169
0.2	27886.89	0.186	0.191	0.192	0.187	0.173
0.25	26143.96	0.205	0.207	0.298	0.203	0.212
0.3	24401.03	0.317	0.212	0.335	0.323	0.318
0.35	22658.10	0.451	0.453	0.445	0.434	0.429
0.4	20915.17	0.504	0.597	0.512	0.544	0.557

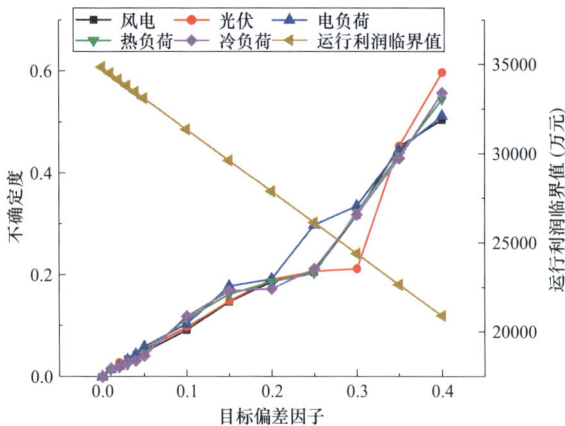

图 4-10 鲁棒模型规定目标偏差因子下的源荷双侧不确定度

由表 4-6 和图 4-10 可知，随着电、热、冷负荷需求和风电、光伏出力预测值的不确定度越来越高，综合能源服务商日运行利润越来越低，其中电力需求预测的偏差对综合能源服务商运行利润的影响最大。因此，在平衡综合能源服务商运行利润和不确定性数据的偏差值的前提下，选取鲁棒模型目标偏差因子为 0.05、临界利润值为 33115.68 元时的综合能源服务商调控计划，此时电、热、冷需求的预测值偏差分别为 5.9%、4.7%、4.1% 左右，风电和光伏出力预测值偏差分别为 4.8% 和 5.4% 左右，偏差均在 5% 以内。当鲁棒模型偏差因子为 0.1、临界利润值为 31372.75 元时，负荷侧不确定性度均超过 10%，源侧不确定程度分别为 9.1% 和 9.7%。当鲁棒模型偏差因子超过 0.15 时，负荷侧不确定度均超过 10%，源侧不确定性程度分别为 9.1% 和 9.7%。当鲁棒模型偏差因子为 0.4、临界利润值为 20915.17 元时，源荷双侧不确定度均超过 50%。结合现实情况可知，源荷双侧数据预测的不确定度为 10% 左右。因此，在后续选择以 0.1 为鲁棒模型目标偏差因子，并假定目标利润减少 10% 的情况下的综合能源服务商调控计划进行分析。

4.3.2.3 风险偏好策略

在风险偏好策略下，综合能源服务商的决策是从寻求风险的乐观主义决策者的角度进行的，因此，其目标是在最小的不确定度，也就是在用户侧需求和源侧出力最理想的情况下通过调整调控计划，以期从输入数据中的有利偏差中获益，从而获得更大的利润。这种投机的决策在增加综合能源服务商运行利润的同时也使由于用户侧各类能源需求和源侧风光出力偏离预测值而带来的风险越来越高。通过求解得到的机会模型规定目标偏差因子下的各类不确定度结果见表 4-7，如图 4-11 所示。

表 4-7　　　　　　　　不同目标偏差因子下的机会范围

β_2	运行利润临界值	ε_{wt}	ε_{pv}	ε_e	ε_h	ε_c
0	34858.61	0.000	0.000	0.000	0.000	0.000
0.05	36601.54	0.040	0.055	0.100	0.100	0.100
0.1	38344.47	0.114	0.138	0.102	0.117	0.124
0.15	40087.40	0.131	0.144	0.152	0.215	0.217
0.2	41830.33	0.141	0.158	0.191	0.225	0.231
0.3	45316.19	0.266	0.250	0.119	0.228	0.249
0.4	48802.05	0.390	1	0.150	0.331	0.306
0.5	52287.92	0.470	1	0.250	0.335	0.347
0.6	55773.78	1	0.540	0.250	0.300	0.379
0.7	59259.64	1	0.671	0.250	0.300	0.411

β_2	运行利润临界值	ε_{wt}	ε_{pv}	ε_e	ε_h	ε_c
0.8	62745.50	1	0.487	0.250	0.300	0.5
0.9	66231.36	1	0.567	0.250	0.300	0.5
1	69717.22	1	0.789	0.250	0.300	0.5

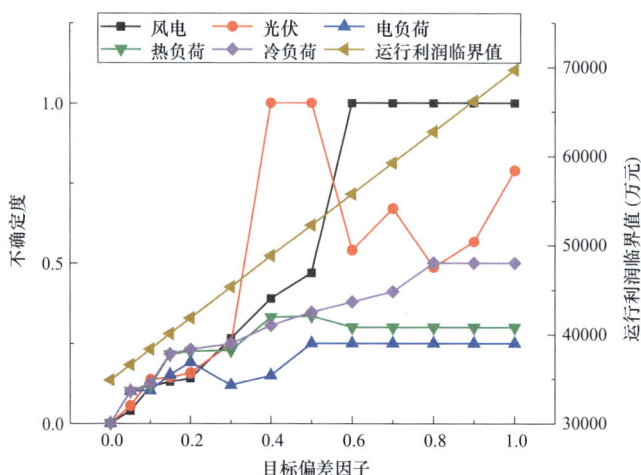

图 4-11　机会模型规定目标偏差因子下的源荷双侧不确定度

由表 4-7 和图 4-11 可知，随着电、热、冷需求和风电、光伏出力预测值的不确定度越来越大，综合能源服务商日运行利润所受到的影响也越来越大。因此，在平衡综合能源服务商运行利润和不确定性数据的偏差值的前提下，选取机会模型目标偏差因子为 0.1、目标利润增长 10%、38344.47 元时的综合能源服务商调控计划，此时电、热、冷需求的最大不确定度分别为 10.2%、11.7%、12.4%，而风电、光伏出力预测值的不确定度分别为 11.4% 和 13.8%，均在 15% 以内。也就是说，为了使综合能源服务商日运营利润增长 10%，源荷不确定性数据的预测值偏离度必须在 15% 以内。当综合能源服务商的利润增长幅度超过 40% 时，要求风电和光伏出力增长一倍，负荷需求也相应减少15% 以上。

4.3.2.4　不同策略对比分析

为比较风险中性策略、风险规避策略和风险偏好策略下综合能源服务商的生产和调度结果，分析了综合能源服务商的风险意识对燃气轮机出力、余热锅炉出力、购电量、购气量和可转移负荷调控量的影响，具体如图 4-12～图 4-15 所示。

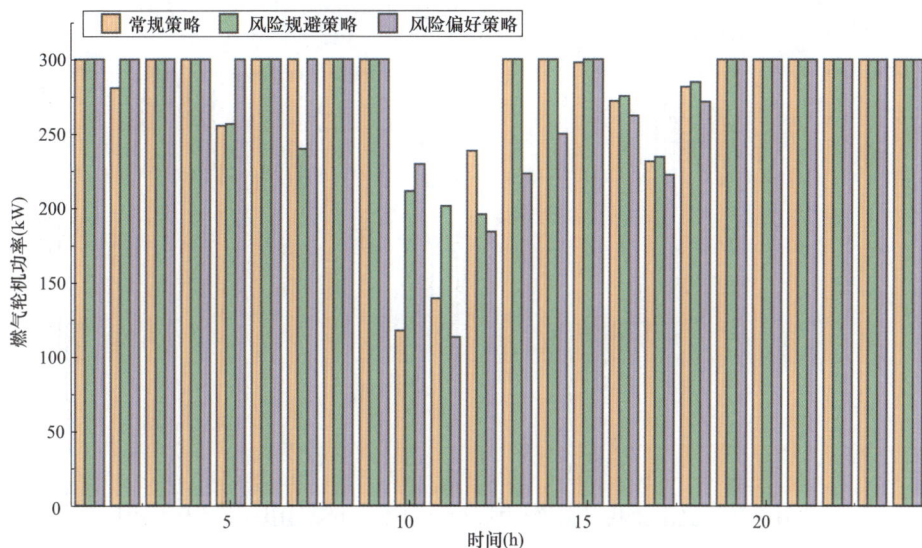

图 4-12 燃气轮机出力功率

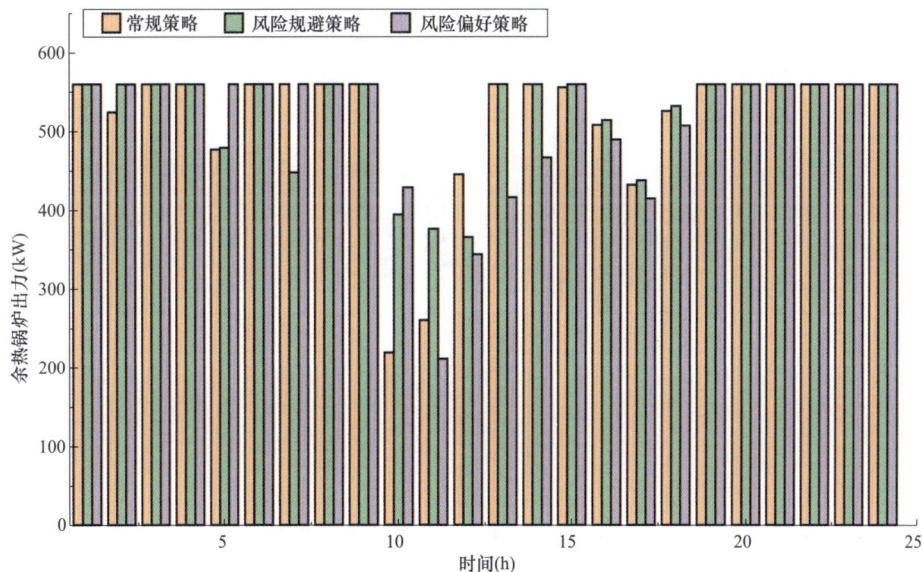

图 4-13 余热锅炉出力功率

从图 4-12～图 4-15 中可以看出，在用电低谷时段 22:00～次日 6:00，风电出力最高，电网的售电价格最低，此时上级电网及综合能源服务商自身的风电机组和燃气轮机机组承担主要的用电需求。而在风险规避策略下，综合

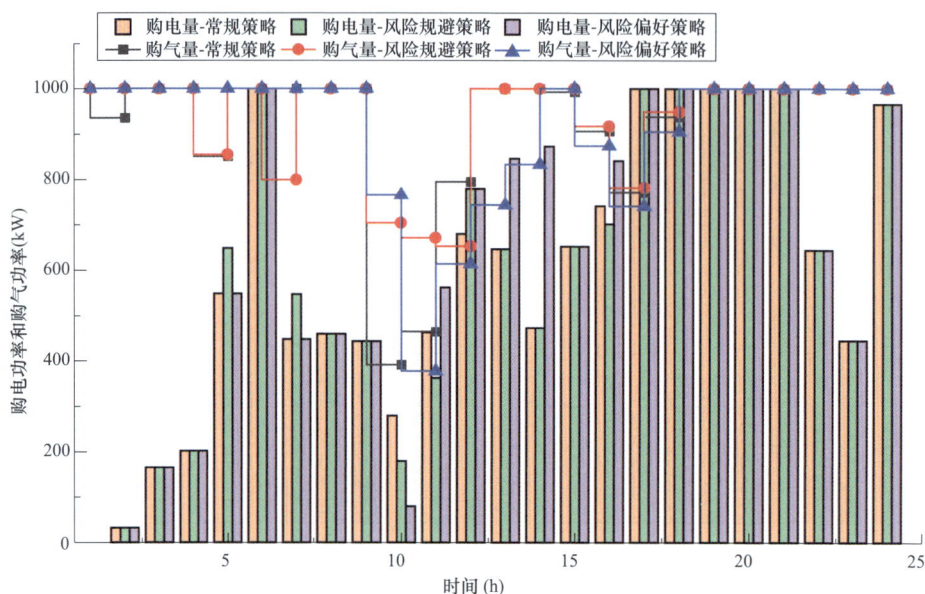

图 4-14 购电量和购气量

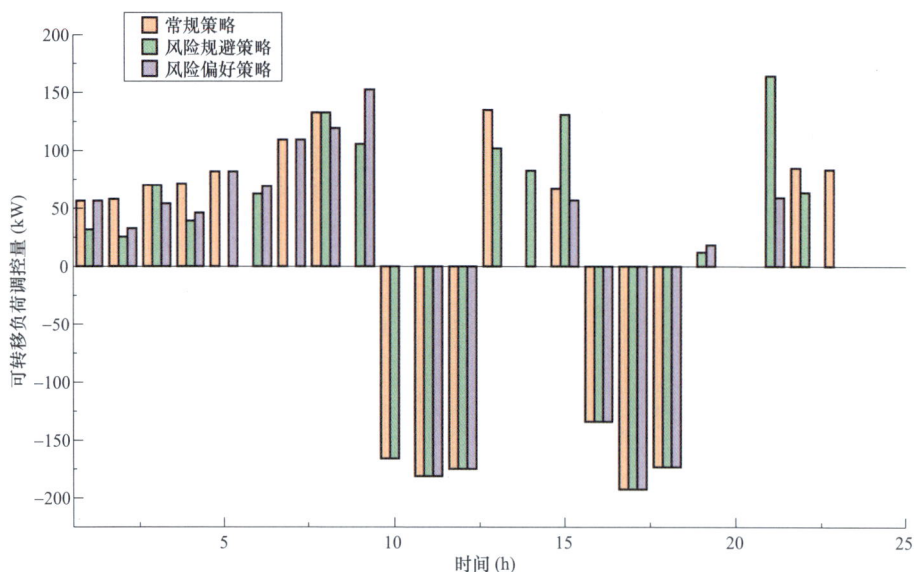

图 4-15 可转移负荷调控量

能源服务商为了规避风电出力不稳定产生的风险，更倾向于增加向上级能源
网络购买的电量和天然气量，由此增加了系统的碳排放成本和购能成本。与

此相反，在风险偏好策略下，综合能源服务商为了寻求风电可能会增加的出力，在保证燃气轮机出力的前提下，减少对上级电网的依赖，缩减从电网购买的电量，从而节约部分购电成本和碳排放成本。在用电高峰时段 8:00～11:00、16:00～20:00，随着风电出力的减少，光伏发电量逐渐增加，此时上级电网和综合能源服务商自身的风电机组、光伏机组和燃气轮机机组承担主要的用电需求。其中，在时段 10:00～12:00 和 15:00～18:00，风险规避策略下综合能源服务商的购电量和购气量最高，燃气轮机机组满足 16.54%的电力负荷需求，而风险偏好策略下综合能源服务商的购电量和购气量最低，燃气轮机机组满足 14.43%的电力负荷需求。在其余平时段，三种策略下的综合能源服务商购能策略和设备调控策略无显著差异。

在供热方面，由图 4-13 可以看出，在用热高峰时段，综合能源服务商余热锅炉输出的热功率在风险偏好策略下比风险规避策略下的多，而在用热平时段和低谷时段，风险规避策略下的余热锅炉输出热功率比风险偏好策略下的多。产生此差别的主要原因在于：用户的热负荷主要通过余热锅炉和电热泵两种设备来满足，且热负荷和电负荷的峰谷时段相反，因此在用热低谷、用电高峰时段，风险规避策略下的综合能源服务商主要通过余热锅炉设备来满足用热负荷需求，减少电热泵的供热量，从而规避电力供给不足的风险，而风险偏好策略下的综合能源服务商为了寻求更高效率的供能，对热泵出力的削减较少。

图 4-15 主要表示综合能源服务商在不同场景下的可转移电负荷调控量，综合能源服务商通过调用更多的综合需求响应负荷来实现能源供需平衡。总体来说，由于用户可转移负荷的不稳定性，综合能源服务商在风险规避策略下对可转移负荷的调控量最少，风险中性策略次之，最后是风险偏好策略。具体来说，在时段 1:00～9:00、13:00～15:00、19:00～22:00，综合能源服务商主要通过引导用户多用电，将高峰时期的生产计划转移到低谷和平时段，从而缓解供电压力，而此时段风险规避策略下的电负荷转移量要少于风险偏好策略下的转移量。同理，在时段 10:00～12:00、16:00～18:00，综合能源服务商主要通过引导用户少用电，削减非必要的生产计划，此时段风险规避策略下的电负荷转移量仍少于风险偏好策略下的转移量。

综上所述，与风险中性策略和风险偏好策略相比，风险规避策略下的综合能源服务商生产计划和可转移负荷调控计划更为保守，主要通过出力稳定的燃气轮机机组、余热锅炉机组以及从上级电网购电来应对源荷带来的不确定性。其中，燃气轮机机组、余热锅炉机组、上级电网是主要的碳排放来源，因此，综合能源服务商在上述三种策略下付出的碳交易成本分别为 21531.36

元、15380.24 元和 25773.41 元，导致综合能源服务商在风险规避策略下的运行收益减少。由此可知，为了规避一定的风险，综合能源服务商需要付出更多的成本，意味着综合能源服务商必须在风险管理和成本效益之间找到平衡点。因此，在综合能源服务商不同风险意识或者风险承受度下，制订合理的生产和调控计划尤为重要。

4.3.3 日内调控策略分析

4.3.3.1 日内调控结果

以日前阶段风险规避策略下的优化结果为基础，在日内阶段，综合能源服务商考虑了用户的可削减电、热、冷负荷以及基于多场景技术的风电、光伏、电负荷、热负荷和冷负荷预测不确定性之后，制定了各设备出力情况以及可削减负荷量。此时，综合能源服务商的日内运行成本为 1979.95 元，付出的碳交易成本为 276.6。$t=12$ 时的典型场景概率如图 4-16 所示，各场景概率分别为 0.20、0.24、0.27、0.12 和 0.16，日内阶段风电出力典型场景如图 4-17 所示，为了与预测值相比较，日内阶段的各场景时间尺度仍取值为 24h。其他时段的场景概率和光伏出力以及电负荷、热负荷、冷负荷需求预测的典型场景如图 4-18～图 4-21 所示。日内阶段考虑综合需求响应之后的各设备出力和可削减负荷结果如图 4-22～图 4-25 所示。

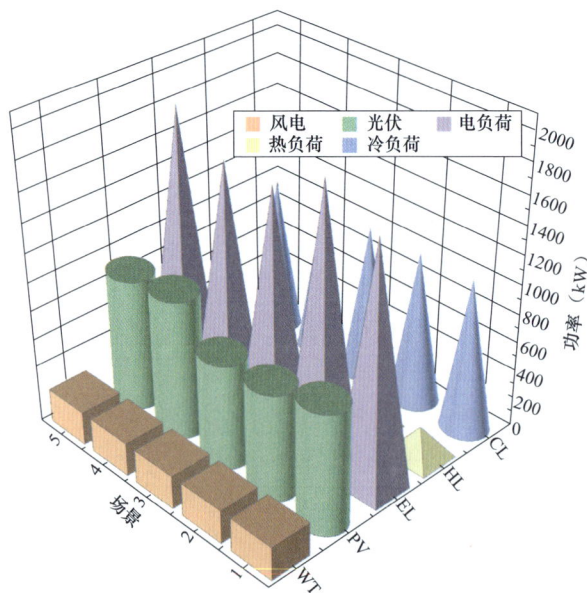

图 4-16 $t=12$ 时的典型不确定性组合的概率

138

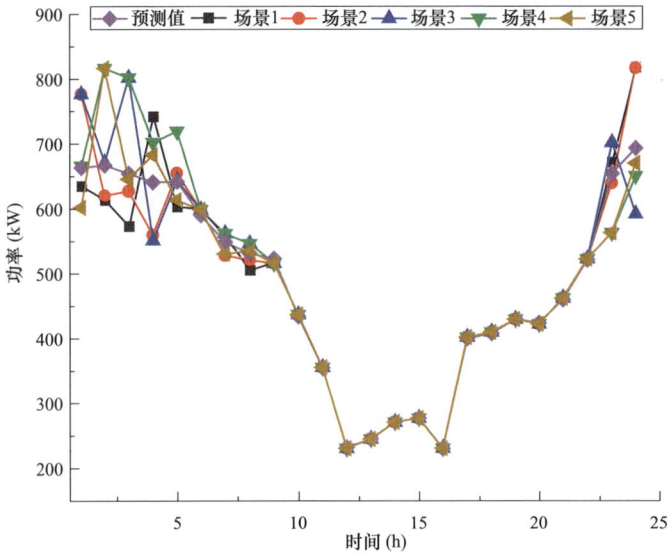

图 4-17 不同场景下的风电出力预测

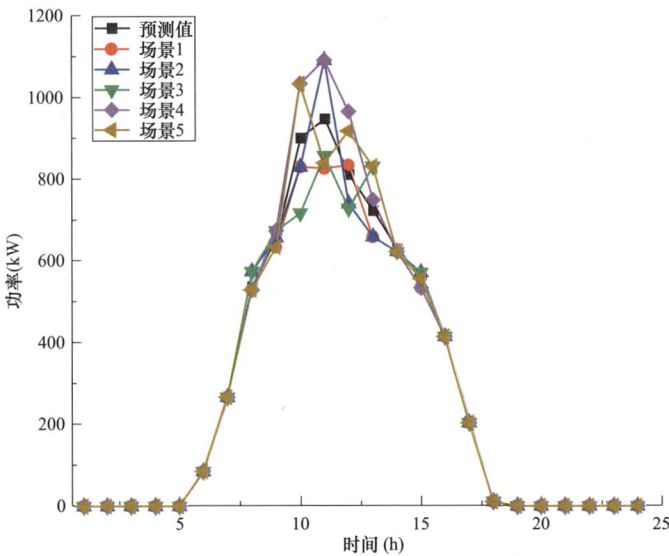

图 4-18 不同场景下的光伏出力预测

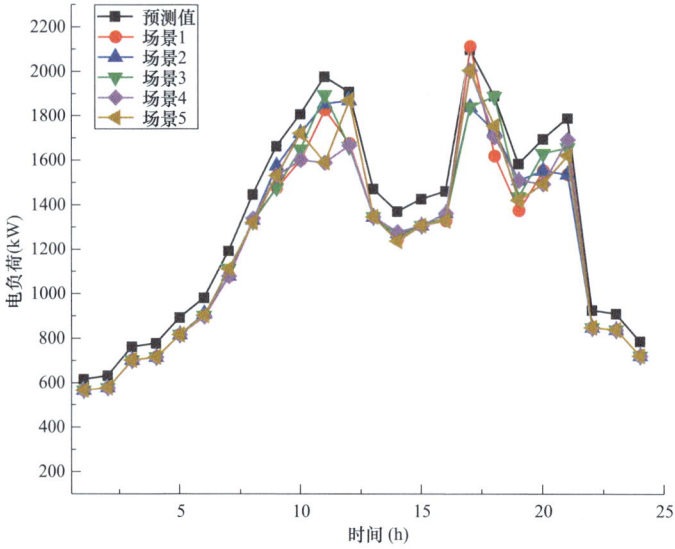

图 4-19　不同场景下的电负荷预测

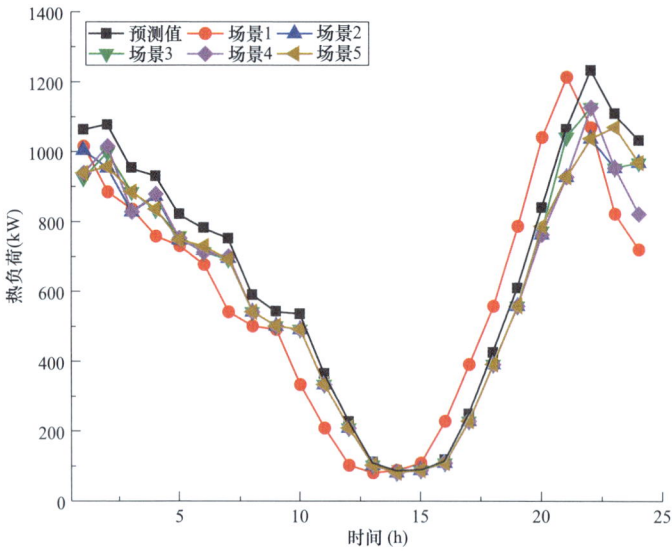

图 4-20　不同场景下的热负荷预测

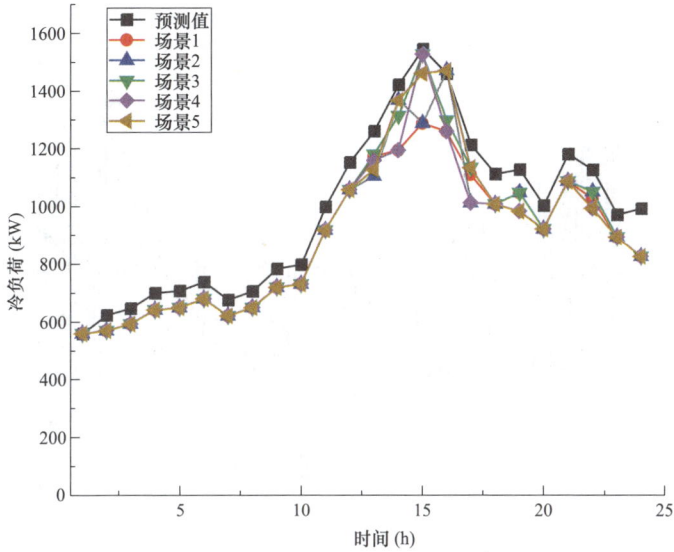

图 4-21 不同场景下的冷负荷预测

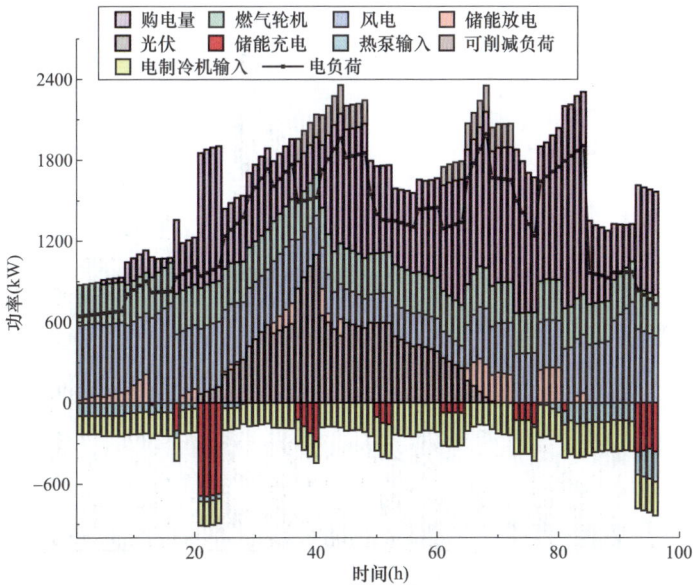

图 4-22 日内阶段电功率平衡

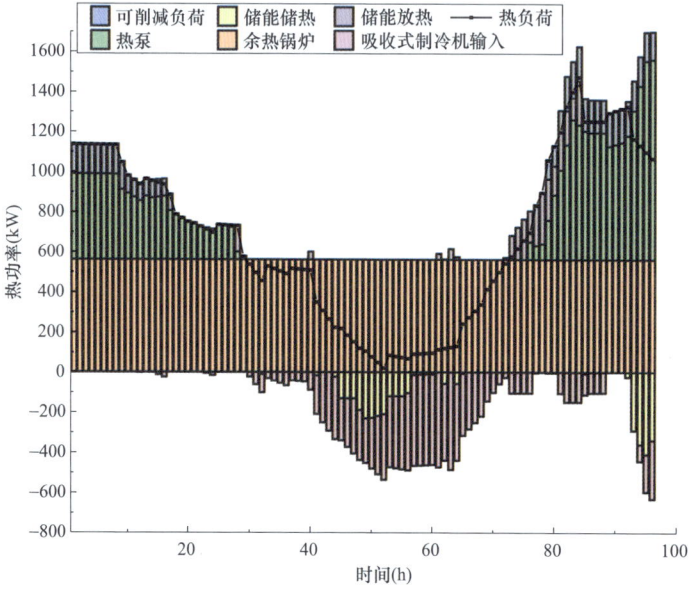

图 4-23 日内阶段热功率平衡

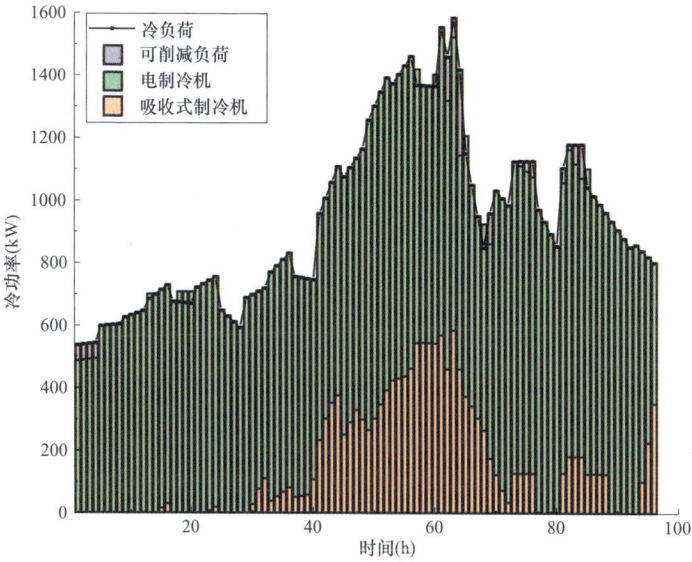

图 4-24 日内阶段冷功率平衡

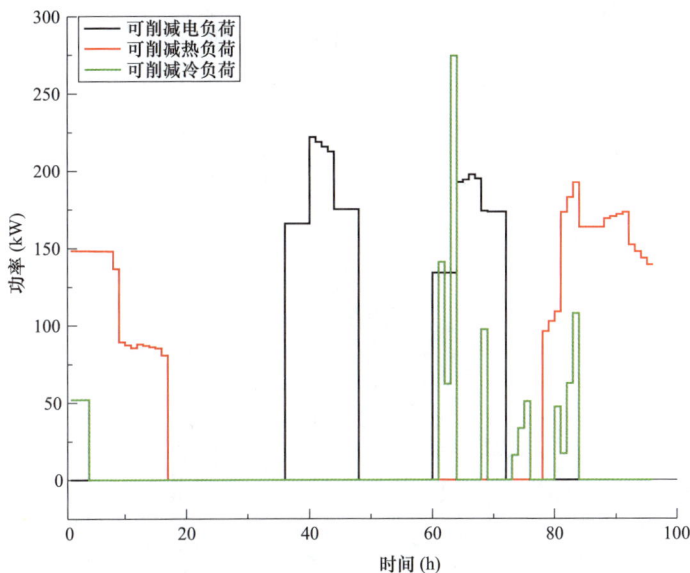

图 4-25　日内阶段可削减负荷调控量

由图 4-22～图 4-24 可以看出,综合能源服务商在日内阶段实现了系统内 15min 级的能源供需平衡,但由于日内阶段源荷预测值与日前阶段不同,部分设备的日内调度计划与日前调度计划有所偏差。在时段 11:00～16:00、18:00～22:00,综合能源服务商的购气量和购电量较日前阶段的计划有所增长,使得燃气锅炉、燃气轮机和余热锅炉的出力变化较为明显,均比日前阶段的出力计划有所增长。而储能由于其实时充放能优势承担了大部分时段下的源荷双侧波动,因此电储能和热储能在日内阶段的出力计划与日前阶段相比波动较大。

由图 4-25 可知,用户侧的电、热、冷等可削减负荷在日内阶段被调用,以应对源侧出力和负荷侧需求预测的不确定性。同时,对于用户来说,由于综合能源服务商通知用户参与日内综合需求响应的时间较短,导致用户的参与成本相对较高。对于综合能源服务商来说,虽然可削减负荷是直接通过可削减的形式响应,但仍存在响应量的不确定以及对用户发放的补贴成本比购买电力和天然气成本高的问题。因此,总体来说,日内阶段的可削减负荷规模比日前阶段的可转移负荷量少,可削减负荷规模仅占用户用电负荷需求的 4.1%左右,对用户正常的生产计划造成的影响较小,同时也缓解了由于源荷双侧不确定性带来的供能紧张问题。

4.3.3.2 综合需求响应调控影响分析

为分析日内阶段可削减型综合需求响应的调用对于系统功率平衡结果的影响，本书进一步测算了日内阶段不考虑综合需求响应时的电、热、冷功率平衡结果，如图 4-26～图 4-28 所示。同时，对比分析了日内阶段可削减型

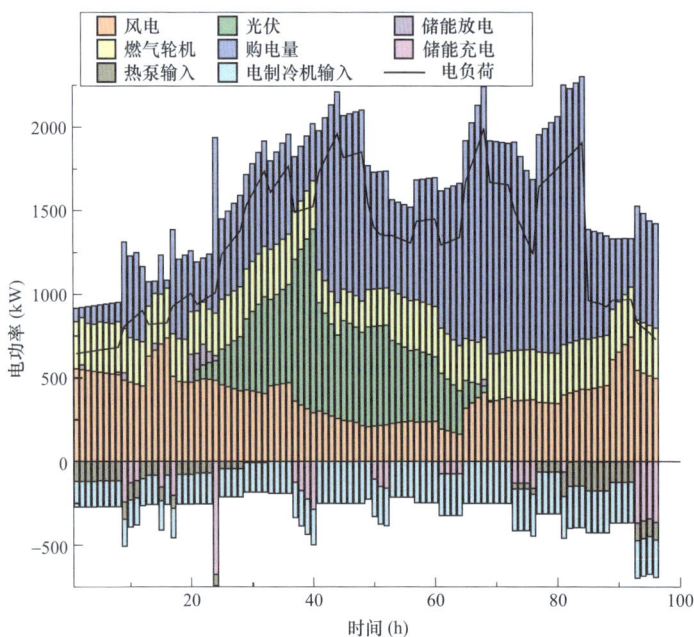

图 4-26　日内阶段不考虑综合需求响应的电功率平衡

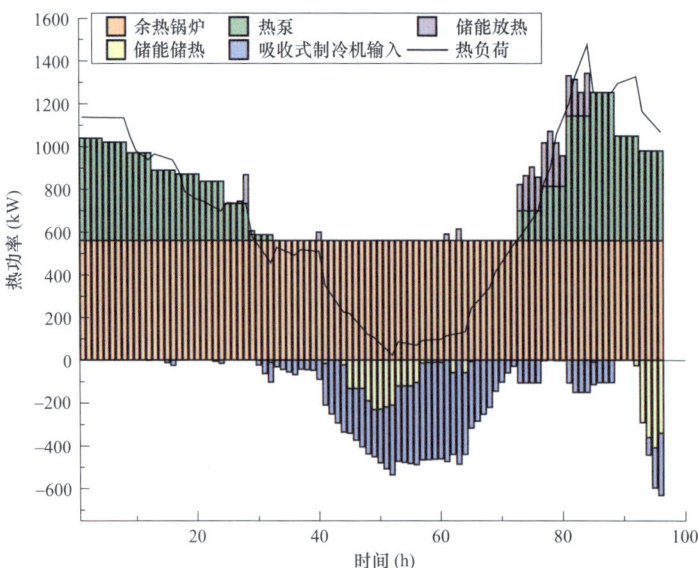

图 4-27　日内阶段不考虑综合需求响应的热功率平衡

综合需求响应的调用对于系统运行成本和碳交易成本的影响，结果如图4-29所示。

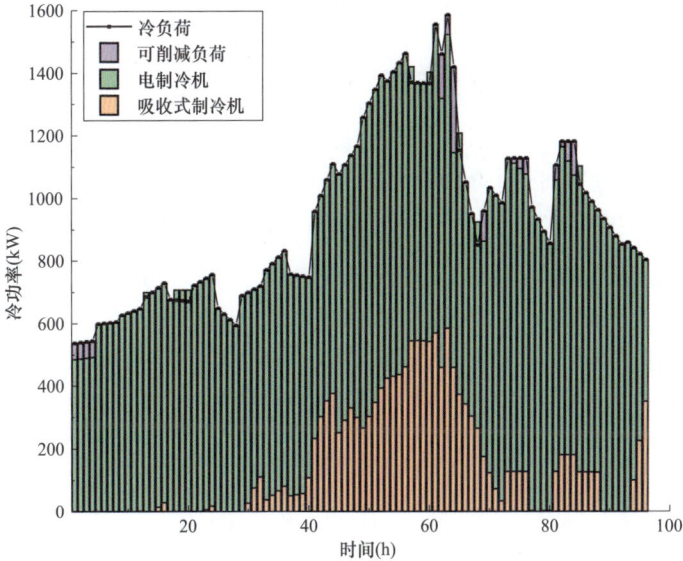

图 4-28　日内阶段不考虑综合需求响应的冷功率平衡

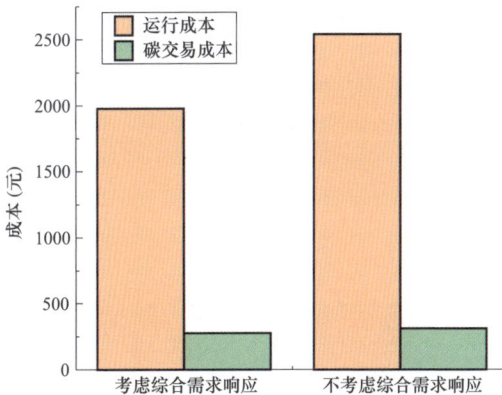

图 4-29　是否考虑综合需求响应情况下的成本对比

　　由图4-26～图4-28可以看出，综合能源服务商在日内阶段不考虑负荷削减型综合需求响应的前提下实现了系统内15min级的能源供需平衡。但与考虑综合需求响应之后的调度计划不同的是，由于用户侧的电、热、冷等可削减负荷在日内阶段未被调用，因此高峰时期的外购电量增加，燃气轮机、热泵和电制冷机三个设备的出力明显增加。结合图4-29可知，日内阶段考虑综合需求响应时的运行成本为 1979.95 元，以负荷削减形式的综合需求响应为主，仅占用户用电负荷需求的 4.1% 左右，付出的碳交易成本为 276.6 元；不考虑综合需求响应时的运行成本为 2541.33 元，付出的碳交易成本为 311.45 元，分别比考虑综合需求响应时增加 28.35% 和 2.6%。原因在于，高峰时刻电网的售电价格较高，且燃气轮机运行会排放一定量的二氧化碳，从而导致综合能源服务商的购电成本以及碳交易成本明显增加。

由此可知，虽然日内阶段的综合需求响应调用成本相比日前阶段更高，但不调用用户侧的可削减负荷资源将会产生更多的外购电成本和碳交易成本。因此，本章所构建的综合需求响应日前、日内两阶段调控策略模型，一方面能够有效应对源荷双侧的不确定性，另一方面充分考虑用户在不同时间尺度上的响应行为方式，通过灵活的调控措施来满足用户的需求，提高了用户参与度和响应能力，从而达到了缓解供能紧张、提升系统经济性和环保性的效果。

基于系统动力学的综合需求
响应价值及影响因素研究

　　本章基于对综合需求响应能量流、信息流与价值流的研究成果，系统性地研究了工业园区综合能源系统中多主体参与综合需求响应的综合价值评估问题。研究创新性地构建了包含经济、环境和社会三个维度的系统动力学评估模型，通过量化分析揭示了工业园区综合能源系统价值产生的内在机理及其传导路径。

　　在研究方法上，本章首先建立了包含能源供应商、运营商、终端用户及社会公众在内的多主体协同价值分析框架，深入剖析了工业园区综合能源系统在经济效益提升、系统运行安全保障和环境保护优化等方面的价值产生机制。研究采用系统动力学方法，构建了具有完整因果回路和存量流量特征的动态评估模型，通过情景仿真技术量化分析了不同政策参数和市场条件下各参与主体获得的综合效益。

　　在实证研究方面，本章重点考察了供应商—用户效益分享比例、政府补贴政策等关键参数的影响效应，通过敏感性分析识别出不同发展阶段的价值驱动因素。研究发现，合理的效益分配机制和适度的政策支持是推动工业园区综合能源系统可持续发展的关键要素。

　　基于研究成果，本章提出了分阶段、差异化的工业园区综合能源系统推广策略建议：在初期发展阶段应强化政策激励，在成熟阶段则需注重市场化机制建设。这些研究成果不仅完善了综合需求响应价值评估的理论体系，其方法论框架也为其他能源系统的协同优化研究提供了重要参考，具有显著的理论价值和实践指导意义。

5.1　多主体参与视角下综合需求响应价值产生机理

5.1.1　综合需求响应对各主体产生的价值

本章研究一个工业园区内的综合价值，包括经济、安全和环保等价值，按照不同的受益主体，可以将综合需求响应产生的价值分为能源供应商价值、能源运营商价值、综合能源用户价值和政府所代表的全社会价值（以下简称"政府价值"）四类。而政府价值主要指以节能减排为代表的环保价值，受益主体为全社会，主要来源于能源供应商、能源运营商和综合能源用户的综合需求响应行为。

5.1.1.1　能源供应商

在工业园区综合能源系统中，能源供应商（即上级能源供给网络）的主要职责是通过向能源运营商出售电力和天然气获取经济利益。在"双碳"目标提出背景下，供应侧和需求侧资源呈现出多样化、丰富化、灵活化的发展趋势。综合能源服务商作为能源运营商，整合包括分布式风电、光伏、气电在内的供应侧资源以及需求侧资源，并将其纳入综合需求响应机制。在此框架下，综合需求响应的实施不仅降低了能源供应商的投资成本、运行成本以及环保成本，也增强了能源供应的安全性和稳定性。

首先，实施综合需求响应之后可以节约能源供应商的成本。从短期看，通过激励用户改变对一种或多种能源的需求，有助于转移或减少高峰时段的能源需求，并增加低谷时段的能源需求，提高系统负荷率，减轻高峰时期的供能压力，从而降低供应商在高峰时段的运行成本。从长期看，综合需求响应的实施能够对能源负荷进行持久稳定的优化，不仅增加了可以调节的柔性负荷规模，提升了负荷响应的质量，也使用户具有了持久稳定的负荷调整能力，从而减少了供给侧能源生产机组的启停成本。另外，综合需求响应通过持续的负荷优化，降低了供应侧的装机容量需求，供应商减少了基础设施建设投资。综上，综合需求响应为能源供应商带来了显著的成本节约效益。

其次，实施综合需求响应之后可以提高能源供应商的能源供应安全与稳定性。综合需求响应项目通过激励用户进行削峰填谷，有效减轻了上级电网和气网等能源供应商在高峰时段的运行压力，从而增强了能源系统的运行稳定性。此外，综合需求响应通过灵活调整用户用能需求，增强了能源供应商应对极端天气或设备故障等突发事件的能力，确保了能源供应的连续性与稳定性。

最后，实施综合需求响应之后可以提高能源供应商的环保收益。对于能源供应商而言，实施综合需求响应促进了电力需求与供应之间的有效匹配，提高了具有间歇性和波动性特性的可再生能源并网率和消纳率。相较于传统燃煤发电机组，可再生能源机组在投资、运维及环保等成本方面往往具有更低的成本。因此，综合需求响应在降低发电成本的同时也带来了显著的环境效益，如减少传统能源发电产生的污染和碳排放量。

综上，实施综合需求响应对能源供应商产生的价值及产生路径如图 5-1 所示。

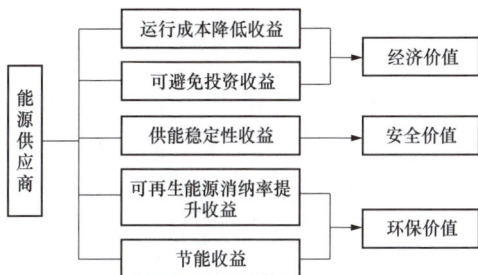

图 5-1 能源供应商价值产生路径

5.1.1.2 能源运营商

在本章研究的工业园区中，能源运营商指的就是上文所述的综合能源服务商，它扮演着调度中心和运营者的双重角色，负责调度园区内的各种能量耦合设备和储能装置。能源运营商将从能源供应商处购买的电力和天然气等能源通过上述设备转化为电负荷、热负荷和冷负荷之后售卖给用户。同时，运营商通过电、气、冷、热在供需两端协同优化以及基于综合需求响应的调度策略，促进了园区内间歇性可再生能源的有效利用，提升了能源效率。其核心职责是通过实施综合需求响应确保管理的设备和能源系统高效、可靠、安全、稳定、经济运行的同时，满足用户不同时间段的多样化能源需求，同时运营商自身也可以获得相应的价值。

首先，实施综合需求响应之后能源运营商可以获得价差收益和成本节约收益。能源耦合设备和存储设备是运营商实施综合需求响应的主要工具，能源运营商基于月度市场或者日前市场与供应商签订购能合同，并基于自身的能源生产、耦合和储存设备将不同来源和种类的能量转化为用户可用的能量，以优化之后的分时价格售卖给用户，获取差价利润。另外，运营商通过实施价格型和激励型综合需求响应，鼓励用户调整自身的用能计划、平滑用能曲线、削减高峰时段的用能负荷，从而减少自身在高峰时段的购能成本和运行成本，进一步减少其在能源生产设备、耦合设备和存储设备以及相应的能源输配网络的投资成本，同时也减少对紧急备用电源等的依赖。

其次，实施综合需求响应之后能够提升能源运营商的供能稳定性。一方面，实施综合需求响应有利于运营商整合供需双侧的多种资源，减少对不确定性能源和单一能源来源的依赖，从而提高能源供应的多样性，增强能源供应的安全性；另一方面，运营商通过实施综合需求响应能够激励用户主动调整能源消费模式以应对供能波动性，提高对未来用户侧负荷需求预测的准确性，更有效地匹配电力供应与需求。因此，运营商能够更好地应对极端天气或者突发的能源短缺等多种不确定性，降低因供需不平衡造成的供能安全风险和能源系统故障风险，从而增强供能稳定性、安全性和可靠性。

最后，实施综合需求响应之后能源运营商可以减少碳排放量。一方面，综合需求响应能够使用户通过调整用能模式来适应可再生能源供应的波动性，提高可再生能源的利用率，减少对供应侧传统化石能源的依赖；另一方面，考虑综合需求响应之后的运营商调度策略可以提高对高效能机组和能源的使用率，用更少的资源和能源投入满足用户的用能需求，节约资源，提升整体能源系统的效率，从而降低污染物的排放，减少环境负担。

综上，实施综合需求响应对能源运营商产生的价值及产生路径如图 5-2 所示。

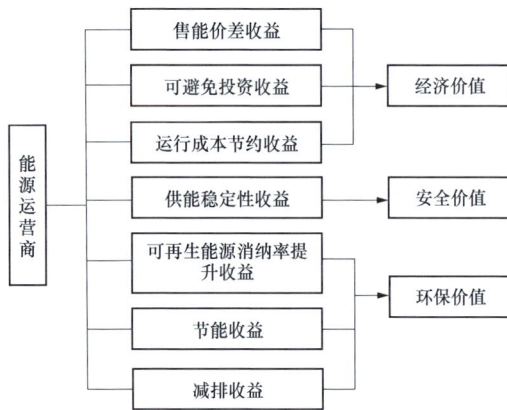

图 5-2　能源运营商价值产生路径

5.1.1.3　综合能源用户

园区内的用户可以大致分为两类：一是具有冷、热、电负荷需求的纯消费型用户，二是拥有电动汽车（Electric Vehicle，EV）的产消型用户。用户根据能源运营商制定的分时能源价格和激励补贴价格参与价格型和激励型的综合需求响应项目，通过合理安排用能策略来获取优质、可靠、安全的冷、热、电等能源，提高用能效率，降低用能总成本。

首先，参与综合需求响应之后用户可以获得可观的经济收益。用户参与价格型综合需求响应项目时，根据智能用户终端显示的可转换型柔性负荷一天中的使用情况以及可调节时长对运营商下达的分时能源价格进行响应，将负荷从价格峰时段转移到谷时段，从而获得响应分时能源价格的节约费用支出收益；对于激励型综合需求响应项目，用户与能源运营商签订用能合同，在实际运行中用户根据运营商发布的负荷削减指令进行响应并削减一定量的电、热、冷负荷，获取相应的电、热、冷负荷削减补贴收益。综上，用户参与综合需求响应项目的经济价值来自于其参与价格型综合需求响应获得的节约能源费用收益和参与激励型综合需求响应获得的负荷削减补贴收益。

其次，参与综合需求响应之后用户的用能可靠性显著提升。由前述分析可知，用户参与综合需求响应之后，能源供应商和运营商的能源供应安全和稳定性得到了保障，用户各时段内的各种能源需求都能得到可靠满足，从而提高了用户的用能舒适度和对运营商服务的满意度。此外，综合需求响应鼓励用户通过智能技术和能源管理系统来优化能源使用，提高用能效率，增强用能的自主控制和管理能力，例如在供电不稳定或需求高峰时，综合需求响应策略可以保护用户免受电网问题的影响。

最后，参与综合需求响应之后用户能够减少碳排放量。一方面，纯消费型用户通过优化负荷在一定程度上减少了用能量，在获取经济效益的同时也降低了碳排放。而其节能减排生活方式影响了周围未参与综合需求响应项目的消费者，该类消费者可能也会考虑优化自己的用能方式，成为综合需求响应项目的潜在参与者，同样具有一定程度的节能减排潜力。另一方面，拥有EV的产消型用户在具备以上纯消费型用户参与综合需求响应项目获得的价值以外，由于EV具有充放电特性进一步提高了其参与综合需求响应的灵活性，此类用户还能获得额外的价值。具体来说，EV响应综合需求响应信号在峰时段放电，在谷时段充电参与削峰填谷，在使用户获得分时电价的经济效益的同时提升了系统负荷率，充分发挥了EV的灵活充放电优势，减少了汽车尾气排放，最大化EV的节能减排效益。

综上，参与综合需求响应对综合能源用户产生的价值及产生路径如图5-3所示。

5.1.1.4 政府/全社会

综合需求响应对于全社会产生的价值主要体现在节能减排方面，主要来自于供应商、运营商和用户等主体的节能减排行为。例如，参与综合需求响应的用户会在一定程度上减少用能量，降低污染物排放；对于不参与综合需求响应的用户来说，受到一定的综合需求响应激励机制的影响，也会改变自己的用能方式，提高参与综合需求响应的可能性，在一定程度上促进节能减排。长期的综合需求响应具有显著的移峰填谷效果，因此也可以改变能源供应商和运营商的供能方式，提高供能效率，同时可以增加可再生能源机组的出力，对于推进可再生能源发展具有重要作用。综上，综合需求响应的开展有利于促进可再生能源发电大规模并网，减少传统化石能源发电，提高供能和用能效率，优化资源的配置，从而起到节能减排的作用，增加全社会收益，助力"双碳"目标的实现。

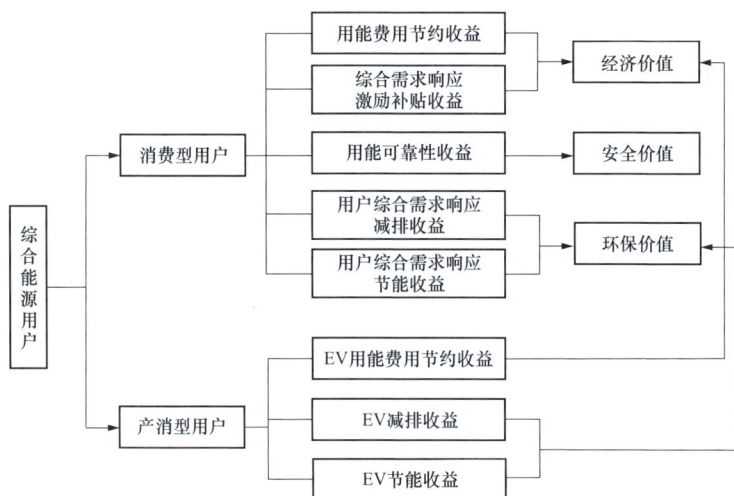

图 5-3　综合能源用户价值产生路径

综上可知，综合需求响应的节能减排效益的收益主体是由全社会共享的。然而，为提高用户的积极性，促进更多用户参与综合需求响应，需要投入一定的宣传成本；同时，可以对参与综合需求响应的用户提供设备投资运维成本补贴，也可对安装具体响应设备的能源运营商提供补贴，此部分补贴成本应该由全社会相应进行分摊。为了便于在下文所构建的模型中更好地考虑全社会效益和成本，本章认为政府机构是全社会成本收益的承担者。

5.1.2　综合价值产生机理分析

由上节分析可知，综合需求响应在工业园区综合能源系统中的综合价值和作用主要包括经济价值、安全价值和环保价值等三个方面，分别来自参与综合需求响应的能源供应商、能源运营商和用户等主体。进一步地，参考已有关于储能综合价值的研究，本书认为综合需求响应的综合价值也可分为直接价值和间接价值，其中直接价值涉及综合需求响应对能源运营商和用户产生的部分可以量化的价值，而间接价值主要涉及对能源供应商和政府的价值以及其他无法量化的价值。

（1）直接价值。综合需求响应产生的直接价值是指能够由价格直观反映综合需求响应对互动相关主体产生的且可以直接量化的价值，具体包括以下四点：一是能源运营商成本节约效益。综合需求响应能够为能源运营商调节供需平衡提供"软托盘"，使得用户用能需求产生更大的弹性，降低整个能源系统的调节成本，提高系统运行整体的经济性。二是用能成本节约效益。综合需求响应的实施使用户能够对电力和天然气等多个能源市场的价格信号做出反应，依据价格信号调整自身不同类型能源使用需求和用能习惯，从而降低自身的用能成本。三是用户综合需求响应补贴效益。能源耦合设备和储能设备的接入，提高了用户用能灵活性，使用户拥有更大容量的"虚拟能量单元"，能够直接参与综合需求响应以获得补贴，提高自身收益。四是供能可靠性提升效益。综合需求响应能够激励用户在不同时段通过不同类型能源转换的方式进行能量补充，从而提高整个能源系统供能的可靠性，减少用户的停电损失。

（2）间接价值。综合需求响应产生的间接价值是指不能由价格直观反映且难以量化的、需要间接估算的价值，具体包括以下五点：一是间接经济价值，主要是指能源供应商等其他利益相关者带来的价值，包括可避免投资效益、运行成本降低效益等。二是系统灵活性提升价值。综合需求响应的实施能够提高用户在系统运行和能源市场中的参与程度，充分挖掘用户需求侧的调节潜力，实现未来多能源系统的供需协调优化以及区域能源系统的自平衡，从而提高系统运行调控的灵活性。三是提高供能稳定性价值。多类型的能源存储设备使得需求侧用户能够以较低的成本实现能量存储，平抑高比例可再生能源系统中能源供给的波动性。四是节能减排价值。用户参与综合需求响应之后能够基于动态的激励机制及时调整和优化用能计划，选择合理的能源消费方式，从而在一定程度上减少高峰时段的用能量并提高能源的使用效率，起到降低碳排放、保护环境的作用。五是促进可再生能源发展价值。综合需求响应的实施可使能源系统更加灵活，有利于促进可再生能源发电大规模并网，减少传统化石能源发电量，最终带来节能减排效益。

综上，多主体参与综合需求响应的综合价值产生路径如图 5-4 所示。由政府代表的全社会虽然并无实质性的参与行为，但通过其他三个主体节能减排行为和可再生能源消纳率的提升，也可以使全社会获得节能减排价值。

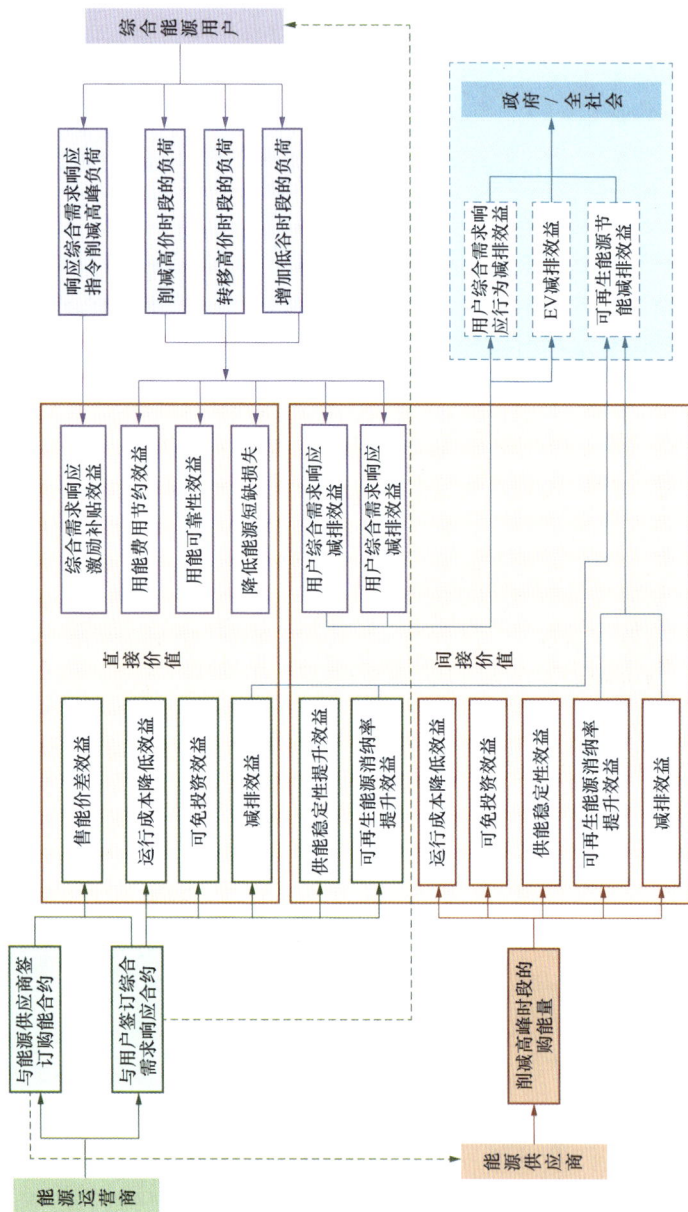

图 5-4 综合需求响应综合价值产生路径

5.2　基于系统动力学的综合价值分析模型

5.2.1　系统动力学建模思路

系统动力学（System Dynamics，SD）是系统科学理论与计算机仿真技术相结合，研究系统反馈结构与行为的科学。SD 认为，系统随环境和时间演变，外界对系统的影响和系统内部的相互作用构成了系统发展的动力，这种动力可以用因果关系量化表示。复杂的系统可以分解为多个子系统，最简单的子系统包含状态量、速率量及辅助变量，是一阶反馈回路，可用一个多元一阶微分方程表示。SD 仿真既可以在宏观上把握事物发展的趋势，又可以分析系统内部微观因素的相互作用关系。在社会经济方面，可运用 SD 进行系统模拟、预测，其对于经济效益评价、供应链效率分析等有较好的应用，在项目的综合评价方面也有应用。SD 着眼于现在的基础数据和未来的预测，具有动态性。

在综合需求响应综合价值评估指标体系中，用能费用节约、可靠性效益、可免投资成本效益、节能减排效益等多个指标都是相互影响、相互制约的。同时，在综合需求响应实施的过程中，能源供应商、能源运营商以及用户之间的行为均互相影响，并决定着综合需求响应的综合价值。具体来说，在用户侧，用户参与综合需求响应项目从而改变用能行为，直接影响着其自身的经济价值及能源供应商和运营商的容量建设与能源规划；在运营商侧，用户参与综合需求响应之后，运营商需改变其调控方式，减少自身的运行成本，同时改变从供应商购买的能源计划，进而对用户和供应商的经济价值和安全价值产生影响；在供应侧，能源供应商接收运营商的信息，根据用户实际的综合需求响应行为，作出供能决策，从而产生自身的经济、安全和环保价值；而对于政府机构代表的全社会来说，供应商、运营商和用户针对综合需求响应作出的供能和用能行为的调整将直接或间接地产生节能减排价值，从而造福全社会。

由上述分析可知，多主体参与的综合需求响应过程是一个多变量、高阶次、非线性的动态反馈复杂系统，具有明显的系统动力学特征。因此，本章使用 Vensim 软件建立综合需求响应综合价值评估的 SD 模型，并对其影响因素进行仿真分析，该软件是一个可视化的建模软件，可以描述 SD 模型的结构，模拟系统的行为，并对模型模拟结果进行分析和优化。图 5-5 从宏观角度阐述了系统动力学的建模过程，包括明确建模目标、建立模型、仿真分析等多个步骤。

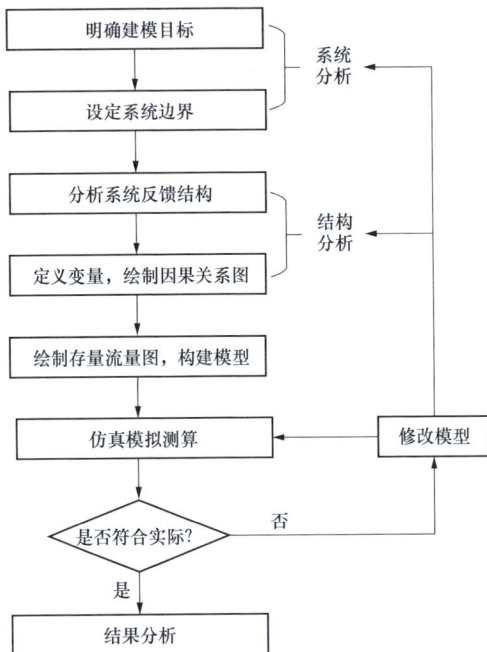

图 5-5　系统动力学建模过程

5.2.2　系统因果回路图

基于前文所研究的工业园区综合能源系统，从能源供应商、能源运营商、用户和政府主体角度出发，确定各主体参与综合需求响应获得的效益形成的相互作用关系，从直接价值和间接价值维度出发，确定综合需求响应综合价值形成的因果关系，并绘制相应的因果回路图，如图 5-6 所示。

因果回路图表达了变量之间的因果关系，体现系统动力学仿真的反馈结构。其中，"+"表示变量 X 增加（减少）引起变量 Y 增加（减少），"−"表示变量 X 增加（减少）引起变量 Y 减少（增加），"→"表示变量之间的因果方向，即变量 X 对变量 Y 的影响方向，"↑"表示变量值增加，"↓"表示变量值减少。

模型中考虑多主体效益的综合需求响应综合价值中直接价值产生的主回路：{用户参与度↑} → {负荷转移/削减↑} → {最大峰荷↓，负荷率↑} → {运营商可免投资成本↑，运营商可免运行成本↑，运营商产能机组启停成

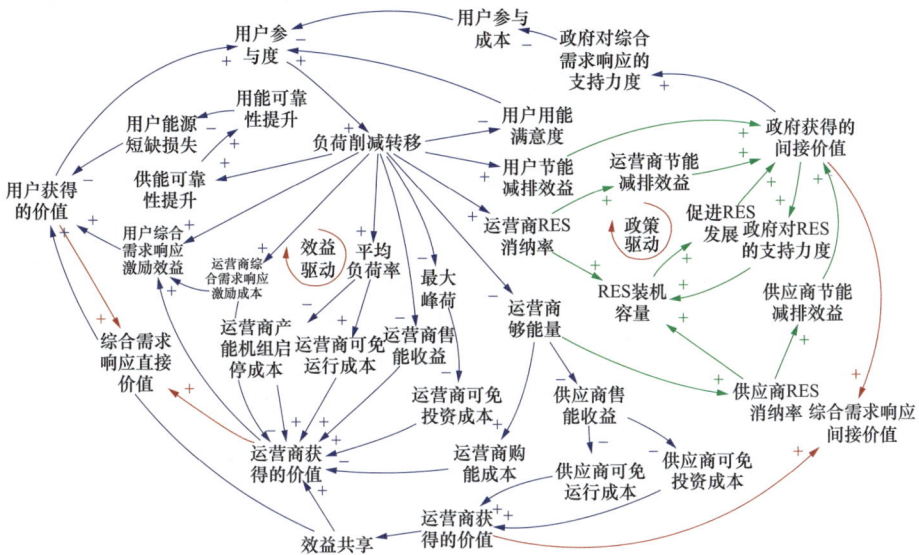

图 5-6　综合需求响应综合价值因果回路图

本↓，运营商购能成本↓，运营商综合需求响应成本↑，运营商售能收益↓｝→
｛运营商直接经济效益↑｝→｛综合需求响应补贴效益↑｝→｛用户获得的价
值↑｝→｛用户参与度↑｝。

　　综合需求响应综合价值中间接价值产生的主回路：｛用户参与度↑｝→
｛最大峰荷↓，负荷率↑｝→｛用户节能减排↑，运营商供能可靠性↑，RES
消纳率↑，运营商购能量↓，运营商节能减排效益↑｝→｛用户用能可靠性↑，
供应商可免投资成本↑，供应商可免运行成本↑，供应商售能成本↓，供应
商节能减排效益↑｝→｛政府获得的价值↑｝→｛政府对综合需求响应的支
持力度↑｝→｛用户参与度↑｝。

　　具体的因果关系及反馈路径分析如下：

　　（1）用户获得综合需求响应价值的路径。用户接收到运营商发布的综合
需求响应分时售能价格的激励信号之后自主转移高峰负荷、增加谷时段的用
能负荷，从而获得分时能源价格的用能费用节约收益；用户通过与运营商签
订可削减负荷合约，接收到运营商发布的综合需求响应激励补贴信号之后自
主削减高峰时期的冷、热、电等多种负荷而获得相应的补偿收益；用户开始
参与综合需求响应时候的相关设备投资和运维成本可由政府提供一定量的补
贴，还可以从供应商处获得一定量的综合需求响应效益分享效益；用户参与
综合需求响应之后通过削峰填谷以降低最大负荷、提高系统负荷率，使得运

营商的供能稳定性提高，从而减少用户的能源短缺成本，提高用户的用能稳定性。

因此，用户主体参与综合需求响应之后获得的价值越多，其参与度越高，并吸引更多其他用户参与综合需求响应，负荷削减或转移总量也相应增加，使得用户获得的价值随之增加，进而形成了一种正向循环的增强型回路。然而，需要注意的是，综合需求响应可能会对用户的用能习惯产生影响，在一定程度上会降低用户的满意度，使得用户的参与度降低，从而对前述正向循环的增强型回路产生平衡效用，是一种负向循环。

（2）能源运营商获得综合需求响应价值的路径。作为综合需求响应的实施主体，需要承担综合需求响应相关的设备投资、运维成本以及与用户签订综合需求响应合约等综合需求响应项目管理成本；借助自身所具备的能源生产、转换和存储设备，在分析所供能区域内用户用能行为特性的基础上，持续优化供需双侧的多能协同以及设备出力的统筹调控，引导用户参与综合需求响应，实现负荷侧的削峰填谷，从而减少设备频繁启停成本、运行成本、购能成本等，但也因此损失了部分的售能收益。此外，用户侧的削峰填谷行为也能促进分布式可再生能源的消纳，使得运营商获得一定的节能减排价值。

因此，运营商主体实施综合需求响应之后获得的价值越多，其对于持续实施综合需求响应的积极性越高，其会投入更多的资源吸引用户参与综合需求响应，优化用户的负荷曲线，促进源荷双侧的协调，其自身可获得的价值也随之增加，形成了一种正向循环的增强型回路。然而，过度的综合需求响应行为，也会使运营商损失部分售能收益，降低运营商实施综合需求响应的积极性，同样对前述正向循环的增强型回路产生平衡效用。

（3）能源供应商获得综合需求响应价值的路径。由于供应商不是综合需求响应的直接实施主体，供应商的价值通过运营商各时段能量的变化来体现。一方面，当运营商通过综合需求响应引导用户削峰填谷之后，运营商在高峰时段从供应商处购买的能源减少、在低谷时段购买的能源增加，提高系统的平均负荷率，促进可再生能源消纳，增加供应商设备资产的使用寿命，降低运维成本；另一方面，长期的综合需求响应会逐渐减少峰时段负荷出现的频率与概率，从而给供应商带来了可免投资收益。

由此可知，供应商虽然不是直接参与主体，但随着综合需求响应的实施，供应商获得的价值也逐渐增加，形成了一种正向循环的增强型回路。由于供应商并未承担实施成本，因此当各主体参与度达到一定程度，并且都获得可观的价值时，即在综合需求响应实施成熟状态下，考虑将能源供应商的效益转移部分至能源运营商和用户，以实现更加公平合理的正向激励，促进综合需求响应的进一步发展。

（4）政府获得综合需求响应价值的路径。实施综合需求响应之后在用户侧、运营商侧和供应商侧产生的优化资源配置、提高能源效率、促进可再生能源发展等节能减排效益由全社会共同受益，是政府获得的间接价值，此回路也是一条增强型回路。若各方参与综合需求响应取得的效益都较弱，甚至入不敷出，则会打击各主体的积极性，那么政府为了持续获得节能减排价值，可在合理范围内对参与到综合需求响应中的能源运营商、用户加大补贴力度，形成政策的正向驱动，促进综合需求响应的发展。

综上可知，综合需求响应综合价值系统是一个动态且复杂的系统，涵盖了能源供应商、能源运营商、用户、政府等多个参与主体以及相互作用的多个回路。在这个系统中，各主体之间通过政策补贴、能源需求、响应协调和交易结算等机制建立了紧密关联的复杂交互关系。

5.2.3　系统存量流量图

5.2.3.1　综合需求响应直接价值系统模型

综合需求响应直接价值系统模型主要包括存量流量图构建和系统方程构建两部分。其中，前者旨在通过图形的方式展示综合需求响应系统中的主要变量及其相互影响关系，而后者则通过数学模型来定量描述这些变量之间的关系。

5.2.3.1.1　存量流量图

根据因果回路图，构建了综合需求响应直接价值系统存量流量图，如图5-7所示。图5-7的左侧主要表示综合需求响应给用户带来的直接价值，右侧主要表示给能源运营商带来的直接价值。

用户直接价值主要由用户参与综合需求响应的直接效益与直接成本的差值构成，其中直接效益主要来自于用能费用的节约和用能负荷削减补偿收入两方面，直接成本来自于用户参与综合需求响应而调整用能计划所产生的费用和设备运维费用。另外，供应商对用户的效益分享和政府对用户的补贴可以在一定程度上提高用户参与综合需求响应之后获得的直接价值。参与用户用能费用节约效益是指用户参与综合需求响应之后的能源费用与参与之前的能源费用的差值，能源费用是能源价格与用能量的乘积；用能负荷削减补偿收入是指可削减或者可中断负荷补偿与实际冷热电负荷削减量的乘积。此外，用能满意度的变化是制约用户参与综合需求响应积极性以及直接价值的重要因素，与实际的能源削减量、转移量等多个因素有关。

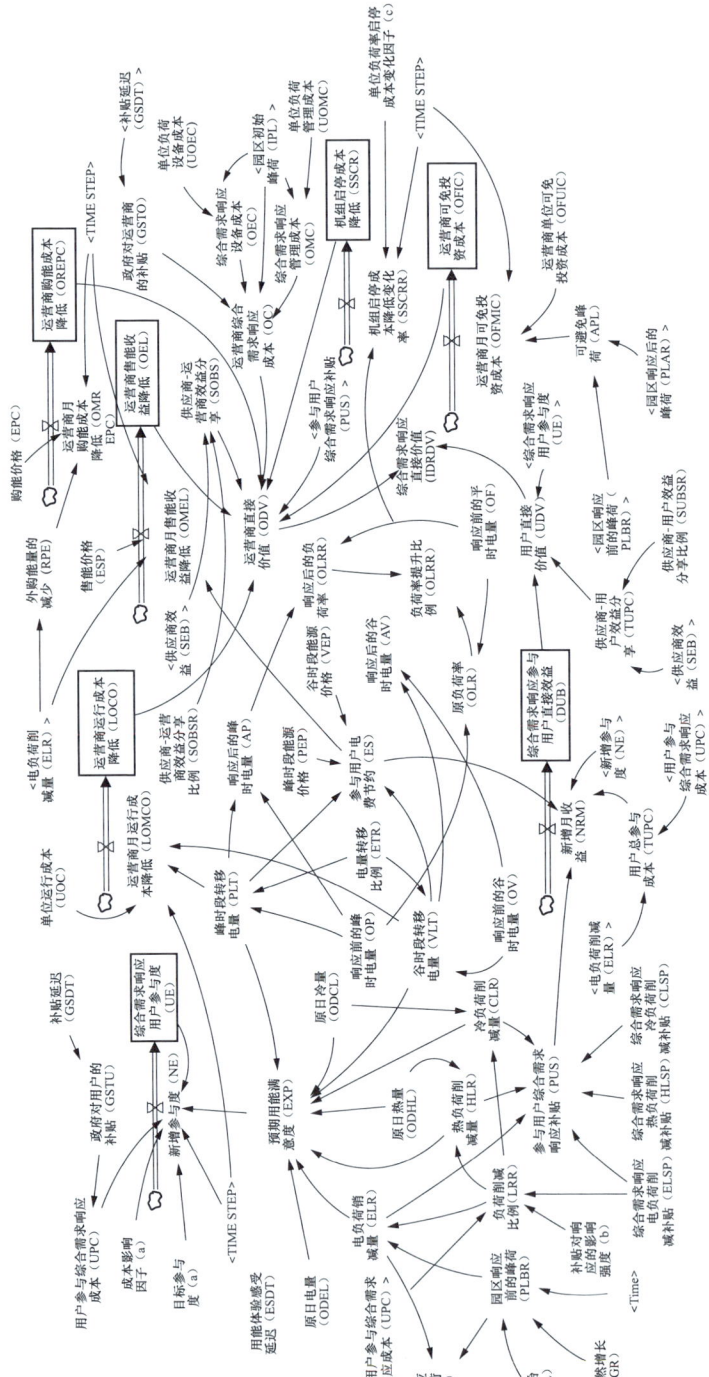

图 5-7 综合需求响应直接价值存量流量图

　　能源运营商价值主要由运营商实施综合需求响应的直接效益与直接成本的差值构成，其中直接效益主要来自于可免投资成本效益、机组启停成本降低效益、运行成本降低效益和购能成本降低效益等方面，直接成本来自于运营商实施综合需求响应的成本、售能收益的降低和用能负荷削减补偿成本三个方面。同样地，供应商对运营商的效益分享和政府对运营商的补贴也可以在一定程度上进一步提高运营商实施综合需求响应之后获得的直接价值。运营商的可免投资成本效益是指实施综合需求响应带来的可避免峰荷与单位可免投资成本的乘积；机组启停成本的降低效益是指负荷率的提升导致运营商减少的机组启停成本；运行成本的降低效益是指用户的综合需求响应行为带来的削峰填谷效果降低了运营商的运行成本，是削峰填谷量与单位运行成本的乘积；购能成本降低效益是用户参与综合需求响应之后削减的冷、热、电等负荷量使得运营商通过调整自身的能源生产计划就能满足用户的用能需求，从而减少了从供应商处购买的能源，是单位购能价格与负荷削减量的乘积；运营商实施综合需求响应的成本主要指的是运营商投入的综合需求响应管理设备投资运维成本和管理成本等费用，此部分成本可以得到政府的部分补贴；售能收益的降低和用能负荷削减补偿成本分别对应用户价值部分的用能费用的节约和用能负荷削减补偿收入两部分，对于用户来说是正向的价值，而对运营商来说是损失的收益。

5.2.3.1.2　系统方程构建

　　基于上述存量流量图的建立和系统变量之间的相关关系分析，本节列出了综合需求响应直接价值分析模型的相关变量，并对每个变量进行了解释，具体见表 5-1。

表 5-1　　　　　　　　　综合需求响应直接价值子系统变量说明

变量中文名称	变量英文名称	变量解释
综合需求响应用户参与度	UE	在规定时间段参与综合需求响应的总用户占比
新增参与度	NE	在规定时间段参与综合需求响应的新增用户占比
用能满意度	SEU	用户参与综合需求响应之后的用能满意度
目标参与度	TE	运营商通过激励能调动的用户数量最大值占比
用户参与综合需求响应成本	UPC	用户因为参与综合需求响应而产生的成本，包括生产计划调整、产品收益损失、设备投资运维管理成本等

变量中文名称	变量英文名称	变量解释
政府对用户的补贴	GSTU	政府对用户的成本给予一定额度的补贴
峰时段转移电量	PLT	在高需求时段节约的电量
谷时段转移电量	VLT	在低需求时段增加的电量
电、热、冷负荷削减量	LR	特定时段内减少的电力、热能、冷能负荷
负荷削减比例	LRR	相对于正常未响应前负荷的减少比例
参与用户综合需求响应补贴	PUS	为促进负荷削减而提供的经济激励
园区响应前的峰荷	PLBR	在开始时刻的最大负荷
负荷自然增长率	LGR	负荷每单位时间自然增长的比例
原负荷率	OLR	电力系统中的负荷水平相对于其最大负荷能力的比率
负荷率提升比例	OLRR	负荷率的增加比例
运营商购能成本降低	OREPC	运营商向外部能源供应商购买能源的成本降低量
运营商运行成本降低	LOCO	运营商的设备运行成本降低值
运营商售能收益降低	OEL	运营商向用户出售能源收益的降低值
运营商可免投资成本	OFIC	运营商由于综合需求响应而减少的设备投资成本
运营商机组启停成本	SSCR	运营商由于综合需求响应而节约的设备启停成本
综合需求响应参与用户直接效益	DUB	用户参与综合需求响应之后直接获得的经济效益
可避免峰荷	APL	通过实施综合需求响应可以减少的最高电力需求
成本影响因子	a	用户参与综合需求响应产生的成本对于新增参与度的影响程度
补贴对响应的影响强度	b	综合需求响应经济激励补贴措施对于用户综合需求响应行为的影响程度
单位负荷率启停成本变化因子	c	负荷率变化对设备运行成本的影响程度

本书所研究的综合需求响应直接价值子系统的主要公式及方程式如下所示。

（1）状态方程。

①UE = INTEG（NE，0）；

②LOCO = INTEG（LOMCO，0）；

③OEL = INTEG（OMEL，0）；

④OREPC = INTEG（OMREPC，0）；

⑤SSCR = INTEG（SSCRR，0）；

⑥OFIC = INTEG（OFMIC，0）；

⑦DUB = INTEG（NRM，0）。

（2）速率方程。

①NE = IF THEN ELSE（UE <= TE，DELAY1（0.6×EXP×TE-0.4×a×UPC），1 /TIME STEP，0）；

②LOMCO = UOC×（ PLT+VLT）/TIME STEP；

③OMEL =（ES+ESP×ELR）/TIME STEP；

④OMREPC =（RPE×EPC）/TIME STEP；

⑤SSCRR =（c×OLRR）/TIME STEP；

⑥OFMIC = APL×OFUIC/TIME STEP；

⑦NRM =NE×（PUS+ES-TUPC）。

（3）辅助方程。

①EXP = 1-[（CLR/ODCL+PLT+VLT+ELR）/ODEL+HLR/ODHL）]；

②LRR = IF THEN ELSE[ELSP>=2×UPC，0.2×（1-e^（-b×ELSP）]，0)；

③PUS = CLSP×CLR+ HLSP×HLR+ELSP×ELR；

④PLBR = IPL×e^（LGR×Time）；

⑤ELR = PLBR×LRR；

⑥综合需求响应 DV = UDV+ODV；

⑦ODV = SOBS-PUS+SSCR-OC+OFIC-OEL+OREPC+LOCO；

⑧UDV ＝ UE×（DUB+SUBS）；

⑨OC =（OMC+OEC-GSTO）×IPL；

⑩ALR = OF/AP。

5.2.3.2　综合需求响应间接价值系统模型

5.2.3.2.1　存量流量图

根据因果回路图，构建了综合需求响应间接价值系统存量流量图，如图5-8 所示。

图 5-8 的左侧主要表示综合需求响应通过用户和运营商间接给政府（全社会）带来的节能减排价值。此部分价值表示虽然通过用户和运营商间的综合需求响应行为产生了价值，但用户和运营商并未直接从中获利，而是由全社会获利。右侧主要表示综合需求响应间接给供应商带来的价值，此部分价

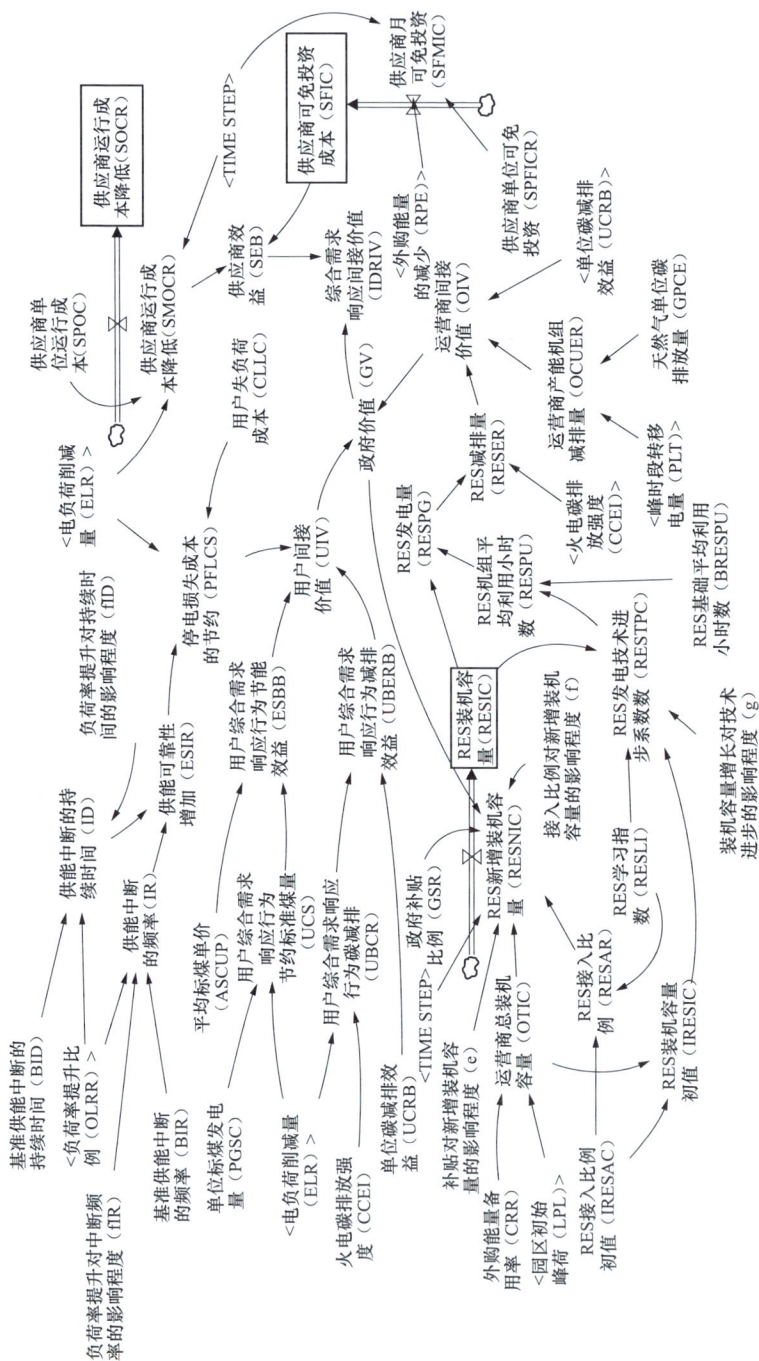

图 5-8 综合需求响应间接价值存量流量图

值表示虽然供应商并未直接参与综合需求响应，但也通过其他主体的行为间接获得了收益。因此，综合需求响应的间接价值主要来自于三个方面，一是用户参与综合需求响应之后产生的节能减排效益和用能可靠性效益，二是给运营商带来的节能减排效益，三是给未直接参与综合需求响应的供应商带来的效益。

用户间接价值主要包括用户获得的用能可靠性效益和节能减排效益。其中，用能可靠性效益是用户无法直接感受到的，是通过长时期的综合需求响应行为导致供能可靠性增加之后因间接降低了停电概率而产生的效益，通过用户的失负荷成本来量化；用户的节能减排效益是用户参与综合需求响应之后自愿减少了用能量，从而为全社会带来了节能减排效益，由单位用能碳排放量和节约的能源量两个指标去量化测算。

运营商的间接价值来自于可再生能源消纳比例的提高和产能机组出力的优化这两个方面的节能减排量。具体来说，综合需求响应的实施提高了园区运营商的可再生能源消纳量，激励运营商投资更多的可再生能源，提高了园区的绿色能源占比，减少了其他传统机组出力，从而带来了减排效益。此外，与传统电力需求响应不同的是，综合需求响应考虑了冷、热、电、气等多种能源之间的转换，因此可以促使运营商更好地优化各类机组的出力，使得高效率、低排放的机组多出力，低效率、高排放的机组少出力，从而达到节能减排的目的。

供应商的间接价值来自于运行成本的减低和可免投资成本两部分。其中运行成本的降低主要是因为用户参与综合需求响应之后高峰期运营商向供应商购买的能源减少，使得供应商的运行成本减少，因此与用户的负荷削减量和供应商的单位运行成本两个因素相关。可免投资成本收益主要是由于运营商减少了高峰期的外购能源，使得供应商减少了对输电线路和天然气管道的投资，节省了投资成本，因此此项价值主要与外购能源的减少和单位可免投资成本两个因素相关。

5.2.3.2.2 系统方程构建

基于上述存量流量图的建立和系统变量之间的相关关系，本节列出综合需求响应间接价值分析模型的相关变量解释，见表 5-2。

表 5-2　　　　综合需求响应间接价值子系统变量说明

变量中文名称	变量英文名称	变量解释
供能可靠性增加	ESIR	能源供应的稳定性和可靠性

变量中文名称	变量英文名称	变量解释
RES 学习指数	RESLI	可再生能源技术随时间和经验积累的成本效益改善情况
RES 接入比例	IRESAC	可再生能源在整个能源系统中所占的比例
综合需求响应行为节约标准煤量	UCS	通过综合需求响应行为节约的能源量，以标准煤的消耗量来衡量
RES 装机容量	RESIC	某一时刻可再生能源发电的总装机容量
RES 发电技术进步系数	RESTPC	可再生能源发电技术的效率和成本效益随时间的改进情况
RES 机组平均利用小时数	RESPU	RES 机组在一定时期内实际运行的平均小时数
停电损失成本的节约	PFLCS	因综合需求响应而提高的供能可靠性减少了用户的停电损失
用户综合需求响应行为节能减排效益	UBERB	用户因参与综合需求响应而节约了能源、提高了能效，从而产生的节能减排效益
用户综合需求响应行为节约标准煤量	UCS	用户因参与综合需求响应而节约的标准煤量，反映了通过综合需求响应行为节省的能源消耗
供应商可免投资成本	SFIC	综合需求响应给供应商带来的减少投资成本的收益
供应商可免运行成本	SOCR	综合需求响应给供应商带来的减少运行成本的收益
用户失负荷成本	CLLC	当电力供应无法满足需求时，用户因中断电力供应而承担的经济损失，包括但不限于生产损失、销售损失、设备损坏等
补贴对新增装机容量的影响程度	e	综合需求响应经济激励补贴对 RES 新增装机容量的影响程度
接入比例对新增装机容量的影响程度	f	RES 接入电网的比例对 RES 新增装机容量的影响程度
装机容量增长对技术进步的影响程度	g	RES 装机容量增长对 RES 相关技术进步的影响程度

本书所研究的综合需求响应间接价值子系统的主要公式及方程表达式如下所示。

1）状态方程。

①SOCR = INTEG（SMOCR，0）；

②SFIC = INTEG（SFMIC，0）;

③RESIC = INTEG（RESNIC，18260）。

2）速率方程。

①SMOCR =（SPOC×ELR）/TIME STEP;

②SFMIC =（SPFICR×RPE）/TIME STEP;

③RESNIC =（e×GV×GSR + f×RESAR×OTIC"）/TIME STEP。

3）辅助方程。

①ESIR = 1-ID×IR;

②UCS = ELR/PGSC;

③ID = BID×（1-fID×OLRR）;

④UBERB = UCRB×UBCR;

⑤PFLCS = ESIR×CLLC×ELR;

⑥UIV = PFLCS+UBERB+ESBB;

⑦综合需求响应 IV = SEB+GV;

⑧GV = UIV+OIV;

⑨OIV =（RESER+OCUER）×UCRB;

⑩RESER = RESPG×CCEI。

5.2.4 模型检验

本章所研究的园区综合需求响应综合价值系统是一个涉及多方主体且主体间存在动态互动关系的复杂巨系统，而通过系统动力学模型对园区的综合价值进行仿真，只能做到对现实情况的简化，不能完全还原园区内各主体之间的互动交易关系，因此所建立的模型并非完全准确。尽管如此，如果模型能够在一定条件下无限地接近现实情况，即可认为模型有效。所以，本章根据系统动力学模型相关测试方法，对该园区综合需求响应综合价值分析的系统动力学模型进行了有效性检验和敏感性检验。

5.2.4.1 有效性检验

本章通过 VENISM PLE 软件构建了综合需求响应综合价值分析的系统动力学模型，并对其进行了有效性测试。测试结果表明，模型及其各个参数的单位均无误，确保了模型的运行效率和有效性，具体情况如图5-9所示。

5.2.4.2 敏感性检验

敏感性检验的目的是选择影响园区综合需求响应综合价值的重要变量，通过比较不同参数值下综合需求响应综合价值的变化来确定这些参数的灵敏

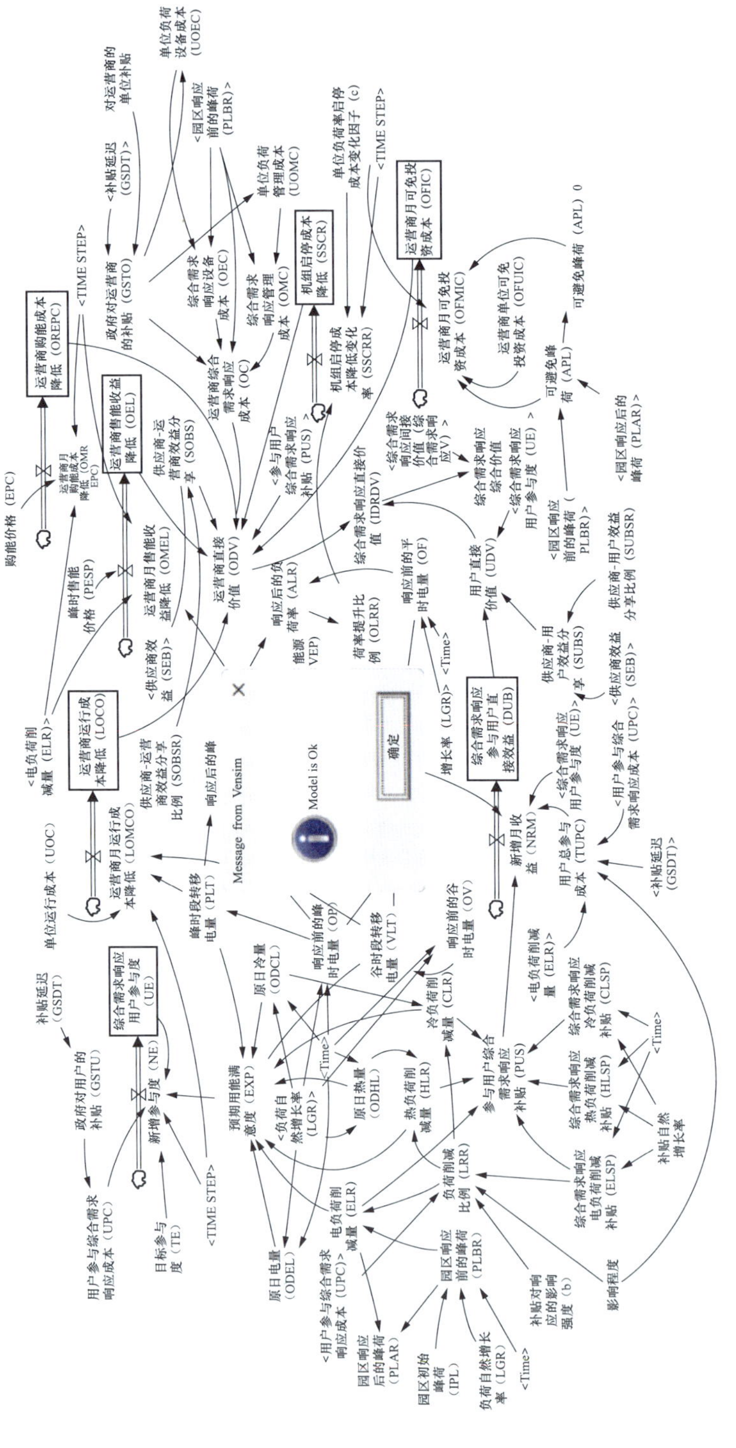
单位负荷设备成本（UOEC）
对运营商的单位补贴
<补贴延迟（GSDT）>
<园区响应前的峰荷（PLBR）>
单位负荷管理成本（UOMC）
单位负荷率启停成本变化因子（c）
<TIME STEP>
运营商月可免投资成本（OFIC）
运营商购能成本降低（OREPC）
政府对运营商的补贴（GSTO）
综合需求响应设备成本（OEC）
综合需求响应管理成本（OMC）
机组启停成本降低（SSCR）
机组启停成本降低变化率（SSCRR）
运营商月可免投资成本（OFMIC）
运营商单位可免投资成本（OFUIC）
可避免峰荷（APL）
运营商售能收益降低（OEL）
运营商综合需求响应成本（OC）
供应商-运营商效益分享（SOBS）
<参与用户综合需求响应补贴（PUS）>
<综合需求响应间接价值（综合需求响应V）>
综合需求响应综合价值
<综合需求响应用户参与度（UE）>
<园区响应后的峰荷（PLAR）>
购能价格（EPC）
运营商月购能成本降低（OMREPC）
峰时售能价格（PESP）
运营商月售能收益降低（OMEL）
运营商直接价值（ODV）
响应后的负荷率（ALR）
综合需求响应直接价值（IDRDV）
响应前的平时电量（OF）
用户直接价值（UDV）
<园区响应前的峰荷（PLBR）>
供应商-用户效益分享比例（SUBSR）
<电负荷削减量（ELR）>
运营商运行成本降低（LOCO）
<供应商效益（SEB）>
能源（VEP）
荷率提升比例（OLRR）
<Time>
供应商-用户效益分享（SUBS）
供应商-运营商效益分享比例（SOBSR）
响应后的峰
Message from Vensim
Model is Ok
确定
增长率（LGR）
综合需求响应参与用户直接效益（DUB）
<综合需求响应用户参与度（UE）>
<供应商效益（SEB）>
<用户参与综合需求响应成本（UPC）>
单位运行成本（UOC）
运营商月运行成本降低（LOMCO）
峰时段转移电量（PLT）
响应前的峰时电量（OP）
谷时段转移电量（VLT）
响应前的谷时电量（OV）
新增月收益（NRM）
用户总参与成本（TUPC）
<补贴延迟（GSDT）>
补贴延迟（GSDT）
综合需求响应用户参与度（UE）
原日冷量（ODCL）
冷负荷削减量（CLR）
<电负荷削减量（ELR）>
综合需求响应冷负荷削减补贴（CLSP）
政府对用户的补贴（GSTU）
新增参与度（NE）
预期用能满意度（EXP）
<负荷自然增长率（LGR）>
原日热量（ODHL）
热负荷削减量（HLR）
参与用户综合需求响应补贴（PUS）
综合需求响应热负荷削减补贴（HLSP）
补贴自然增长率
用户参与综合需求响应成本（UPC）
目标参与度（TE）
<TIME STEP>
原日电量（ODEL）
电负荷削减量（ELR）
负荷削减比例（LRR）
综合需求响应电负荷削减补贴（ELSP）
<用户参与综合需求响应成本（UPC）>
园区响应后的峰荷（PLAR）
园区响应前的峰荷（PLBR）
园区初始峰荷（IPL）
负荷自然增长率（LGR）
<Time>
补贴对响应的影响强度（b）
影响程度

图 5-9　模型测试结果

度，为后续情景设置提供参考。本章选取政府对用户的补贴比例、政府对运营商的补贴比例、政府对 RES 的补贴比例、供应商—用户效益分享比例和供应商—运营商效益分享比例等 5 个参数进行敏感性检验。

（1）政府对用户的补贴比例敏感性检验。假设政府对用户的补贴比例的变化范围为 5%～20%，在保证其他参数不变的前提下，用户参与综合需求响应的总参与成本和用户直接价值的变化分别如图 5-10 和图 5-11 所示。结果显示，当政府对用户的补贴比例分别为 5%、10%、15% 和 20% 时，在仿真期末用户总参与成本分别为 1959、3918、5877 元和 7836 元左右，用户直接价值无太大变化，分别为 783 万、785 万、786 万元和 787 万元左右。

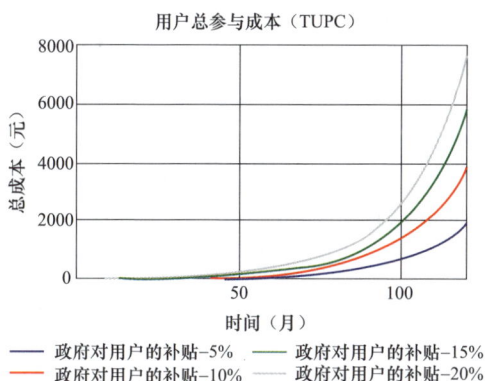

图 5-10　用户总参与成本变化图

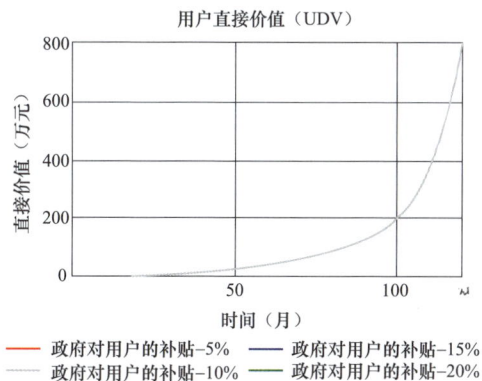

图 5-11　用户直接价值变化图

（2）政府对运营商的补贴比例敏感性检验。假设政府对运营商的补贴比例的变化范围为 5%～20%，在保证其他参数不变的前提下，运营商实施综合需求响应的成本和获得的直接价值的变化分别如图 5-12 和图 5-13 所示。结果显示，当政府对运营商的补贴的比例分别为 5%、10%、15% 和 20% 时，在仿真期末运营商实施综合需求响应的成本分别为 708 万、621 万、533 万元和 446 万元左右，运营商直接价值分别为 4223 万、4311 万、4398 万元和 4486 万元左右。

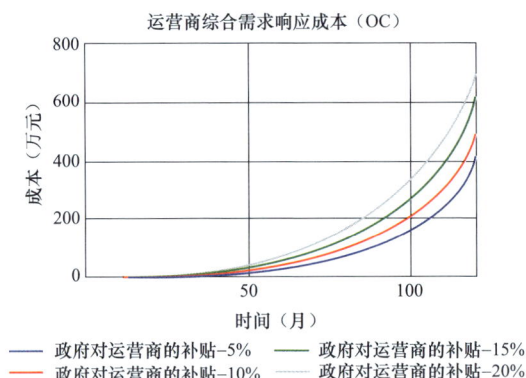

图 5-12　运营商实施综合需求响应的成本变化图

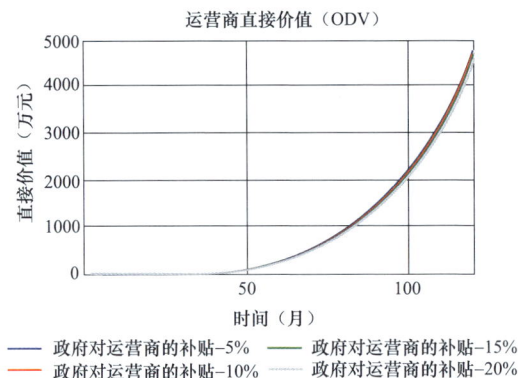

图 5-13　运营商直接价值变化图

（3）政府对 RES 的补贴比例敏感性检验。假设政府对 RES 的补贴比例的变化范围为 10%～20%，在保证其他参数不变的前提下，RES 发电量和减排量的变化分别如图 5-14 和图 5-15 所示。结果显示，当政府对 RES 的补贴比例分别为 10%、15% 和 20% 时，在仿真期末运营商所拥有的 RES 机组发电量分别为 26 万、40 万、54 万 kWh 左右，减排量分别为 25 万、38 万、52 万 kg 左右。

RES发电量（RESPG）

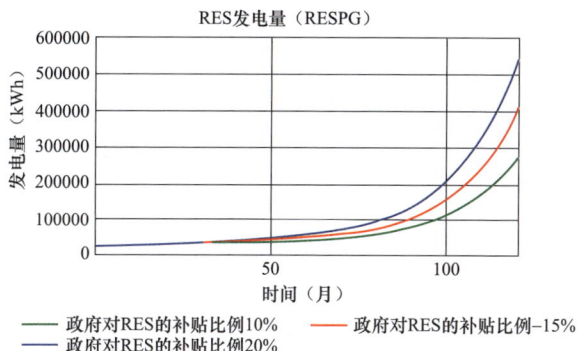

图 5-14　RES 发电量变化图

RES减排量（RESER）

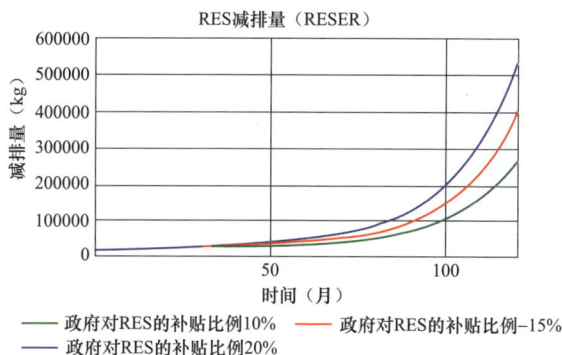

图 5-15　RES 减排量变化图

（4）供应商—用户效益分享比例敏感性检验。假设供应商—用户效益分享比例的变化范围为 10%～20%，在保证其他参数不变的前提下，增加供应商对用户的效益分享比例之后用户直接价值和综合需求响应直接价值的变化分别如图 5-16 和图 5-17 所示。结果显示，当供应商对用户的效益分享比例

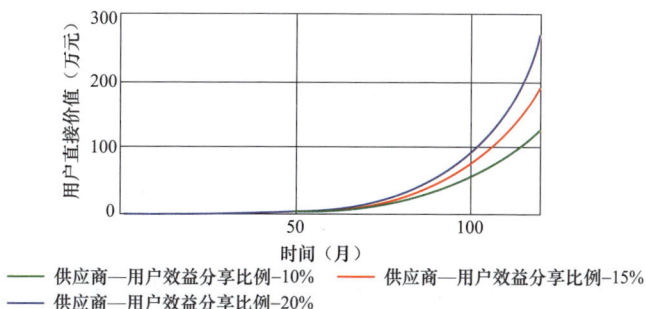

图 5-16　用户直接价值变化图

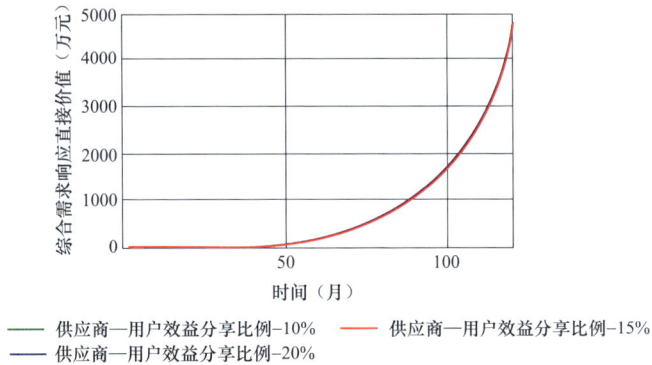

图 5-17　综合需求响应直接价值变化图

分别为 10%、15% 和 20% 时，在仿真期末用户的直接价值分别为 132 万、198 万、264 万元左右，综合需求响应直接价值分别为 4618 万、4684 万、4750 万元左右。

（5）供应商—运营商效益分享比例敏感性检验。假设供应商—运营商效益分享比例的变化范围为 10%～20%，在保证其他参数不变的前提下，增加供应商对用户的效益分享比例之后运营商直接价值和综合需求响应直接价值的变化分别如图 5-18 和图 5-19 所示。结果显示，当供应商对运营商的效益分享比例分别为 10%、15% 和 20% 时，在仿真期末运营商的直接价值分别为 513 万、548 万、578 万元左右，综合需求响应直接价值分别为 539 万、573 万、604 万元左右。

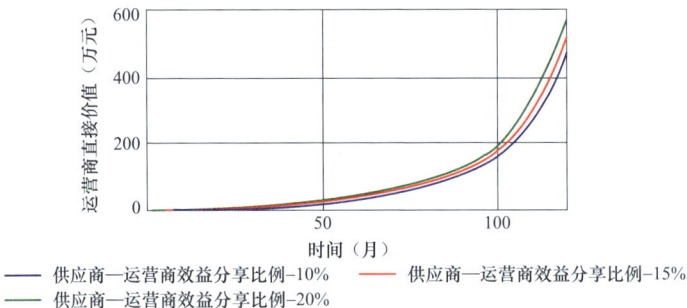

图 5-18　运营商直接价值变化图

通过对以上参数进行敏感性检验，除了可以判断这些参数对系统的灵敏程度、确定模型中的关键驱动因素、确保模型的可靠性之外，更重要的是在后续仿真过程中能够以这些参数作为不同情景设置的依据，探求实现综合需求响应综合价值最大化的参数取值，并通过系统动力学模型来验证其改进效果，为园区内综合需求响应项目实施有关主体提供建议。

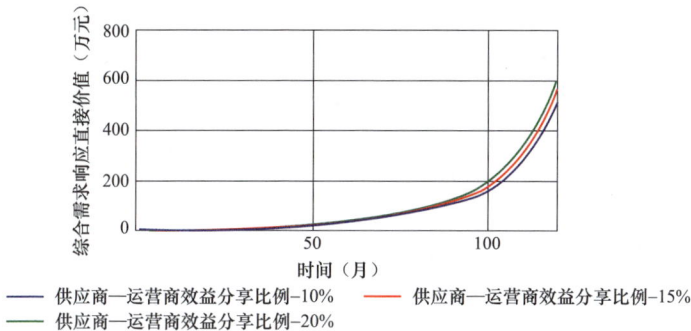

图 5-19　综合需求响应直接价值变化图

5.3　综合需求响应综合价值仿真测算

5.3.1　基础数据

本书以工业园区综合能源系统为主要研究对象，对实施综合需求响应产生的综合价值及其主要影响因素进行仿真分析。由园区统计资料可知，截至 2022 年年末，该工业园区电力、热力和冷力峰荷初始值为 1925kW，日用电量为 29411kWh，其中峰、平、谷时段的用电量分别为 12663kWh、10917kWh 和 5831kWh，日峰谷差达到 6831kWh，热力和冷力峰荷初始值分别为 1132kW 和 1417kW，峰谷时段的划分和电价、热价的设置参考第 3 章和第 4 章。假设综合需求响应用户的初始参与度为 0，最高参与度为 20%，最低满意度为 0.85，用户可以获得的综合需求响应补贴值随着时间的增加也增加，补贴金额的初始值也参考第 3 章和第 4 章的结果，设置为 3 元/kWh，补贴金额的增幅为 1%。其他一些参数的设置具体见表 5-3，其中，设备造价、成本值、初始值和时间的变量等数据均来源于对该工业园区的详细调研，其他变量的值通过参考已有文献研究以及咨询相关专家学者得以确定。

5.3.2　情景设置

通过对园区综合需求响应综合价值系统动力学模型中的相关变量进行模拟，设置不同组合情景，仿真未来 10 年不同情景下综合需求响应直接价值和间接价值情况，通过对仿真结果进行分析，为园区内各主体进一步实施综合需求响应提供政策建议和指导意见。

表 5-3   模 型 参 数 设 定

主体	变量	数值	单位
用户	目标参与度（TE）	0.2	Dmnl
	用能体验感受延迟（ESDT）	1	Month
	用户失负荷成本（CLLC）	1	元/kWh
	负荷自然增长率（LGR）	0.05	Dmnl
	补贴自然增长率（SNGR）	0.01	Dmnl
	补贴延迟（GSDT）	1	Month
运营商	运营商单位可免投资成本（OFUIC）	1200	元/（kVA·a）
	运营商机组单位运行成本（UOC）	0.35	元/kWh
	购能价格（EPC）	0.7	元/kWh
	火电碳排放强度（CCEI）	0.952	kg/kWh
	平均标准煤单价（ASCUP）	0.664	元/kg
	天然气单位碳排放量（GPCE）	0.56	kg/kWh
	RES 基础平均利用小时数（BRESPU）	2000	h
	RES 接入比例初值（IRESAC）	0.2	Dmnl
供应商	供应商单位可免投资（SPFICR）	700	元/（kVA·a）
	供应商单位运行成本（SPOC）	0.25	元/kWh

结合敏感性检验可知，政府对用户的补贴比例和政府对 RES 的补贴比例这两个因素分别对用户直接价值和运营商间接价值的影响较大，但由于数值较小，无法对综合需求响应直接价值、间接价值以及综合价值产生显著的影响，而政府对运营商的补贴比例、供应商—用户效益分享比例和供应商—运营商效益分享比例等三个因素的变化能够显著影响综合需求响应的综合价值，因此是综合需求响应综合价值系统的关键影响因素。本节通过调整这三个因素的数值来设置不同的情景，考察不同情景下综合需求响应综合价值的变化情况，为后续综合需求响应的实施提供建议。

对于运营商来说，一开始实施综合需求响应可能得不到显著的经济效益，此时实施综合需求响应的积极性不强。因此，为了促进综合需求响应的推行并减轻运营商实施综合需求响应的成本压力，政府对运营商的综合需求响应实施成本给予一定比例的补贴以进行补偿。此外，园区的能源供应商在不付出成本以及不直接参与综合需求响应项目的前提下享受了项目带来的巨大收益，这些收益对于园区综合需求响应项目本身来说是间接价值，而对供应商来说是其本身获得的长期效益，假设此部分效益应当分享给直接参与和实施综合需求响应项目的用户和运营商，则在减轻这两个主体成本的同时，也起到促进项目的可持续健康发展的作用。

本节以补贴运营商实施成本的 10% 作为基础补贴比例，考虑供应商—用户效益分享比例和供应商—运营商效益分享比例两项参数，设计了 9 种情景组合。为了维持各参与主体价值不会发生太大变化，设计不同情景时考虑了外部补贴激励与内部效益转移的协调作用，在补贴较低时模拟效益分享比例较大的情况，而补贴较高时模拟效益分享比例较小的情况。具体情景设置见表 5-4。

表 5-4　　　　　　　　　　　不同变量组合情景设置

情景	政府对运营商的补贴比例	供应商—用户效益分享比例	供应商—运营商效益分享比例
1		0	0
2	10%	30%	30%
3		20%	20%
4		0	0
5	15%	20%	20%
6		15%	15%
7		0	0
8	20%	15%	15%
9		10%	10%

5.3.3　仿真结果

在 Vensim 软件中，将仿真步长设置为一个月，仿真时间为 120 月，即 10 年，进行系统动力学仿真。将相关常数和状态变量初始值设置完成后，对综合需求响应直接价值、间接价值以及用户、运营商、供应商和政府等相关主体的效益进行模拟仿真，不同情景下的仿真结果如图 5-20～图 5-33 所示。

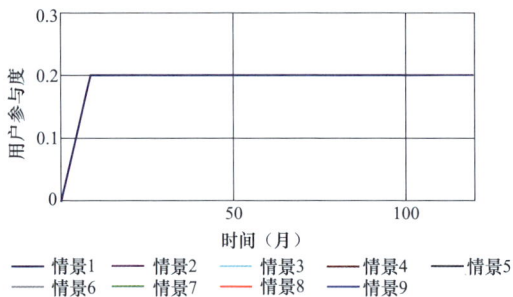

图 5-20　用户参与度仿真结果

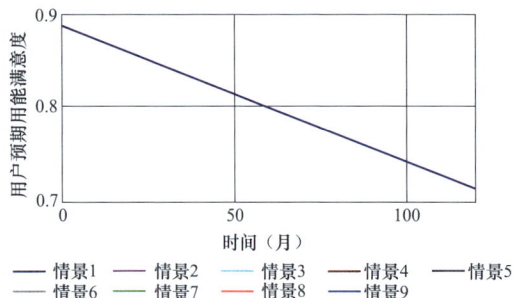

图 5-21　用户预期用能满意度仿真结果

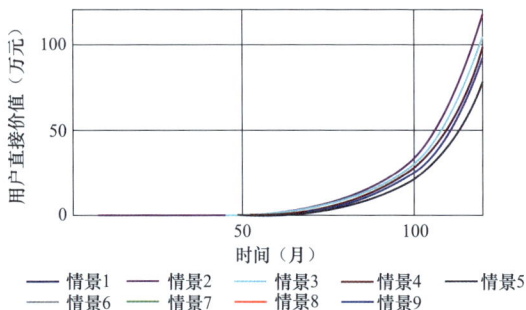

图 5-22　用户直接价值仿真结果

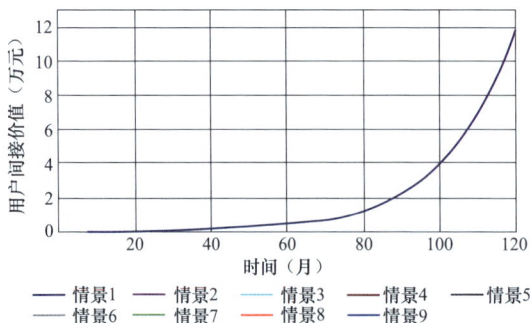

图 5-23　用户间接价值仿真结果

图 5-20～图 5-23 主要展示了用户直接价值和间接价值及其相关重要指标的变化关系。从图 5-20 可以看出,在仿真的第 8 年用户的参与度达到了最大值,为最高负荷的 20%,并一直保持最大参与度到仿真期末。从图 5-21 可以看出,随着用户参与度的提高以及用户负荷削减和转移量的增加,用户的预期满意度在逐渐降低,但一直到仿真期末均保持在用户可以接受的满意度 0.7 以上。由此可知,削减或转移最高负荷的 20%,并不会对用户的用能满意度产生显著的影响。从图 5-22 可以看出,在情景 2 下用户的直接价值最高,情景 1、4、7 下的直接价值最低,且供应商对用户分享的效益比例增长 10% 时,用户直接价值的增长比例为 13% 左右。结合图 5-23 和用户间接价值的因果回路图以及存量流量图可知,用户的间接价值较为固定,主要与用户参与综合需求响应产生的节能减排效益、用能可靠性的提升等相关,因此直到仿真期末,用户的间接价值达到了 12 万元左右,对综合需求响应综合价值产生的影响较小。

图 5-24～图 5-27 主要展示了运营商直接价值和间接价值及其相关重要指标的变化关系。从图 5-24 可以看出,系统负荷率的提升处于衰减震荡的趋

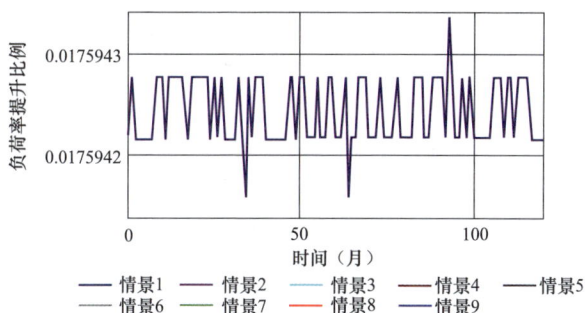

图 5-24　负荷率提升比例仿真结果

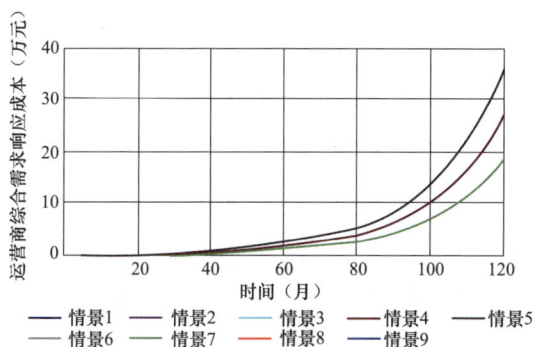

图 5-25　运营商综合需求响应成本仿真结果

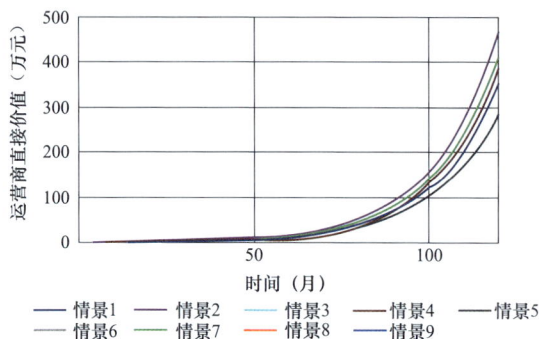

图 5-26　运营商直接价值仿真结果

势，是由于一阶延时函数的影响以及因果回路图中所示负反馈的调节作用，体现了负荷削减量和转移量的动态性和滞后性，该值的大小主要影响系统的供能可靠性以及机组启停成本。从图 5-25 和图 5-26 可以看出，使得运营商直接价值变化的两个原因分别是综合需求响应实施成本和供应商对运营商分享的效益比例的变化。显然，政府对运营商提供的补贴比例越大，运营商实施综合需求响应的成本就越少，供应商对运营商分享的效益比例越大，运营商获得的综合需求响应直接价值就越大。具体来说，情景 2、情景 5 和情景 3 下的直接价值最大，情景 1、情景 7 和情景 9 下的直接价值最小，且对比情景 5 和情景 8 发现，情景 5 下的直接价值比情景 8 大，由此可知，供应商对运营商分享的效益比例的变化对运营商直接价值的影响比政府提供的补贴更大。从图 5-27 可以看出，情景 2、情景 5 和情景 3 下的运营商间接价值最大，原因在于 RES 减排价值在运营商间接价值中的占比较高，而政府对运营商的补贴和供应商对运营商的效益分享比例越高越能促使运营商实施综合需求响应、提高 RES 接入比例，从而增加 RES 的减排价值。

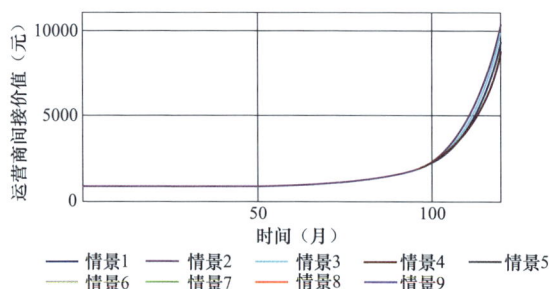

图 5-27　运营商间接价值仿真结果

    图 5-28 和图 5-30 主要展示了包括政府和供应商的综合需求响应间接价值的仿真结果，图 5-31 和图 5-32 分别表示直接价值和综合价值仿真结果。结合存量流量图以及图 5-28 和图 5-30 可知，政府获得的价值主要包括用户和运营商产生的节能减排价值，在情景 2 下的价值最高，主要原因在于情景 2 下供应商对用户和运营商分享的效益比例最高，从而促使用户和运营商更多地参与到综合需求响应项目中，产生了更多的节能减排效益。从图 5-29 和图 5-31 可知，供应商虽然并未直接参与到综合需求响应项目中，但由于可避免的运行成本和投资成本而快速获得了巨大的累积收益，此部分收益也是整个综合需求响应项目间接价值的主要组成部分，因此综合需求响应间接价值在不同情景下的变化趋势与供应商价值变化趋势一致。从图 5-32 和图 5-33 可知，不同场景下综合需求响应综合价值的不同主要是受综合需求响应直接价值和间接价值的双重影响，在情景 7 下的综合价值最高、情景 4 次之，由此可以得到在无供应商价值分享比例的前提下，政府对运营商的补贴比例越高，综合需求响应综合价值越大。

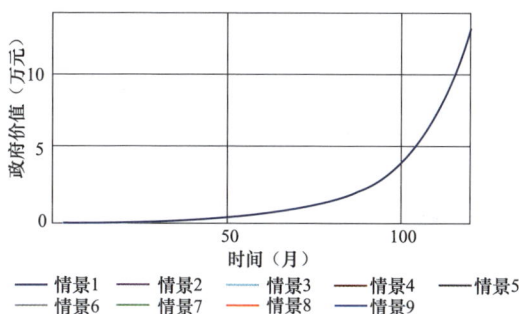

图 5-28　政府价值仿真结果

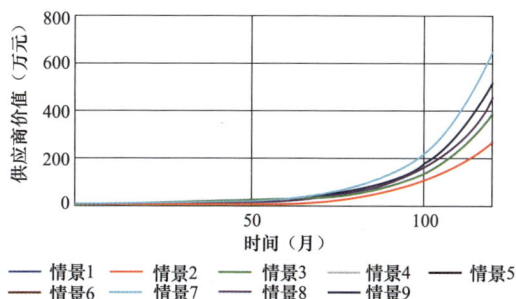

图 5-29　供应商价值仿真结果

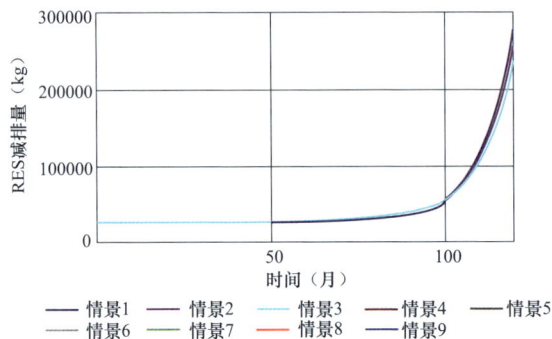

图 5-30　RES 减排量仿真结果

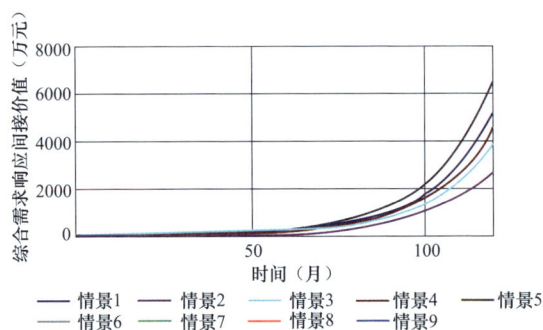

图 5-31　综合需求响应间接价值仿真结果

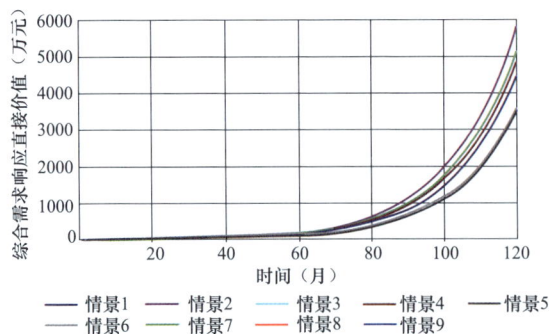

图 5-32　综合需求响应直接价值仿真结果

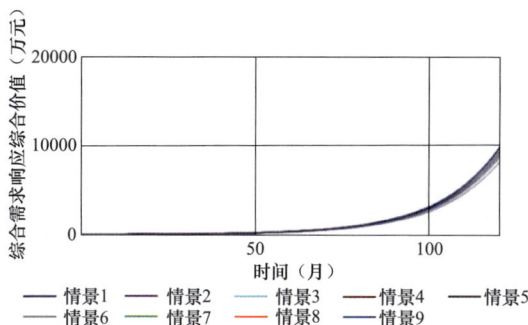

图 5-33 综合需求响应综合价值仿真结果

5.4 综合价值影响因素分析

5.4.1 影响因素分析

在政府对用户和运营商均不提供补贴且供应商对用户和运营商也不分享效益的前提下，各主体参与综合需求响应都能获得可观的经济价值，整个园区综合需求响应项目具有良好的直接价值和间接价值。而供应商的效益分享比例和政府对运营商提供的补贴比例的变化能够极大地影响综合需求响应项目的发展，提高各主体参与综合需求响应的积极性，增加综合需求响应的综合价值。

5.4.1.1 供应商效益分享比例

在政府补贴不变的前提下，尽管供应商的效益与运营商和用户间的分配比例增加导致供应商获得的价值有所下降，但仍处于理想状态，说明供应商即使分享了部分效益也不会对其自身通过综合需求响应获得的直接价值产生显著的影响。然而，通过对比情景 2 和情景 3 下的结果可知，提高供应商对用户和运营商的效益分享比例，能够提高用户参与综合需求响应和运营商实施综合需求响应的积极性，进而提高综合需求响应的直接价值和间接价值，使得综合需求响应的整体实施效果更好。同时，通过对比情景 3 和情景 9 下的结果可知，在政府降低对运营商的补贴比例的情况下，如果提高供应商对运营商和用户的效益分配比例，能够补偿运营商和用户的综合需求响应成本，在内部效益分配与外部激励的协同作用下，使得综合需求响应的直接价值只升不降，而间接价值由于供应商价值的降低也相应降低，但整体来看，综合需求响应综合价值仍处于理想水平。由此可知，与政府补贴相比，供应商的效益分享比例是影响用户和运营商等直接参与主体积极性的重要因素，也是

181

综合需求响应综合价值的最重要影响因素。供应商效益分享对综合需求响应综合价值的影响路径见图 5-34。

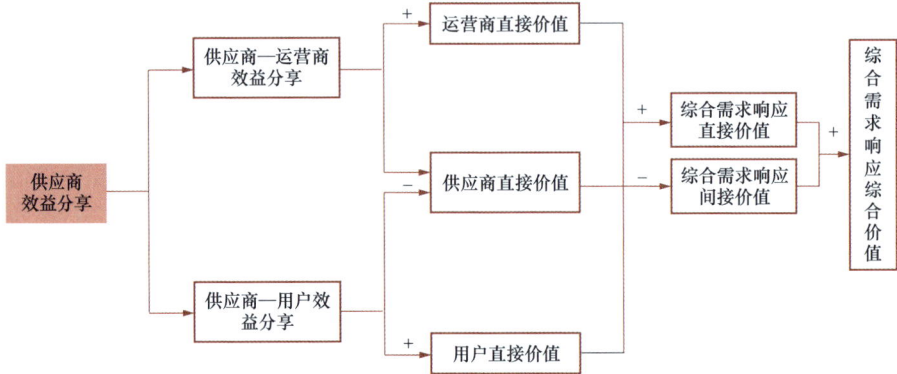

图 5-34　供应商效益分享对综合需求响应综合价值的影响路径图

5.4.1.2　政府对运营商提供的补贴比例

在供应商效益分享比例不变的前提下，提高政府对运营商提供的补贴比例能够降低运营商参与综合需求响应的成本，从而有效带动运营商实施综合需求响应的积极性，使得各参与主体的价值均获得提升。但与供应商效益分享比例影响程度不同的是，政府对运营商提供的补贴比例仅通过影响运营商的成本来影响运营商获得的直接价值，进而影响综合需求响应的直接价值和综合价值。例如情景 2 下的综合需求响应直接价值最高、情景 7 下的综合需求响应间接价值和综合需求响应综合价值最高。政府对运营商提供的补贴对综合需求响应综合价值的影响路径见图 5-35。

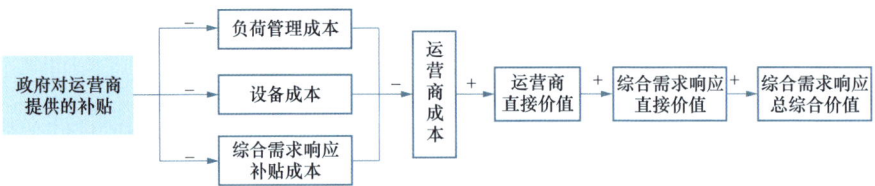

图 5-35　政府对运营商提供的补贴对综合需求响应综合价值的影响路径图

由此可知，政府对运营商提供的补贴和供应商效益分享在促进综合需求响应项目成功实施中扮演了互补的角色。政府补贴主要通过降低成本和减轻初始投资压力来提升综合需求响应的间接价值，而供应商效益分享则通过直接经济激励增强了综合需求响应的直接价值。因此，一个有效的综合需求响应项目需要政府和供应商的支持，通过设计合理的激励政策来提高综合需求响应的直接价值和间接价值，最终实现能源系统的优化和可持续发展目标。

5.4.2 相关建议

基于项目全生命周期理论，将综合需求响应项目的发展阶段分为引入期、成长期、成熟期和衰退期。并结合上一节对园区综合能源系统中综合需求响应综合价值仿真结果的分析，在不同发展阶段，针对园区内各主体如何开展或参与综合需求响应提出建议，如图 5-36 所示。

5.4.2.1　综合需求响应引入期

引入期是综合需求响应发展的第一个阶段，主要特征：①公众和潜在用户对综合需求响应项目的了解有限；②需要从经济和技术两个层面验证综合需求响应项目的可行性；③项目需要政策支持，例如需要政府对用户和运营商等直接相关主体进行补贴，提高参与综合需求响应的积极性，起到宣传作用。

在此阶段，为了缓解项目开始时用户和运营商参与或实施综合需求响应的成本压力，政府作为综合需求响应项目产生的节能减排效益的获益方，对用户以及能源运营商进行补贴，以减轻参与者在技术设备购买、系统改造和运营方面的负担。同时，鼓励运营商探索综合需求响应试点项目，加大对用户的宣传力度，以提高用户的参与意愿，从而为综合需求响应项目的启动提供有力保障，促进项目在初期阶段顺利推进。

从前文描述可知，能源供应商作为综合需求响应项目的潜在获益方，应积极与政府和其他利益相关者合作，参与综合需求响应项目，以探索综合需求响应项目为其带来的可避免机组投资收益、可避免机组启停收益和运维收益等潜在收益，从而更加合理地规划源侧机组的结构和容量配置。

能源运营商作为园区内综合需求响应的实际实施主体，应积极开展相关技术研发和推广工作，向用户和其他潜在参与者介绍参与综合需求响应的潜在价值和好处，并与早期用户和政府合作进行试点项目，以收集反馈和改进建议，确保综合需求响应项目在后续阶段的顺利实施和发展。同时，探索合适的业务模式，为后续售能价格和激励补贴价格的制定奠定基础。

用户作为园区内综合需求响应项目的实际参与主体，通过参与试点项目，积极与能源运营商和政府合作，深入了解综合需求响应相关技术和用户本身可以采取的行为方式，并对综合需求响应带来的潜在节能降碳效益进行全面评估，从而制定优化其能源使用结构、提高能源利用效率的用能方案。

	引入期	成长期	成熟期	衰退期
用户	参与试点项目，了解综合需求响应带来的潜在节能效益；	积极参与综合需求响应项目，主动调整用能行为，降低能源消费成本	作为市场主体参与多能源市场，基于能源价格的变化优化用能行为	根据市场变化和运营商的服务调整能源使用行为，探索新的能源管理策略
能源运营商	探索综合需求响应技术和业务模式，与早期用户合作进行试点项目；	扩大综合需求响应服务范围，优化技术和解决方案和价格策略，提升用户体验；	引导用户积极参与多能源需求响应，不断创新和改进综合需求响应项目的服务模式；	调整经营策略，拓展新的业务领域，提高服务质量和竞争力，维持市场竞争地位
能源供应商	积极参与综合需求响应项目的初期试点，并开展技术研发和推广工作；	加大综合需求响应项目推广力度，制定对其他主体的效益分享模式；	优化效益分享模式，确保综合需求响应项目的长期稳定发展；	与其他参与主体合作，寻找新的市场机会，适应市场需求变化
政府	提供初始补贴和政策支持，以激励早期采纳和试点项目	加大激励力度，逐渐调整补贴策略以促进市场自主发展	监管市场，确保公平竞争和用户权益，逐步减少相关补贴，鼓励综合需求响应项目自主运营和市场竞争	评估和调整政策，以应对新兴技术挑战和市场变化
特点	• 认知度低：公众和潜在用户对综合需求响应了解有限； • 技术经济验证：需要从技术和经济两个层面验证综合需求响应的可行性； • 政策支持：需要政府补贴和政策支持，以激励未来采纳	• 参与主体增加：有更多的用户和运营商参与综合需求响应； • 技术进步：负荷管理系统等技术逐步成熟，综合需求响应执行变得更高效； • 模式创新：出现多种综合需求响应实施模式和商业模型	• 市场饱和：大多数潜在用户参与综合需求响应，市场接近饱和； • 竞争加剧：市场上出现多个实施综合需求响应的能源运营商，竞争激烈； • 效益最大化：重点转向如何最大化综合经济和环境效益	• 需求下降：由于市场饱和或新技术的出现，综合需求响应的需求开始下降； • 效益减少：运营商之间和用户之间的价格竞争可能导致各主体效益减少； • 需求转型：需要寻找新的增长点或进行转型

图5-36 综合需求响应发展建议

5.4.2.2　综合需求响应成长期

成长期是综合需求响应发展的第二个阶段，主要特征：①参与综合需求响应的主体增加，更多的潜在用户参与到了综合需求响应项目中；②负荷管理系统、能源互联网等技术逐步成熟，使得综合需求响应的执行变得更加高效；③明确了综合需求响应的具体业务架构、业务模式、业务流程、激励机制等，丰富了综合需求响应的应用场景。

在此阶段，政府作为综合需求响应实施的监督管理部门，需要监管能源运营商对用户的激励机制，协调能源供应商、能源运营商、用户和政府等各方主体之间的利益分配，确保公平共享。同时，加大对能源运营商和用户实施综合需求响应产生的设备投资、安装、运维等方面的补贴政策，以促进综合需求响应的进一步发展。

能源供应商根据园区内综合需求响应的实施情况，一方面合理规划外部输电线路、输气管网和输热管网的投资，甚至对园区外部能源供给资源的规划进行调整，从而获得可避免投资收益；另一方面合理调整对园区能源运营商提供的能源价格，以引导运营商积极实施综合需求响应项目，降低综合需求响应项目对供应商产生的售能收益损失。此外，供应商在保证自身效益的前提下，尽可能提高效益分享比例，激励用户和运营商参与及实施综合需求响应的积极性，从而实现价值回路增长的正向驱动。

能源运营商一方面通过扩大综合需求响应服务范围，鼓励更多用户参与综合需求响应，采用智能自动化控制系统等专业技术手段充分挖掘用户侧的响应能力，使用自动化响应控制器等专业设备精确监测、管理和控制用户侧的可中断负荷，实现更高效的能源管理，同时也为用户提供了实时能耗监测的可能，增强用户的节能意识、培养用户的用能习惯；另一方面，制定合理的激励机制，基于分时价格和经济补贴等激励措施引导用户参与综合需求响应，旨在通过经济利益驱动，鼓励用户调整用能计划，从而达到保障能源供给、提高系统安全稳定运行以及优化资源配置等目的。

园区内的大工业用户在了解到综合需求响应项目带来的节能降碳的效益之后，根据运营商发布的能源价格和激励补贴信号，选择最适合自己的方案参与综合需求响应，从而主动调整能源使用计划，持续优化设备和工艺流程，提高能源利用效率，优化运营成本，自动完成运营商的响应信号。有条件的用户应投资先进的能源管理系统、自动化技术以及储能、热泵和电制冷机等设备，不仅实时监控和控制能耗，也可以实现能源的自给自足率，通过能源转换形式参与综合需求响应。

5.4.2.3 综合需求响应成熟期

成熟期是综合需求响应发展的第三个阶段,主要特征:①市场逐渐饱和,更多的潜在用户参与到了综合需求响应项目中;②市场上出现了多个能源运营商和综合需求响应用户,导致竞争加剧;③综合需求响应实施的重点转向了如何通过多能源市场实现经济效益和环境效益的最大化。

在此阶段,政府的角色逐步从直接的经济支持者转变为监管者和市场引导者。因此,政府应建立一个全面的监管框架,涵盖综合需求响应项目的运营、市场准入、数据保护、交易规则等方面,确保市场的公开透明,防止垄断和不公平竞争,同时保护运营商和用户的权益。同时,随着综合需求响应市场的成熟和技术的进步,政府应逐步减少对项目的直接经济补贴,通过多能源市场促进综合需求响应项目的实施。

能源供应商应建立和强化与其他市场参与者的合作关系,并根据市场反馈和内部成本效益分析,不断调整对用户和运营商的效益分享比例和方式,优化供应侧资源的投资以及对运营商的价格机制,确保所有参与主体都能从综合需求响应项目中获得公平合理的收益。

能源运营商一方面应根据用户的具体需求和偏好,细分不同类型的用户,提供更加个性化的综合需求响应服务,提高用户满意度和忠诚度;另一方面,应根据多能源市场供需状况和用户反馈,不断调整和优化激励机制,引入不同的动态定价机制,通过电、热、冷、气等市场价格引导用户参与综合需求响应,提升服务质量和市场竞争力,确保运营商自身和用户的经济效益。

用户在此阶段作为成熟的市场主体,积极参与多能源市场,依据市场价格信息自主申报响应量和相应的价格,根据自身需求和市场变化灵活调整能源采购策略。此外,用户根据自身所拥有的分布式能源、储能以及各类能源转换设备,可以作为"产消者",在能源稀缺时向运营商购能,能源富裕时向运营商售能,从而实现用能成本的最优化。

5.4.2.4 综合需求响应衰退期

衰退期是综合需求响应发展的第四个阶段,主要特征:①由于市场饱和或新技术的出现,综合需求响应的需求可能开始下降;②运营商之间和用户之间的价格竞争可能导致各主体效益下降;③需要寻找新的增长点或进行转型。

在此阶段,政府应根据市场需求和能源技术发展情况调整补贴政策,鼓励综合需求响应项目的自主运营和市场竞争,减轻财政负担。同时,积极推动新技术的应用和创新，引导能源供应商和用户采用更加先进和高效的能源技术，提高能源利用效率和响应能力。

　　能源供应商除了向运营商出售能源获得售能收入以外，还可以与运营商合作推广分布式能源项目、与政府合作开展能源扶贫项目等，从而开发新的业务模式和合作项目，在综合需求响应衰退阶段寻找新的市场机会，保持利润的增长。同时，能源供应商还可根据用户的综合需求响应情况，适时调整自身的设备投资和运维策略，保证自身的投资成本、运维成本和启停成本不会发生较大增长。

　　能源运营商在此阶段需要探索更多的业务模式、运营模式和商业模式等，除了售能收入以外，还要寻找新的利润增长点。例如，可以发展能源咨询、节能服务、智能能源管理等增值服务，为用户提供全方位的能源解决方案。

　　用户面对市场变化和能源运营商服务的调整，需进一步探索和利用各种分布式能源生产、转换和存储设备，在自给自足的基础上，依据市场价格变化，利用物联网、人工智能和大数据分析等智能化技术，实现能源使用的实时监控和自动化管理，优化能源消费策略，从而在竞争日益激烈的市场环境中保持大工业用户的竞争力和可持续发展能力。

参 考 文 献

［1］曾鸣．构建综合能源系统［N］．人民日报，2018-4-9（7）．

［2］曾鸣．利用能源互联网推动能源革命［N］．人民日报，2016-12-5（7）．

［3］曾鸣．"一带一路"下的能源互联网［J］．中国电力企业管理，2017（22）：60-63．

［4］曾鸣．能源互联网背景下分布式能源未来发展关键支撑技术［J］．电气时代，2018
（1）：36-37．

［5］李天骄．优化资源和能源结构的路径选择［N］．山西日报，2019-07-22（11）．

［6］Wang Y，Li Y，Zhang Y，et al. Optimized operation of integrated energy systems
accounting for synergistic electricity and heat demand response under heat load flexibility
［J］．Applied Thermal Engineering，2024，243：122640．

［7］赵晓东，王娟，周伏秋，等．构建新型电力系统亟待全面推行电力需求响应——基
于 11 省市电力需求响应实践的调研［J］．宏观经济管理，2022，（6）：52-60+73．

［8］何胜，徐玉婷，陈宋宋，等．我国电力需求响应发展成效及"十四五"工作展望［J］．
电力需求侧管理，2021，23（6）：1-6．

［9］苏伟．新业态呼唤电力需求侧管理与时俱进［N］．中国电力企业管理，2023-05-23．

［10］霍沫霖，刘小聪，谭清坤，等．我国电力需求响应政策的实践与思考［J］．中国能
源，2022，44（7）：35-43．

［11］曾鸣，刘英新，周鹏程，等．综合能源系统建模及效益评价体系综述与展望［J］．电
网技术，2018，42（6）：1697-1708．

［12］徐筝，孙宏斌，郭庆来．综合需求响应研究综述及展望［J］．中国电机工程学报，
2018，38（24）：7194-205+446．

［13］本刊编辑部，"十三五"开局之年"互联网+"智慧能源行动计划全面展开［J］．能
源研究与利用，2016，（1）：1．

［14］王飞，李美颐，张旭东，等．需求响应资源潜力评估方法、应用及展望［J］．电力
系统自动化，2023，47（21）：173-191．

［15］Torstensson D，Wallin F. Potential and Barriers for Demand Response at Household
Customers［J］．Energy Procedia，2015，75：1189-1196．

［16］Sloot D，Lehmann N，Ardone A. Would employees accept curtailments in heating and
air conditioning，and why? An empirical investigation of demand response potential in
office buildings［J］．Energy Policy，2023，181：113705．

［17］ Pang Y，He Y，Jiao J，et al. Power load demand response potential of secondary sectors in China：The case of western Inner Mongolia ［J］. Energy，2020，192：116669.

［18］ 刘军会，田春筝，李虎军，等. 河南省电力需求响应潜力评估与补贴资金来源研究 ［J］. 河南电力，2020，（S1）：66-71+3.

［19］ 梁振锋，张静帆，王晓卫，等. 基于问卷调查的居民家庭可控负荷统计分析 ［J］. 电力需求侧管理，2023，25（6）：102-109.

［20］ 雷翔胜，伍子东，董萍，等. 基于两阶段聚类分析的用电需求响应潜力评估方法 ［J］. 南方能源建设，2020，7（S2）：1-10.

［21］ 任炳俐，张振高，王学军，等. 基于用电采集数据的需求响应削峰潜力评估方法 ［J］. 电力建设，2016，37（11）：64-70.

［22］ 李章允，王钢，丁茂生，等. 考虑负荷用电统计特性的需求响应潜力评估 ［J］. 中国科技论文，2017，12（5）：529-536.

［23］ 苏湘波，吕睿可，郭鸿业，等. 基于负荷台阶的工业需求响应用户优选方法 ［J］. 中国电力，2024，57（1）：18-29.

［24］ Hochhaus T，Bruns B，Grünewald M，et al. Optimal scheduling of a large-scale power-to-ammonia process：Effects of parameter optimization on the indirect demand response potential ［J］. Computers & Chemical Engineering，2023，170：108132.

［25］ 王樊云，刘敏，李庆生，等. 新型电力系统下电力用户的需求响应潜力评估 ［J］. 电测与仪表，2023，60（8）：105-13+32.

［26］ 王振，吴琦，鲍晓华，等. 基于二次聚类的综合能源用户需求响应潜力分析 ［J］. 电工技术，2023，（5）：43-47.

［27］ Kong X，Kong D，Yao J，et al. Online pricing of demand response based on long short-term memory and reinforcement learning［J］. Applied Energy，2020，271：114945.

［28］ 吴迪，王韵楚，郁春雷，等. 基于高斯过程回归的工业用户需求响应潜力评估方法 ［J］. 电力自动化设备，2022，42（7）：94-101.

［29］ Li Z，Zhang Y，Ai Q. Shape-based clustering for demand response potential evaluation：A perspective of comprehensive evaluation metrics ［J］. Sustainable Energy，Grids and Networks，2023，36：101213.

［30］ Peirelinck T，Hermans C，Spiessens F，et al. Domain Randomization for Demand Response of an Electric Water Heater ［J］. IEEE Transactions on Smart Grid，2021，12（2）：1370-1379.

［31］ Li K，Li Z，Huang C，et al. Online transfer learning-based residential demand response potential forecasting for load aggregator ［J］. Applied Energy，2024，358：122631.

［32］Zhu J，Niu J，Tian Z，et al. Rapid quantification of demand response potential of building HAVC system via data-driven model［J］. Applied Energy，2022，325：119796.

［33］Shi R，Jiao Z. Individual household demand response potential evaluation and identification based on machine learning algorithms［J］. Energy，2023，266：126505.

［34］赵莎莎，朱雅魁，王悦. 基于大数据分析的综合能源系统负荷特性聚类分析［J］. 电测与仪表，2023，60（2）：10-15+52.

［35］范宇辉，姜婷玉，黄奇峰，等. 基于画像的工业园区需求响应潜力评估［J］. 电力系统自动化，2024，48（1）：41-49.

［36］孔祥玉，刘超，王成山，等. 基于深度子领域自适应的需求响应潜力评估方法［J］. 中国电机工程学报，2022，42（16）：5786-97+6156.

［37］周伏秋，王娟，赵晓东，等. 创新优化电力需求响应，支撑新型电力系统建设［J］. 电力需求侧管理，2023，25（1）：1-4.

［38］Liu X，Li Y，Lin X，et al. Dynamic bidding strategy for a demand response aggregator in the frequency regulation market［J］. Applied Energy，2022，314：118998.

［39］Lin J，Sun J，Feng Y，et al. Aggregate demand response strategies for smart communities with battery-charging/switching electric vehicles［J］. Journal of Energy Storage，2023，58：106413.

［40］胡鹏，艾欣，张朔，等. 基于需求响应的分时电价主从博弈建模与仿真研究［J］. 电网技术，2020，44（2）：585-592.

［41］Zhang X，Shahidehpour M，Alabdulwahab A，et al. Hourly Electricity Demand Response in the Stochastic Day-Ahead Scheduling of Coordinated Electricity and Natural Gas Networks［J］. IEEE Transactions on Power Systems，2016，31（1）：592-601.

［42］郭尊，李庚银，周明，等. 计及综合需求响应的商业园区能量枢纽优化运行［J］. 电网技术，2018，42（8）：2439-2448.

［43］Li Y，Wang C，Li G，et al. Optimal scheduling of integrated demand response-enabled integrated energy systems with uncertain renewable generations：A stackelberg game approach［J］. Energy Conversion and Management，2021，235：113996.

［44］Liu P，Ding T，Zou Z，et al. Integrated demand response for a load serving entity in multi-energy market considering network constraints［J］. Applied Energy，2019，250：512-529.

［45］Chen L，Yang Y，Xu Q. Retail dynamic pricing strategy design considering the fluctuations in day-ahead market using integrated demand response［J］. International Journal of Electrical Power and Energy Systems，2021，130：106983.

［46］Yuan G，Gao Y，Ye B. Optimal dispatching strategy and real-time pricing for multi-regional integrated energy systems based on demand response［J］. Renewable Energy，2021，179：1424-1446.

［47］李方姝，余昆，陈星莺，等. 碳约束下基于双重博弈的电力零售商售电价格决策优化［J/OL］. 中国电力：1-11［2024-03-14］. http://kns.cnki.net/kcms/detail/11.3265.TM. 20231215.1430.002.html.

［48］孙毅，刘迪，崔晓昱，等. 面向居民用户精细化需求响应的等梯度迭代学习激励策略［J］. 电网技术，2019，43（10）：3597-3605.

［49］Zeng H，Shao B，Dai H, et al. Incentive-based demand response strategies for natural gas considering carbon emissions and load volatility［J］. Applied Energy，2023，348：121541.

［50］郭昆健. 市场环境下激励型需求响应策略研究［D］. 东南大学，2022.

［51］Zheng S，Sun Y，Li B，et al. Incentive-based integrated demand response for multiple energy carriers under complex uncertainties and double coupling effects［J］. Applied Energy，2021，283：116254.

［52］Nayak A，Maulik A，Das D. An integrated optimal operating strategy for a grid-connected AC microgrid under load and renewable generation uncertainty considering demand response［J］. Sustainable Energy Technologies and Assessments，2021，45：101169.

［53］Liu D，Sun Y，Li B，et al. Differentiated Incentive Strategy for Demand Response in Electric Market Considering the Difference in User Response Flexibility［J］. IEEE Access，2020，8：17080-17092.

［54］许刚，郭子轩. 考虑多态能源系统中用户多维响应特性的激励型综合需求响应优化策略［J］. 中国电机工程学报，2023，43（24）：9398-9411.

［55］Ma Z，Zheng Y，Mu C，et al. Optimal trading strategy for integrated energy company based on integrated demand response considering load classifications［J］. International Journal of Electrical Power and Energy Systems，2021，128：106673.

［56］戴逢哲，姜飞，陈磊，等. 价格—积分联合激励下考虑消费舒适度的居民需求响应优化策略［J］. 电网技术，2024，48（2）：819-833.

［57］Wang L，Lin J，Dong H，et al. Demand response comprehensive incentive mechanism-based multi-time scale optimization scheduling for park integrated energy system［J］. Energy，2023，270：126893.

［58］Pandey V C，Gupta N，Niazi K R，et al. Modeling and assessment of incentive based demand response using price elasticity model in distribution systems［J］. Electric Power

Systems Research，2022，206：107836.

[59] 侯慧，王逸凡，赵波，等. 价格与激励需求响应下电动汽车负荷聚集商调度策略［J］. 电网技术，2022，46（4）：1259-1269.

[60] Luo Y，Gao Y，Fan D. Real-time demand response strategy based on price and incentive considering multi-energy in smart grid：A bi-level optimization method［J］. International Journal of Electrical Power and Energy Systems，2023，153：109354.

[61] Salazar E J，Jurado M，Samper M E. Reinforcement Learning-Based Pricing and Incentive Strategy for Demand Response in Smart Grids［J］. Energies，2023，16（3）：1466.

[62] 宋晓通，师芊芊，巨云涛，等. 综合能源系统低碳规划与运行研究述评［J/OL］. 高电压技术：1-15［2024-03-14］. https：//doi.org/10.13336/j.1003-6520.hve.20232034.

[63] Khodadadi A，Adinehpour S，Sepehrzad R，et al. Data-Driven hierarchical energy management in multi-integrated energy systems considering integrated demand response programs and energy storage system participation based on MADRL approach ［J］. Sustainable Cities and Society，2024，103：105264.

[64] Fan J，Tong X，Zhao J. Multi-period optimal energy flow for electricity-gas integrated systems considering gas inertia and wind power uncertainties ［J］. International Journal of Electrical Power & Energy Systems，2020，123：106263.

[65] Turk A，Wu Q，Zhang M，et al. Day-ahead stochastic scheduling of integrated multi-energy system for flexibility synergy and uncertainty balancing［J］. Energy，2020，196：117130.

[66] Ahlawat A，Das D. Optimal sizing and scheduling of battery energy storage system with solar and wind DG under seasonal load variations considering uncertainties ［J］. Journal of Energy Storage，2023，74：109377.

[67] 王俐英，林嘉琳，宋美琴，等. 考虑需求响应激励机制的园区综合能源系统博弈优化调度［J］. 控制与决策，2023，38（11）：3192-3200.

[68] 魏斌，韩肖清，李雯，等. 融合多场景分析的交直流混合微电网多时间尺度随机优化调度策略［J］. 高电压技术，2020，46（7）：2359-2369.

[69] 蒋紫微. 考虑源-荷双端不确定性的新能源电力系统状态预测［D］. 兰州交通大学，2024.

[70] Yan R，Wang J，Wang J，et al. A two-stage stochastic-robust optimization for a hybrid renewable energy CCHP system considering multiple scenario-interval uncertainties ［J］. Energy，2022，247：123498.

[71] 李欣，陈英彰，李涵文，等. 考虑碳交易的电-热综合能源系统两阶段鲁棒优化低碳

经济调度［J/OL］. 电力建设：1-15［2024-03-14］. http://kns.cnki.net/kcms/detail/ 11.2583.TM.20240103.1347.004.html.

［72］王俐英，林嘉琳，董厚琦，等. 计及阶梯式碳交易的综合能源系统优化调度［J］. 系统仿真学报，2022，34（7）：1393-1404.

［73］Wang L，Dong H，Lin J，et al. Multi-objective optimal scheduling model with IGDT method of integrated energy system considering ladder-type carbon trading mechanism ［J］. International Journal of Electrical Power & Energy Systems，2022，143：108386.

［74］潘乐真，赵璞，郑思源，等. 基于信息间隙决策理论的储能电站鲁棒优化配置［J］. 电力工程技术，2021，40（6）：165-172.

［75］Ju L，Tan Q，Lin H，et al. A two-stage optimal coordinated scheduling strategy for micro energy grid integrating intermittent renewable energy sources considering multi-energy flexible conversion ［J］. Energy，2020，196：117078.

［76］王俐英，董厚琦，宋美琴，等. 计及需求响应不确定性的综合能源系统多目标优化调度管理［J］. 运筹与管理，2022，31（6）：32-39.

［77］粟世玮，练睿青，尤熠然，等. 考虑不确定性的多能互补系统双层优化调度［J］. 广西大学学报（自然科学版），2022，47（5）：1231-1243.

［78］Azizipanah-Abarghooee R，Niknam T，Bina M A，et al. Coordination of combined heat and power-thermal-wind-photovoltaic units in economic load dispatch using chance-constrained and jointly distributed random variables methods ［J］. Energy，2015，79：50-67.

［79］Yuan W，Wang X，Su C，et al. Stochastic optimization model for the short-term joint operation of photovoltaic power and hydropower plants based on chance-constrained programming ［J］. Energy，2021，222：119996.

［80］Chen Y，Chen C，Ma J，et al. Multi-objective optimization strategy of multi-sources power system operation based on fuzzy chance constraint programming and improved analytic hierarchy process ［J］. Energy Reports，2021，7：268-274.

［81］Ding Y，Xu Q，Xia Y，et al. Optimal dispatching strategy for user-side integrated energy system considering multiservice of energy storage［J］. International Journal of Electrical Power & Energy Systems，2021，129：106810.

［82］Yang H，Li M，Jiang Z，et al. Multi-Time Scale Optimal Scheduling of Regional Integrated Energy Systems Considering Integrated Demand Response［J］. IEEE Access，2020，8：5080-5090.

［83］Li P，Wang Z，Wang J，et al. Two-stage optimal operation of integrated energy system considering multiple uncertainties and integrated demand response［J］. Energy，2021，225：120256.

［84］Li P，Wang Z，Wang J，et al. A multi-time-space scale optimal operation strategy for a distributed integrated energy system［J］. Applied Energy，2021，289：116698.

［85］朱兰，田泽清，唐陇军，等. 计及细节层次直接负荷控制的区域综合能源系统多时间尺度优化调度［J］. 电网技术，2021，45（7）：2763-2774.

［86］Zhu G，Gao Y. Multi-objective optimal scheduling of an integrated energy system under the multi-time scale ladder-type carbon trading mechanism［J］. Journal of Cleaner Production，2023，417：137922.

［87］汤翔鹰，胡炎，耿琪，等. 考虑多能灵活性的综合能源系统多时间尺度优化调度［J］. 电力系统自动化，2021，45（4）：81-90.

［88］Yang M，Cui Y，Huang D，et al. Multi-time-scale coordinated optimal scheduling of integrated energy system considering frequency out-of-limit interval［J］. International Journal of Electrical Power & Energy Systems，2022，141：108268.

［89］Li X，Wang H. Integrated energy system model with multi-time scale optimal dispatch method based on a demand response mechanism［J］. Journal of Cleaner Production，2024，445：141321.

［90］张素芳，黄韧，陈文君. 新形势对电力需求侧管理的影响及政策创新探讨［J］. 华北电力大学学报（社会科学版），2019，（3）：25-31.

［91］Nolan S，O'Malley M. Challenges and barriers to demand response deployment and evaluation［J］. Applied Energy，2015，152：1-10.

［92］Gils H C. Economic potential for future demand response in Germany – Modeling approach and case study［J］. Applied Energy，2016，162：401-415.

［93］谈金晶，王蓓蓓，李扬. 系统动力学在需求响应综合效益评估中的应用［J］. 电力系统自动化，2014，38（13）：128-134.

［94］Tan Z，Yang S，Lin H，et al. Multi-scenario operation optimization model for park integrated energy system based on multi-energy demand response［J］. Sustainable Cities and Society，2020，53：101973.

［95］方凯杰，杨世海，陈铭明，等. 多主体参与的电力需求响应效益评价研究［J］. 煤炭经济研究，2021，41（5）：24-30.

［96］曾博，白婧萌，郭万祝，等. 智能配电网需求响应效益综合评价［J］. 电网技术，2017，41（5）：1603-1612.

［97］汪曦，黄雪芹，管笠，等. 基于 DEMATEL 的综合需求响应实施效果评价［J］. 能

源研究与管理，2021，（4）：110-116.

[98] 盛四清，张佳欣，李然. 基于组合赋权与灰云模型的综合能源系统需求响应效益评价 [J/OL]. 华北电力大学学报（自然科学版）：1-14 [2024-03-14]. http://kns.cnki. net/kcms/detail/13.1212.TM.20220802.1119.002.html.

[99] Wang Y，Li F，Yang J，et al. Demand response evaluation of RIES based on improved matter-element extension model [J]. Energy，2020，212：118121.

[100] 黄鸣宇，王鹏宇，张庆平，等. 计及调节性能及经济性的需求响应资源参与电网调频综合评价 [J]. 武汉大学学报（工学版），2022，55（8）：822-832.

[101] 杨晓娟. 售电侧放开下的需求响应综合效益评估 [D]. 山东大学，2023.

[102] 杨世海，李波，杨斌. 基于物元可拓模型的电力需求响应经济效益评价 [J]. 电力需求侧管理，2023，25（5）：80-85.

[103] Pourramezan A，Samadi M. A system dynamics investigation on the long-term impacts of demand response in generation investment planning incorporating renewables [J]. Renewable and Sustainable Energy Reviews，2023，171：113003.

[104] Zhao J，Zeng M，Qian X，et al. Research on Cost and Benefit of Demand Response Related Entities Based on System Dynamics [C] //2021 IEEE IAS Industrial and Commercial Power System Asia，I and CPS Asia 2021. IEEE，2021：840-845.

[105] 黄皓阳. 新能源接入下电力需求响应效益的动力学研究 [D]. 临沂大学，2024.

[106] 张力菠，陈昌奇，支若楠，等. 综合需求响应主体效益的系统思考及动力学仿真 [J]. 系统科学学报，2023，31（3）：127-132.

[107] 孙盛鹏，刘凤良，薛松. 需求侧资源促进可再生能源消纳贡献度综合评价体系 [J]. 电力自动化设备，2015，35（4）：77-83.

[108] 郁清云，戴小妹，束云豪，等. 基于系统动力学的供用电互动效益综合评价模型 [J]. 电力科学与工程，2022，38（6）：9-17.

[109] 赵晨晨. 低碳背景下电力需求响应效益评估研究 [D]. 华北电力大学，2016.

[110] 张潜，谭忠富，刘敦楠. 售电公司参与需求侧响应的系统动力学研究 [J]. 电力建设，2018，39（2）：124-129.

[111] Ren S，Dou X，Wang Z，et al. Medium- and long-term integrated demand response of integrated energy system based on system dynamics [J]. Energies，2020，13（3）：710.

[112] Haghifam S，Dadashi M，Zare K，et al. Optimal operation of smart distribution networks in the presence of demand response aggregators and microgrid owners：A multi-follower bi-level approach [J]. Sustainable Cities and Society，2020，55：102033.

［113］Turk A，Wu Q，Zhang M，et al. Day-ahead stochastic scheduling of integrated multi-energy system for flexibility synergy and uncertainty balancing［J］. Energy，2020，196：117130.

［114］Chen J J，Qi B X，Rong Z K，et al. Multi-energy coordinated microgrid scheduling with integrated demand response for flexibility improvement［J］. Energy，2021，217：119387.

［115］王蓓蓓，李扬，高赐威. 智能电网框架下的需求侧管理展望与思考［J］. 电力系统自动化，2009，33（20）：17-22.

［116］Nolan S，O'Malley M. Challenges and barriers to demand response deployment and evaluation［J］. Applied Energy，2015，152：1-10.

［117］曾鸣，王俐英."双碳"目标下的电力需求侧管理进阶与变革［J］. 中国电力企业管理，2021，（10）：23-25.

［118］Bahrami S，Sheikhi A. From Demand Response in Smart Grid Toward Integrated Demand Response in Smart Energy Hub［J］. IEEE Transactions on Smart Grid，2016，7（2）：650-658.

［119］Vahid-Ghavidel M，Javadi M S，Gough M，et al. Demand Response Programs in Multi-Energy Systems：A Review［J］. Energies，2020，13（17）：4332.

［120］林佳兴. 考虑电热综合需求响应的园区综合能源系统优化调度研究［D］. 东北电力大学，2021.

［121］Geidl M，Koeppel G，Favre-Perrod P，et al. Energy hubs for the future［J］. IEEE Power & Energy Magazine，2007，5（1）：24-30.

［122］上海电力大学. 校企合作建设"新能源+微电网"综合智慧能源示范项目［J］. 中国电力教育，2023，（10）：11-12.

［123］杭规院. 以大城北为试点示范　加快构建低碳综合能源供应体系［J］. 杭州，2023，（6）：52-53.

［124］徐怡悦，晏阳，周江山. 同里综合能源服务中心工程［J］. 智能建筑电气技术，2023，17（5）：51-55.

［125］葛晓琳，王云鹏，朱肖和，等. 计及差异化能量惯性的电-热-气综合能源系统日前优化调度［J］. 电网技术，2021，45（12）：4630-4642.

［126］FANGER P O. Thermal comfort analysis and applications in environmental engineering［M］. New York，USA：McGraw-Hill Company，1972.

［127］邹云阳，杨莉，李佳勇，等. 冷热电气多能互补的微能源网鲁棒优化调度［J］. 电力系统自动化，2019，43（14）：65-72.

[128] Li X，Li W，Zhang R，et al. Collaborative scheduling and flexibility assessment of integrated electricity and district heating systems utilizing thermal inertia of district heating network and aggregated buildings [J]. Applied Energy，2020，258：114021.

[129] 陈厚合，吴桐，李本新，等. 考虑建筑热惯性的园区代理商电价策略及用能优化 [J]. 电力系统自动化，2021，45（3）：148-156.

[130] 马一鸣，周夕然，董鹤楠，等. 考虑电转气与冷热负荷惯性的综合能源系统优化调度 [J]. 电网与清洁能源，2021，37（8）：118-27+138.

[131] Li Y，Yang Z，Li G，et al. Optimal Scheduling of an Isolated Microgrid With Battery Storage Considering Load and Renewable Generation Uncertainties [J]. IEEE Transactions on Industrial Electronics，2019，66（2）：1565-1575.

[132] Wang T，Li Q，Bucci D J，et al. K-Medoids Clustering of Data Sequences With Composite Distributions [J]. IEEE Transactions on Signal Processing，2019，67（8）：2093-2106.

[133] 王群，董文略，杨莉. 基于 Wasserstein 距离和改进 K-Medoids 聚类的风电/光伏经典场景集生成算法 [J]. 中国电机工程学报，2015，35（11）：2654-2661.

[134] 张贤达. 现代信号处理 [M]. 北京：清华大学出版社，2015.

[135] 张江林，张亚超，洪居华，等. 基于离散小波变换和模糊 K-modes 的负荷聚类算法 [J]. 电力自动化设备，2019，39（2）：100-106+122.

[136] Zang D. Wavelet transform [M]. New York：Springer，2019.

[137] Reis A J R，Da Silva A P A. Feature extraction via multiresolution analysis for short-term load forecasting [J]. IEEE Transactions on Power Systems，2005，20（1）：189-198.

[138] 刘国辉，赵佳，孙毅. 基于模糊优化集对分析理论的需求响应潜力评估 [J]. 电力需求侧管理，2018，20（6）：1-5.

[139] 裴玮. 基于熵值法的城市高质量发展综合评价 [J]. 统计与决策，2020，36（16）：119-122.

[140] Paulus M，Borggrefe F. The potential of demand-side management in energy-intensive industries for electricity markets in Germany [J]. Applied Energy，2011，88（2）：432-441.

[141] 王海洋，李珂，张承慧，等. 基于主从博弈的社区综合能源系统分布式协同优化运行策略 [J]. 中国电机工程学报，2020，40（17）：5435-5545.

[142] 吴利兰，荆朝霞，吴青华，等. 基于 Stackelberg 博弈模型的综合能源系统均衡交互策略 [J]. 电力系统自动化，2018，42（4）：142-50+207.